新能源发电技术与应用研究

王　黎◎著

中国水利水电出版社
www.waterpub.com.cn
·北京·

内 容 提 要

能源是经济的命脉，在社会可持续发展中起着至关重要的作用。为了实现低碳环保的发展目标，必须发展新能源。

本书对新能源发电技术及应用进行了研究，主要内容包括：太阳能发电技术、风力发电技术、生物质能发电技术、海洋能发电技术、燃料电池发电技术、分布式发电技术等。

本书结构合理，条理清晰，内容丰富新颖，是一本值得学习研究的著作，可供从事相关领域的工程技术人员、研究人员参考使用。

图书在版编目(CIP)数据

新能源发电技术与应用研究 / 王黎著. —北京：中国水利水电出版社，2018.9（2024.7重印）.

ISBN 978-7-5170-6806-8

Ⅰ. ①新… Ⅱ. ①王… Ⅲ. ①新能源—发电—研究 Ⅳ. ①TM61

中国版本图书馆CIP数据核字(2018)第209117号

书　　名	新能源发电技术与应用研究 XINNENGYUAN FADIAN JISHU YU YINGYONG YANJIU
作　　者	王　黎　著
出版发行	中国水利水电出版社 （北京市海淀区玉渊潭南路1号D座 100038） 网址：www.waterpub.com.cn E-mail：zhiboshangshu@163.com 电话：(010) 62572966-2205/2266/2201（营销中心）
经　　售	北京科水图书销售有限公司 电话：(010)68545874、63202643 全国各地新华书店和相关出版物销售网点
排　　版	北京智博尚书文化传媒有限公司
印　　刷	三河市龙大印装有限公司
规　　格	170mm×240mm　16开本　16.75印张　300千字
版　　次	2019年1月第1版　2024年7月第4次印刷
定　　价	81.00元

前　言

能源是人类社会生存和发展的物质基础。回顾人类的历史，可以明显地看出能源和人类社会发展间的密切关系。人类社会已经经历了三个能源时期，即薪柴时期、煤炭时期和石油时期。当人类使用薪柴作为主要能源时，社会发展迟缓，生产和生活水平都极低。当用煤炭作为主要能源时，不但社会生产力有了大幅度的增长，而且生活水平也有了很大的提高。20 世纪 50 年代，由于巨大油气田的相继开发，人类迎来了石油时代。近 60 年来，世界上许多国家，特别是发达国家，依靠石油和天然气创造了人类历史上空前的物质文明。

然而煤炭、石油、天然气这类化石燃料终有耗尽之日，而且它们给环境造成的污染也日益严重，发展新能源已成为当今世界的主流和必然趋势。21 世纪的今天，能源、环境、人口、粮食和资源依然是困扰当今全人类的共同问题。因此，大力发展新能源，使经济、社会、环境协调和可持续发展是全世界面临的共同挑战。

新能源又称非常规能源，是指传统能源之外的各种能源形式。目前，可供开发的新能源主要包括太阳能、风能、生物质能、地热能、水能、海洋能、核聚变能和氢能等，以上能源将逐渐由传统意义的补充能源转变为替代能源、主力能源。新能源不仅是资源丰富的可再生能源，而且不产生或很少产生污染物，既是近期重要的补充能源，又是未来能源结构的基础，对能源的可持续发展起着重要的作用。从长远来看，人类必将逐步过渡到以可再生新能源为主的可持续能源系统。

本书从新能源的研究出发，以目前新能源学科的发展为契机，全面介绍了有关新能源发电的原理及相关技术，包括太阳能光伏发电技术和太阳能热发电技术、风力发电技术、生物质能发电技术以及海洋能发电技术，在最后介绍了燃料电池发电技术和分布式发电技术。分布式发电及其应用是 21 世纪最受重视的高科技领域之一，是电力系统的一个新的发展方向。随着对环境及能源使用效率的进一步重视，分布式发电在我国的广泛应用是可以预见的。

本书在撰写过程中，作者参考了大量的书籍、专著和文献，引用了一些图表和数据等资料，在此向这些专家、编辑及文献原作者一并表示衷心的感谢。由于作者水平有限以及时间仓促，书中难免存在一些不足和疏漏之处，恳请广大读者和专家给予批评指正。

作　者

2018 年 1 月

目　录

第1章　绪　　论

能源是国民经济发展和人民生活水平所必需的重要物质基础，是人类生产和生活必需的基本物质保障。以煤、石油、天然气为代表的常规化石能源终将被开采殆尽，同时由于大量使用这些化石燃料导致一系列的环境问题，制约着社会的可持续发展。从长远来看，能源的生产、消费及其对环境产生的影响应该符合可持续发展的要求，否则就会威胁到人类自身的生存和发展。但目前世界各国基本都依赖于石油、天然气等不可再生的能源，研究和使用一些可持续使用的或可再生的替代能源一直是人们努力的方向。

风能、生物质能、太阳能、地热能、海洋能等新能源的研究、开发和利用，对于能源结构优化、满足多样化的能源需求以及可持续发展战略都具有重要的意义。

我国的能源消费构成中，电力工业是主要组成部分，其中煤炭发电占了67%左右，与世界能源的消费构成存在很大的差别，这种严重依赖于燃煤发电的电源局面，不利于可持续发展的要求。根据我国的能源状况、社会科技和经济发展水平，电力工业发展和能源结构调整的基本原则是优先发展水电，积极发展核电，优化发展火电，重点发展资源潜力大、技术基本成熟的风力发电、生物质发电、太阳能发电等，以规模化建设带动产业化发展。

1.1　能源的含义与分类

1.1.1　能源的重要性

随着能源供应的增加，人类生产活动发展迅速，能源作为经济发展和人民生活水平提高的重要基础，在日常生活中的各个领域均有应用。

1. 能源与现代工业

现代工业生产需要的物质条件有三项:①原料和材料;②能源;③机器设备。其中,能源至关重要。如果没有充足的能源供应作保证,生产的机器设备将停止运转。

2. 能源与现代化交通

现代化的交通以强大的能源工业作为交通工具运行的基础。能源在国防建设中具有重要作用,实现国防现代化必须依靠发达的能源工业。

3. 能源与现代化农业

现代化的农业生产离不开能源的供应,需要直接或间接地消耗能源。随着农业机械化、电汽化的发展,农业生产对能源的需求量将日益增加,能源在农业生产发展中的地位举足轻重。

此外,人民日常生活和公用事业也需要消耗大量能源。随着人民生活水平的提高,煤气的使用量将不断增加,家用电器将迅速发展,能源在人民生活和公用事业中的作用将越来越重要。

当代社会最广泛使用的能源是煤炭、石油、天然气和水力,然而石油和天然气的储量是有限的、不可再生的。为了保证大规模的能源供应,世界各国都在积极采取措施,大力开发风能、太阳能、生物质能、地热能、海洋能以及核聚变能等新能源技术,力争将当前的以化石能源为基础的常规能源系统,逐步过渡到持久的、多样化的、可以再生的新能源系统。

进入21世纪这一知识经济时代,我们应当将开发利用新能源技术作为以信息技术为核心的新科技革命的重要内容和重要技术支柱,高度重视,大力发展。

1.1.2 能源的含义

我们把能量的来源称为能源,它是能够为人类提供某种形式能量的自然资源及其转化物。也就是说,自然界在一定条件下能够提供机械能、热能、电能、化学能等形式能量的资源叫作能源。

能源是呈多种形式的,且可以相互转换的能量。能源(Energy Source)也称能量资源或能源资源,是自然界中能为人类提供某种形式能量的物质资源,能够提供某种形式能量的物质或物质的运动都可以称为能源。

能源是直接取得或通过加工、转换而取得有用能的各种资源,包括煤炭、石油、天然气、风能、水能、太阳能、地热能、生物质能、海洋能、核能等从自然界直接取得的能源以及电力、热力、成品油等通过加工转换而取得的能源，除此之外，也包括其他新的能源和可再生能源。

1.1.3 能源的分类

1. 能源的生成方式

按照能源的生成方式可分为一次能源和二次能源。

(1)一次能源

一次能源是指自然界中以天然形态存在的能源，直接来自自然界而未经人们加工转换，故又称其为自然资源。煤炭、石油、天然气、水能、太阳能、风能、生物质能、海洋能、地热能等都是一次能源。通常我们所说的能源是指一次能源。

一次能源在未被人类开发以前，处于自然赋存状态时，叫作能源资源。世界各国的能源产量和消费量，一般均指一次能源而言。为了便于比较和计算，习惯上把各种一次能源均折合为“标准煤”或“油当量”，作为各种能源的统一计量单位。

(2)二次能源

二次能源是指人们在一次能源基础上，将其转换成符合人们使用要求的能量形式。电能、汽油、柴油、焦炭、煤气、蒸汽、氢能等都是二次能源。

在生产生活过程中产生的余压、余热等(如锅炉烟道排放的高温烟气，反应装置排放的可燃废气、废蒸汽、废热水，密闭反应器向外排放的有压流体等)也属于二次能源。在能源紧张的今天，人类也充分利用这些工业生产过程中“废弃”的二次能源，如利用水泥窑产生的余热来发电、利用钢铁厂钢锭余热发电等。

一次能源只在少数情况下以它原始的形式为人类服务，更多情况下则要根据不同的目的进行加工，转换成便于使用的二次能源，以满足需要，或提高能源的使用效率。随着科学技术的发展和社会的现代化，在整个能源消费系统中，二次能源所占的比重将日益增大。

2. 能源的性质

根据能源的自身性质，可将能源分为过程性能源和含能体能源。

(1)过程性能源

过程性能源是指无法直接储存的能源，是能量比较集中的物质运动过程，或称能量过程，可在物质流动过程中产生的能量，如流水、海流、潮汐、风、电能、海洋能等。其中，电能是应用最广的过程性能源。

(2)含能体能源

含能体能源是指包含能量的物质，可以直接储存，如化石燃料、草木燃料、核燃料等。其中，化石燃料如柴油、汽油是应用最广的含能体能源。

由于过程性能源尚不能大量地直接贮存，因此，汽车、轮船、飞机等机动性强的现代交通运输工具就无法直接使用从发电厂输出来的电能，只能使用像柴油、汽油这一类含能体能源。可见，过程性能源和含能体能源不能互相替代。

随着化石燃料耗量的日益增加，含能体能源的储量日益减少，终有一天会枯竭，这就迫切需要寻找一种不依赖化石燃料的、储量丰富的新的含能体能源。氢能正是在常规能源出现危机时人们所期待的一种新的含能体能源。

3. 能源的地位

按照各种能源在当代人类社会经济生活中的地位，人们还常常把能源分为常规能源和新能源两大类。

(1)常规能源

技术上比较成熟，已被人类大规模生产和广泛利用的能源，称为常规能源，也称传统能源(Conventional Energy)。常规能源利用时间较长，如煤炭、石油、天然气、水能和核裂变能等。目前世界能源的消费几乎全靠这五大能源来供应。在今后一个相当长的时期内，它们仍将担任世界能源舞台上的主角。

煤炭、石油、天然气等是化石能源，也称化石燃料或矿石燃料，是一种烃或烃的衍生物的混合物，其包括的天然资源为煤炭、石油和天然气等，是不可再生资源。

(2)新能源

目前尚未被人类大规模利用，还有待进一步研究试验与开发利用的能源，称为新能源。例如太阳能、风能、地热能、海洋能及核聚变能等。所谓新能源，是相对而言的。现在的常规能源在过去也曾是新能源，今天的新能源将来也会成为常规能源。

由于新能源的能量密度较小、品位较低、有间歇性，按已有的技术条件新能源转换利用的经济性尚差，还处于研究、发展阶段，只能因地制宜地开发和利用；但新能源大多数是可再生能源，资源丰富，分布广阔，是未来的主要能源之一。

4. 能源是否可再生

一次能源按照其是否能够再生而循环使用，分为可再生能源和非再生能源。

(1)可再生能源

可再生能源是不会随着它本身的转化或人类的利用而日益减少的能源，具有自然的恢复能力。如太阳能、风能、水能、生物质能、海洋能以及地热能等，都是可再生能源。

(2)非再生能源

非再生能源是指那些随着人类的利用而逐渐减少的能源，如化石燃料和核燃料等。化石燃料和核燃料经过亿万年形成而在短期内无法恢复再生，随着人类的利用而越来越少。

5. 能源的来源

按来源分类，能源可分为第一类能源、第二类能源和第三类能源三类。

(1)第一类能源

第一类能源是来自地球外部天体的能源，主要是太阳能及其作为太阳能固化形式的煤、石油、天然气和生物质能，以及作为太阳能转化形式的风能、水能、海水温差能等。

人类所需能量的绝大部分也都直接或间接地来自太阳。太阳能除直接辐射外，可为风能、水能、生物能和矿物能源等的产生提供基础。植物通过光合作用把太阳能转变成化学能在植物体内储存下来，这部分能量为动物和人类的生存提供了能源。

煤炭、石油、天然气等化石燃料是由古代埋在地下的动植物经过漫长的地质年代形成的，它们实质上也是由古代生物固定下来的太阳能。

(2)第二类能源

第二类能源是地球本身蕴藏的能量。地球本身蕴藏的能量通常指与地球内部热能有关的能源或核能，如地下热水、地下蒸汽、岩浆等地热能以及铀、钍等核燃料所具有的核能。

温泉和火山爆发喷出的岩浆就是地热的表现。地核以金属铁、镍为主，是一个炽热无比的世界，温度高达7000℃以上，因此，地球上的地热资源储存量很大。

(3)第三类能源

第三类能源是地球和其他天体相互作用而产生的能量，即地球、月球、太阳相互联系有关的能源，如潮汐能。

潮汐能是从海平面昼夜间的涨落中获得的能量，与天体引力有关。地球—月亮—太阳系统的吸引力和热能是形成潮汐能的来源。

早在11世纪，英国、法国和西班牙就有利用潮汐能的水车，当时潮汐水车被用来吸取总潜能中一小部分能量，生产30～100kW的机械能。我国的海区潮汐资源相当丰富，潮汐类型多种多样，是世界海洋潮汐类型最为丰富的海区之一。

利用潮汐能发电可分为单库单向、双库单向、单库双向三种形式。在涨潮或落潮过程中，潮水蕴含巨大能量进出水库，从而带动水轮发电机发电。

随着经济发展对能源需求的日益增加，许多发达国家极其重视对可再生能源、环保能源以及新型能源的开发与研究。为了一目了然，可绘成各种能源的分类表，见表1-1、表1-2[①]。

表1-1　能源分类(一)

<table>
<tr><th>能源类别</th><th colspan="2">第一类能源</th><th>第二类能源</th><th>第三类能源</th></tr>
<tr><td rowspan="9">一次能源</td><td>煤炭</td><td rowspan="4">不可再生</td><td rowspan="4">核能</td><td rowspan="4">—</td></tr>
<tr><td>石油</td></tr>
<tr><td>天然气</td></tr>
<tr><td>页岩油气</td></tr>
<tr><td>水能</td><td rowspan="5">可再生、清洁能源</td><td rowspan="5">地热能</td><td rowspan="5">海洋能中的潮汐能</td></tr>
<tr><td>风能</td></tr>
<tr><td>太阳能</td></tr>
<tr><td>生物质能</td></tr>
<tr><td>海洋能</td></tr>
<tr><td rowspan="5">二次能源</td><td colspan="2">氢能(清洁能源)</td><td colspan="2" rowspan="5">—</td></tr>
<tr><td colspan="2">电能(清洁能源)</td></tr>
<tr><td colspan="2">洁净煤</td></tr>
<tr><td colspan="2">沼气、液化气、水蒸气、酒精</td></tr>
<tr><td colspan="2">石油制品:汽油、柴油等</td></tr>
</table>

① 王长贵．太阳能光伏发电实用技术[M]．北京：化学工业出版社，2009.

表 1-2　能源分类(二)

<table>
<tr><th colspan="2">能源名称</th><th>根据是否可再生分类</th><th colspan="2">根据污染现状分类</th><th>备注</th></tr>
<tr><td rowspan="4">常规能源</td><td>石油</td><td rowspan="3">非再生的化石能源</td><td rowspan="3">非绿色能源</td><td rowspan="2">非绿色能源</td><td rowspan="11">核能是否是新能源有争议,大多数认为是常规能源</td></tr>
<tr><td>天然气</td></tr>
<tr><td>煤炭</td><td rowspan="9">广义的绿色能源(含煤的清洁利用)</td></tr>
<tr><td>水能</td><td rowspan="7">可再生能源</td><td rowspan="7">狭义的绿色能源</td></tr>
<tr><td rowspan="7">新能源</td><td>太阳能</td></tr>
<tr><td>风能</td></tr>
<tr><td>生物质能</td></tr>
<tr><td>海洋能</td></tr>
<tr><td>氢能</td></tr>
<tr><td>地热能</td></tr>
<tr><td>核能</td><td>有增殖潜力的能源</td><td>是否是绿色能源有争议,大多数认为不是清洁能源</td></tr>
</table>

核燃料(Nuclear Fuel)是在核反应堆中通过核裂变或核聚变产生核能的材料。核材料不能燃烧,也不是通过燃烧产生能量,但人们通常还是将核材料称为核燃料或核燃料棒。

为满足人类社会可持续发展对能源的需要,防止大量燃用化石能源对环境造成的严重污染和生态破坏,必须走可持续发展的能源道路,即清洁能源道路。

清洁能源可分为狭义和广义两大类。狭义的清洁能源仅指可再生能源,在消耗之后可以得到恢复补充,不产生或很少产生污染物。因此,可再生能源被认为是未来能源结构的基础。

广义的清洁能源是指在能源的生产、产品化及其消费过程中,对生态环境尽可能低污染或无污染的能源,包括低污染的天然气、洁净煤和洁净油等化石资源、可再生资源和核能等。

在未来人类社会的科学科技达到相当高的水平并具备相应的经济支撑力的情况下,狭义的清洁能源是最为理想的能源。但在最近几十年甚至半个世纪内,广义的清洁能源对于人类社会更为现实,因为可再生能源的大规模利用尚需有技术上的重大突破和成本价格上的大幅度降低。

1.2 能源现状与发展趋势

1.2.1 中国能源现状与发展对策

中国作为一个能源消费大国，2016年《BP世界能源统计》显示，中国2015年一次能源消费总量达48.634亿油当量，占世界一次能源消费量的36.8%。能源是经济发展的原动力，是现代文明的物质基础，如何保持能源经济和环境的可持续发展是我们面临的一个重大战略问题。

1. 中国能源现状

1949年新中国成立时，全国一次能源的生产总量仅为2374万t标准煤，居世界第10位。1953年，经过新中国成立初期的经济恢复，一次能源的生产总量和消费总量分别发展为5200万t标准煤和5400万t标准煤，与新中国成立初期相比翻了一番。

随着经济建设的不断开展，中国的能源工业得到迅速发展。到1980年，一次能源的生产总量和消费总量，分别达到6.37亿t标准煤和6.03亿t标准煤，与1953年相比，分别平均年增长9.7%和9.3%。

改革开放之后，中国的能源工业在数量以及质量上，均取得了巨大的发展和空前的进步。1998年中国一次能源的生产总量和消费总量分别达到12.4亿t标准煤和13.6亿t标准煤，均居世界第3位。2000年中国一次能源的产量为10.9亿t标准煤。其构成为：原煤9.98亿t，占67.2%；原油1.63亿t，占21.4%；天然气277.3亿m^3，占3.4%；水电2224亿kW·h，占8%。

综上所述，进入21世纪后，中国已拥有世界第三的能源系统，成为世界能源大国。

中国能源取得了巨大的成就，但也应清醒地看到，中国能源还存在许多重大问题需要采取有力措施加以解决。

(1)人均能耗低

中国能源消费总量巨大，超过俄罗斯，仅次于美国，居世界第2位。但由于人口过多，人均能耗水平却很低。

从世界范围来看，经济越发达，能源消费量越大。21世纪中叶，中国要实现经济社会发展的第三步战略目标，国民经济达到中等发达国家水平，人均能源消费量极大发展。到2050年人均能源消费量将达到2.38t标准煤，相当于目前的世界平均值，但仍低于目前发达国家的水平。届时，按人口总数为14.5亿～15.8亿计，一次能源的总需要量将达34.51亿～37.60亿t标准煤，约为目前美国能源消费总量的1.5～2.0倍，约占届时世界一次能源消费总量的15%～20%。可见，从数量上来看，这将是对中国能源的巨大挑战。

(2)人均能源资源不足

中国地大物博、资源丰富，自然资源总量排名世界第7位，拥有能源资源总量约4万亿t标准煤，居世界第3位。但由于中国人口众多，因而人均资源占有量却相对匮乏，不到世界平均水平的1/2。

随着我国工业化、城镇化进程的加快，国民经济的快速增长，内外需求的强劲拉动，新形成的生产能力必然对能源消费产生很大拉动，能源供需矛盾仍将持续存在。

由此可见，人均能源资源相对不足是中国当今经济社会可持续发展的一大限制因素，是21世纪中国能源面临的又一巨大挑战。

(3)能源效率低

按照联合国欧洲经济委员会提出的“能源效率评价和计算方法”，能源系统的总效率由开采效率(能源储量的采收率)、中间环节效率(包括加工转换效率和贮运效率)及终端利用效率(即终端用户得到的有用能与过程开始时输入的能量之比)三部分组成。

据专家测算，中国2012年的能源系统总效率为9.3%，其中开采效率为32%，中间环节效率为70%，终端利用效率为41%。中间环节效率与终端利用效率的乘积，通常称为能源效率。中国2012年的能源效率为29%，约比国际先进水平低10个百分点。终端利用效率也约比国际先进水平低10个百分点。

(4)以煤为主的能源结构亟待调整

中国一次能源的生产结构为过多使用煤炭、以煤为主，必然带来效率低、运量大、效益差、环境污染严重的后果，急需采取有力措施加以调整。

①大量燃煤严重污染环境。

中国煤炭消费量占世界煤炭消费总量的27%，是全世界少数几个以煤炭为主的能源消费大国。

由于煤炭和其他能源利用等污染源大量排放环境污染物，造成全国大部分城市颗粒物超过国家限制值；SO_2超过国家二级排放标准；出现过酸雨现象的城市面积已达国土面积的30%；许多城市的氮氧化物有增无减，其中北京、广州、乌鲁木齐和鞍山等城市超过国家二级排放标准。由于污染引起的SO_2和酸雨所造成的经济损失约占全国GDP的2%。

②大量用煤导致能源效率低下。

中国能源效率比国际先进水平低，主要耗能产品单位能耗比发达国家高，这一现象与以煤为主的能源结构有密切关系。这是因为以煤为燃料的中间转换装置效率低，它低于以液体和气体作为燃料的中间转换装置的效率。一般来说，以煤为主的能源结构的能源效率比以油气为主的能源结构的能源效率低8～10个百分点。

③交通运输压力巨大。

我国煤炭资源主要赋存在华北、西北地区，水力资源主要分布在西南地区，石油、天然气资源主要赋存在东、中、西部地区和海域。而主要的能源消费地区集中在东南沿海经济发达地区，资源赋存与能源消费地域存在明显差别。

中国的煤炭生产基地远离消费中心，形成了西煤东运、北煤南运、煤炭出关的强大煤流，不仅运量大，而且运距长。大量使用煤炭给中国的交通运输带来的压力十分巨大。

(5)能源安全问题严峻

我国的能源安全问题，主要是石油和天然气的可靠供应。根据有关机构的估计，2050年，我国国内一次能源最大可能的获得量为35亿～40亿t标准煤，与50亿t标准煤的需求有相当大的缺口。因此，依靠从国际市场上进口来解决如此巨大的供应缺口并不可行，因为这既要受国际市场供应能力的限制，又将承受供应安全保障的巨大政治风险。

2. 中国能源发展对策

针对上述问题，中国能源的中长期发展应采取如下对策。

(1)坚持实行能源节约战略方针

提高能源利用效率是确保中国中长期能源供需平衡的基本措施。中国人口基数大，到21世纪中叶将超过20亿人，无论是从国内能源资源保证量考虑，还是从世界能源资源可获得量考虑，只有创造比目前工业化国家更高的能源利用效率，方能做到在有限的资源保证下，实现经济高速增长和达到中等发达国家人均水平的目标，仅靠增加能源供应量无法确保能源供需平衡。

与发达国家相比，我国能源利用效率低，关键在于产业结构低度化，高能耗产品产量的高速扩张，并不是建立在充分提高技术和效率的基础之上。此时，必须通过转变增长方式和结构调整，改变以高投入、高消耗来实现经济快速增长的局面，坚持走科技含量高、经济效益好、资源消耗低、环境污染少的新型工业化之路。

在中国的能源发展战略中，要把提高能源利用效率作为基本出发点，坚持实行能源节约战略方针，以广义节能为基础，以工业节能和石油节约为重点，依靠技术进步，提高能源利用效率。

大量调查研究和案例分析表明，中国的节能潜力巨大。如采用国际先进工艺技术和设备代替现在采用的落后工艺技术和设备，节能潜力可达全国目前能源消费量的50%左右；如采用国内已有的先进工艺技术和设备取代现在采用的落后工艺技术和设备，节能潜力可达全国目前能源消费量的30%左右。

(2)大力优化能源结构

从世界各国的发展看，工业化国家均采取以油气为主的能源路线，逐步减少固体燃料的比例，以达到提高能源利用效率、降低能源系统成本、减轻环境污染、改善能源服务质量的目的。

我国煤炭储量丰富，煤多油少是能源结构的基本特点。要想解决石油储量不足和燃料油供给问题，需立足于煤炭液化技术。根据当前国际石油价格暴涨和我国石油进口剧增的新形势，进一步抓紧发展煤制油产业的有关工作，使我国油品供应建立在主要依靠国内生产的基础之上。

由于自身资源特点、经济发展水平和历史等因素，中国一直保持着以煤炭为主要能源的能源结构。随着能源消费量的日益增大，这种能源结构的弊端日益明显和突出，应采取有力措施加以改变。但同时也要清醒地看到，要改变中国以煤炭为主要能源的能源结构，绝非短期内可以办到的，需要几十年甚至更长的时间，需要采取多种措施来发展多种优质清洁的能源。

(3)积极发展洁净煤技术

由于自身资源特点、经济发展水平和历史等因素，中国一直保持着以煤炭为主要能源的能源结构，煤炭在未来几十年内仍将是中国的主要能源。因此，积极发展洁净煤技术，高效清洁地开发利用煤炭资源，努力降低燃煤对于环境的污染，应成为中国能源发展的重大措施之一。

近期，应把国内业已商业化或有条件商业化的洁净煤技术纳入经济社会发展规划，并加以积极提倡和大力推广，如扩大原煤入洗比例、提高民用型煤普及率、推广水煤浆的应用等。对于中长期发展，则应采取措施大大减少煤炭在终端的直接利用，提高煤炭转换为电力和气体、液体燃料的比重，积极发展洁净煤燃烧技术等。

(4)大力开发利用新能源与可再生能源

近年来，世界新能源与可再生能源发展飞速，技术上逐步成熟，经济上也逐步为人们所接受。专家预测，不论是在技术上，还是在经济性上，新能源与可再生能源的开发和利用，在几十年内将会有大的突破。

为加快新能源与可再生能源的发展，国家应加大研究开发和实现产业化生产的资金投入，并应采取减免税收、价格补贴以及贷款优惠等一系列激励政策。

(5)采取措施保证能源供应安全

中华人民共和国节约能源法以能源问题的法制化为核心，确立了国家的能源战略框架，为国家能源对策体系的建立提供了基础。为保证能源供应安全、降低进口风险，应采取以下措施。

①实行油气产品进口的多元化、多边化和多途径方案。

②逐步建立起国家和地区的石油战略储备体系。

③努力发展石油替代产品。

④加快推进能源体制改革。

⑤广泛参与国际能源合作。

1.2.2 世界能源消费现状与发展趋势

1. 世界能源消费现状及特点

(1)世界能源消费量逐渐增长

随着世界经济规模的不断增大，经济发展和人口增长迅速，世界一次能源消费量持续增长。

(2)发达国家低于发展中国家

世界能源消费呈现不同的增长模式，但是经济、科技与社会较为发达的国家已进入到后工业化阶段，经济向低能耗、高产出的产业结构发展，高能耗的制造业逐步转移至发展中国家，且高度重视节能与提高能源使用效率。因此，其能源消费增长速率明显低于发展中国家，消费量占世界总消费量的比例也逐年下降。

(3)消费结构趋向优质化

自产业革命以来，化石燃料的消费量急剧增长。初期主要是以煤炭为主，进入20世纪后，石油和天然气的生产与消费持续上升。此后，石油、煤炭所占比例缓慢下降，天然气的比例上升。同时，核能、风能、水能、地热等其他形式的新能源逐渐被开发和利用，形成了目前以化石燃料为主和可再生能源、新能源并存的能源结构格局。

(4)能源贸易及运输压力增大

随着世界一些地区能源资源的相对枯竭，世界各地区及国家之间的能源贸易量将进一步增大，能源运输需求也相应增大，能源储运设施及能源供应安全等问题将日益受到重视。

2. 世界能源供应和消费趋势

随着世界经济、社会的发展，未来世界能源储量分布集中度的日益增大，需求量将继续增加，各国对能源资源的争夺将日趋激烈，争夺的方式也更加复杂，由能源争夺而引发冲突或战争的可能性依然存在。

此外，随着世界能源消费量的增大，环境污染物的排放量逐年增大，化石能源对环境的污染和全球气候的影响将日趋严重。

面对这些挑战，未来世界能源供应和消费将向多元化、清洁化、高效化、全球化和市场化方向发展。

(1)多元化

世界能源结构先后经历了以薪柴为主、以煤为主、以石油为主以及以天然气为主的时代，同时，水能、核能、风能、太阳能也正得到更广泛的利用。可持续发展、环境保护、能源供应成本和可供应能源的结构变化决定了全球能源多样化发展的格局。未来，在发展常规能源的同时，新能源和可再生能源将受到重视。

(2)全球化

由于世界能源资源分布及需求分布的不均衡性，许多国家和地区越来越需要依靠其他国家或地区的资源供应，主要能源生产国和能源消费国将积极加入到能源供需市场的全球化进程中，世界贸易量将越来越大。

(3)清洁化

随着世界能源新技术的进步及环保标准的日益严格，未来世界能源将进一步向清洁化的方向发展，清洁能源在能源总消费中的比例也将逐步增大。同时，洁净煤技术、沼气技术、生物柴油技术等将取得突破并得到广泛应用。

一些国家将全力发展核电，它们认为核电就是高效、清洁的能源，能够解决温室气体的排放问题。

(4)高效化

随着世界能源新技术的进步，未来世界能源利用效率将日趋提高，能源强度将逐步降低。世界发展中国家与发达国家的能源强度差距较大，节能潜力巨大。

(5)市场化

随着世界能源利用的市场化程度越来越高，各国政府直接干涉能源利用的行为越来越少，政府为能源市场服务的作用在相应增大，在完善各国、各地区的能源法律法规并提供良好的能源市场环境方面，将更好地发挥宏观调控作用。

1.3 新能源与可再生能源现状与发展前景

1.3.1 新能源与可再生能源含义和分类

新能源与可再生能源是指除常规化石能源和大中型水力发电、核裂变发电之外的生物质能、太阳能、风能、水能、地热能以及海洋能等一次能源。这些能源资源丰富、可再生、清洁干净，是最有前景的替代能源，将成为未来世界能源的基石。

(1)生物质能

生物质能蕴藏在生物质中，是绿色植物通过叶绿素将太阳能转化为化学能而贮存在生物质内部的能量。其利用主要有直接燃烧、热化学转换和生物化学转换三种途径。

(2)太阳能

太阳能的转换和利用方式有光—热转换、光—电转换和光—化学转换等，其中光—热转换即太阳能光热利用的基本方式。太阳能产生的热能可以广泛应用于制冷、蒸馏以及工业生产等各个领域，并可进行太阳能热发电。

(3)风能

风能是指太阳辐射导致空气运动而产生的能量，其主要利用形式有风力发电、风力提水、风力致热以及风帆助航等。

(4)小水电

小水电是指小水电站及与其相配套的小电网。其开发方式分为引水式、堤坝式和混合式三类。

(5)地热能

地热资源是指地壳内能够开发出的岩石中的热能量和地热流体中的热能量及其伴生的有用组分，可分为水热型、地压型、干热岩型和岩浆型四大类。其利用方式主要有地热发电和地热直接利用，主要用于发电、工业加工、脱水干燥、采暖、温室、家用热水、养殖、种植以及医疗等。

(6)海洋能

海洋能是指蕴藏在海洋中的可再生能源，包括潮汐能、波浪能、海流能、潮流能、海水温差能和海水盐差能等不同的能源形态。海洋能技术指将海洋能转换成为电能或机械能的技术。

1.3.2 发展新能源与可再生能源的重大战略意义

发展新能源与可再生能源有利于经济发展走可持续发展之路，保护人类赖以生存的地球的生态环境，解决世界20多亿无电、缺能人口和特殊用途的能源供应，具有重大战略意义。

①新能源与可再生能源是人类社会未来能源的基石，是目前大量燃用的化石能源的替代能源。在人类开发利用能源的历史长河中，以石油、天然气和煤炭等化石能源为主的时期终将走向枯竭，被新的能源所取代。人类必须未雨绸缪，及早寻求新的替代能源。

新能源与可再生能源资源丰富、分布广泛、可再生且不污染环境，是国际社会公认的理想替代能源。根据权威预测，到21世纪60年代，即2060年，全球新能源与可再生能源的比例，将会发展到占世界能源构成的50%以上，成为人类社会未来能源的基石、世界能源舞台的主角，是目前大量燃用的化石能源的替代能源。

②新能源与可再生能源清洁干净、污染物排放很少，是与人类赖以生存的地球的生态环境相协调的清洁能源。新能源与可再生能源是保护人类赖以生存的地球生态环境的清洁能源；采用新能源与可再生能源逐渐减少和替代化石能源的使用，是保护生态环境、走经济社会可持续发展之路的重大措施。

③新能源与可再生能源是不发达国家20多亿无电、缺能人口和特殊用途解决供电、用能问题的现实能源。尚未通电的地区缺乏常规能源资源，但新能源与可再生能源资源丰富，因而发展新能源与可再生能源是解决其供电和用能问题的重要途径。

在某些如海上航标、边防哨所无常规电源的领域，其供电电源采用新能源与可再生能源，不消耗化石燃料，并可采取无人值守的工作方式，最为先进、安全、可靠和经济。

1.3.3 中国新能源与可再生能源发展现状

中国政府对新能源与可再生能源的发展十分重视，已出台了相关法律法规和一系列方针政策、规章制度。由于政策的支持以及经济的激励，随着科学技术的进步与发展，中国新能源与可再生能源产业不断发展，并形成了一定的规模。

新能源与可再生能源产业的形成和扩大，不仅意味着原有能源系统更新改造历程的开始，而且通过新能源与可再生能源的发展，还可为社会提供新的就业机会，带动相关产业的发展。中国新能源与可再生能源及其发电应用现状的综合介绍见表 1-3[①]。

表 1-3　中国新能源与可再生能源及其发电应用现状

序号	能源类型	应用
1	小水电	小水电
2	太阳能	太阳能热水器
		太阳灶
		太阳房
		太阳能电池
3	风能	独立型风力发电机组
		并网型风力发电机组
4	生物质能	家用沼气池
		生活污水净化沼气池
		大中型沼气工程
		秸秆汽化
		蔗渣发电
5	地热能	地热发电
		地热直接利用
6	海洋能	潮汐发电

1.3.4　中国新能源与可再生能源发展前景

新能源与可再生能源的开发利用，对增加能源供应、改善能源结构、促进环境保护具有重要作用，是解决能源供需矛盾和实现可持续发展的战略选择。

①中国拥有丰富的新能源与可再生能源资源可供开发利用。

②中国对新能源与可再生能源的需求量巨大，市场广阔。

③中国新能源与可再生能源的发展适逢良好的市场机遇。

④市场巨大推动力将促进中国新能源与可再生能源的发展。

---

① 王长贵．太阳能光伏发电实用技术[M]．北京：化学工业出版社，2009.

⑤国家计委关于中国新能源与可再生能源发展建设提出了“提高经济运行质量和效益，加大结构调整力度”的方针。

积极落实可再生能源发展的扶持和配套政策，培育持续稳定增长的可再生能源市场，逐步建立和完善可再生能源产业体系和市场及服务体系，促进可再生能源技术进步和产业发展。中国新能源与可再生能源的发展前景美好，到21世纪中叶将有可能逐步发展成为重要的替代能源。

第2章　太阳能发电技术

太阳是离地球最近的一颗恒星，也是太阳系的中心天体，它的质量占太阳系总质量的99.865%。太阳也是太阳系里唯一自己发光的天体，它给地球带来光和热。如果没有太阳光的照射，地面温度将会很快降到接近绝对零度。由于太阳光的照射，地面平均温度才会保持在14℃左右，形成了人类和绝大部分生物生存的条件。除了原子能、地热和火山爆发的能量外，地面上大部分能源均直接或间接与太阳有关。

根据目前太阳产生的核能速率估算，氢储量足够维持600亿年，而地球内部组织因热核反应聚合成氦，它的寿命约为50亿年，因此，从这个意义上讲，可以说太阳的能量是取之不尽、用之不竭的。因此太阳能的应用关系到今后人类能源供应的关键所在。

2.1　太阳能及其资源分布

2.1.1　太阳能概述

太阳是一个发光发热的巨型气态星体，直径大约为139万km（1.39×10^9m），体积约为$1.42\times10^{27}m^3$（是地球的130万倍），质量为1.98×10^{30}kg（大约是地球的33万倍），平均密度只有地球密度的1/4。

太阳的能量，来自其内部进行的热核反应（由4个氢核聚变成1个氦核）。太阳以光辐射的形式，每秒向太空发射约3.74×10^{26}J的能量，即辐射功率约为3.74×10^{26}W。

地球和太阳的平均距离约为1.5×10^8km，因距离遥远，太阳释放的能量只有22亿分之一左右投射到地球上。到达大气层上界的太阳辐射功率约为1.73×10^{17}W，其中大约30%被大气层反射回宇宙空间，大约23%被大气层吸收。能够投射到地面的太阳辐射功率只有47%左右，约为8.1×10^{16}W。尽管如此，每年到达地球表面的太阳能仍高达 1.05×10^{18} kW·h，相当于1300万亿t标准煤，是当代全球能耗的上万倍。据粗略估计，大约40min照射在地球上的太阳能，便足以满足全球人类一年能量的消费。

由于陆地面积只占地球表面的21%，再除去沙漠、森林、山地及江河湖泊，实际到达人类居住区域的太阳辐射功率为 $7\times10^{15}\sim10\times10^{15}$ W，占到达地球大气层的太阳总辐射功率的5%～6%。不过，这也相当于近1000万个百万千瓦级发电厂的总功率。

根据恒星演化的理论，太阳目前正处于稳定而旺盛的中年时期，按照目前的功率辐射能量，大约还可以持续100亿年。100亿年后，太阳将变为一个散发着奇特光芒的红巨星，最终将完全熄灭。100亿年，相对于人类发展历史的有限年代（百万年的量级）而言，可以说是"无穷无尽"了。

2.1.2　太阳能资源的优缺点

1. 太阳能资源的优点

与煤炭、石油、天然气、核能等常规能源相比，太阳能具有以下优点。

（1）储量丰富

一年内照射到地球表面的太阳能总量比人类每年消耗的能源总量大几万倍，对人类来说，太阳能资源是取之不尽，用之不竭的。

（2）维持长久

相对于人类历史而言，太阳的寿命是非常长久的，所以可以认为太阳能是可以长久供应的。

（3）分布广泛

有太阳普照的地方就可以利用太阳能资源，所以不需要人们费力地探寻开采，也不需要火车、轮船的长途运输。对于解决交通不便的偏远地区及沙漠、海岛、山区的能源问题，太阳能利用的优越性，尤其明显。

（4）清洁无污染

太阳能是清洁能源，太阳能在利用过程中不产生废气、废渣、废水和任何对人体有害的物质。

2. 太阳能资源的缺点

太阳能有如下缺点：

①太阳的照射面积大，能量密度低，具有分散性。

②由于地球昼夜更替变化，太阳并不是一直照射到地球表面，所以能量

具有不连续性。

③能量具有不稳定性。

2.1.3 世界太阳能资源分布

根据太阳辐射总功率、日地平均距离以及地球平均直径的值,可知到达地球大气层上界的太阳能资源的太阳辐射功率为 1.73×10^{11} MW,约为 1970 年全世界消耗功率的 3×10^{4} 倍左右。其中约 30%被大气层反射到宇宙空间,23%被大气层吸收,仅有 47%即 8.2×10^{10} MW 到达地球表面,即通常所谓的地面上的太阳能资源①。在到达地球表面的太阳辐射能中,约有 79%照射在海洋上,21%照射在陆地上。其中照射在陆地上的太阳辐射能大约有一半照射在无人居住或人烟极少的地区,而只有一半左右即 8.1×10^{9} MW 照射到人类聚居的地区,这是目前和近期内真正可以利用的太阳能资源。

由于受到昼夜、季节、地理纬度和海拔高度等自然条件的限制,到达地球表面的太阳辐射能既是间断的又是不稳定的。为了便于利用太阳能,世界各国都通过遍布各地的气象台站的多年实测结果,给出当地水平表面上太阳辐射的日总量、月总量和年总量的平均值。为了统一世界各地的太阳辐射测量标准,世界气象组织自 1959 年起先后举行了六次国际直接日射表比对活动。目前各种日射仪器均按其性能分为标准、一级和二级三个类别(仅标准直接日射表又细分为一级标准和二级标准两类)。

美国国家航空航天局(NASA)建有一个包含各地日照数据的数据库,其中部分城市的日照数据见表 2-1。

表 2-1 世界各主要城市的日照数据②

排序	地点	日照量/[kW·h/(m²·年)]	排序	地点	日照量/[kW·h/(m²·年)]
1	马德里	1785	9	北京	1430
2	悉尼	1675	10	纽约	1300
3	雅典	1665	11	巴黎	1220
4	旧金山	1580	12	慕尼黑	1085
5	曼谷	1560	13	阿姆斯特丹	975
6	罗屿	1535	14	伦敦	950
7	香港	1525	15	汉堡	920
8	东京	1460			

① 周锦,李倩. 新能源技术[M]. 北京:中国石化出版社,2011.

② 朱永强. 新能源与分布式发电技术[M]. 2 版. 北京:北京大学出版社,2016.

2.1.4　我国太阳能资源分布

我国位于欧亚大陆东部，陆地占世界陆地面积的1/14，而且大部分处于北温带。因此，我国的太阳能资源十分丰富，每年陆地接收的太阳辐射总量约为1.9×10^{16}kW·h，相当于2.4万亿t标准煤。

国家有关单位的测量资料表明，全国各地太阳年辐射总量基本都在3340～8400MJ/m^2，平均值超过5000MJ/m^2（相当于170kg/m^2标准煤的热量）。而且全国2/3的国土面积年日照时间都超过2200h。

据来自中国气象局太阳能风能资源评估中心的资料显示，我国西藏、青海、新疆、甘肃、宁夏、内蒙古高原的太阳总辐射量和日照时数为全国最高，属世界太阳能资源丰富地区之一。四川盆地、两湖地区、秦巴山地是太阳能资源低值区。我国东部、南部及东北为太阳能资源中等区。

我国太阳能资源分布，西部高于东部，而且基本上南部低于北部（除西藏、新疆之外），与通常随纬度变化的规律并不一致，纬度小的地区反而低于纬度大的地区。这主要是由大气云量及山脉分布的影响造成的。例如，我国南方云量明显比北方大。而青藏高原地区，平均海拔高度在4000m以上，大气层薄而清洁，透明度好，日照时间长，因此太阳能资源最丰富，最高值达920kJ/(cm^2·年)。

各太阳能资源带的全年太阳能总辐射量见表2-2。

表2-2　我国陆地4个太阳能资源带的年辐射量

资源带号	资源带分类	年辐射量/(MJ/m^2)
Ⅰ	资源丰富带	≥6700
Ⅱ	资源较丰富带	5400～6700
Ⅲ	资源一般带	4200～5400
Ⅳ	资源缺乏带	<4200

2.2　太阳能电池的工作原理

众所周知，无数的原子是由原子核和电子组成的。原子核带正电，电子带负电。电子就像行星围绕太阳转动一样，按照一定的轨道围绕着原子核旋转。单晶硅的原子是按照一定的规律排列的，硅原子的最外电子壳层中有 4 个电子，如图 2-1 所示。每个原子的外层电子都有固定的位置，并受原子核的约束。它们在外来能量的激发下，如受到太阳光辐射时，就会摆脱原子核的束缚而成为自由电子，同时在它原来的地方留出一个空位，即半导体物理学中所谓的“空穴”。

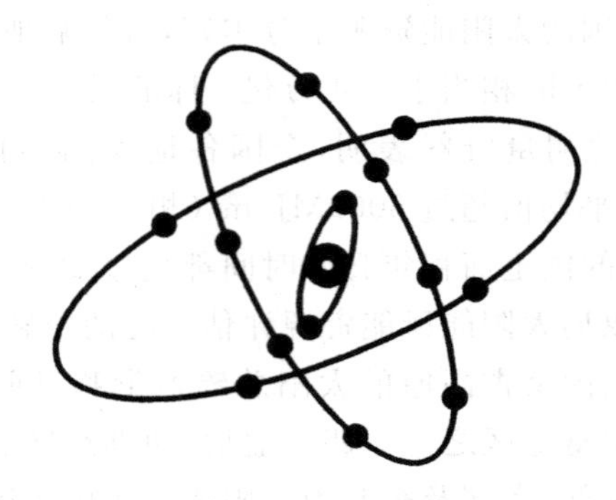

图 2-1　硅原子结构示意图

当太阳光照射 PN 结时，在半导体内的原子由于获得了光能而释放电子，同时相应地便产生了电子—空穴对，并在势垒电场的作用下，电子被驱向 N 型区，空穴被驱向 P 型区，从而使 N 型区有过剩的电子，P 型区有过剩的空穴。于是，就在 PN 结的附近形成了与势垒电场方向相反的光生电场，如图 2-2 所示。

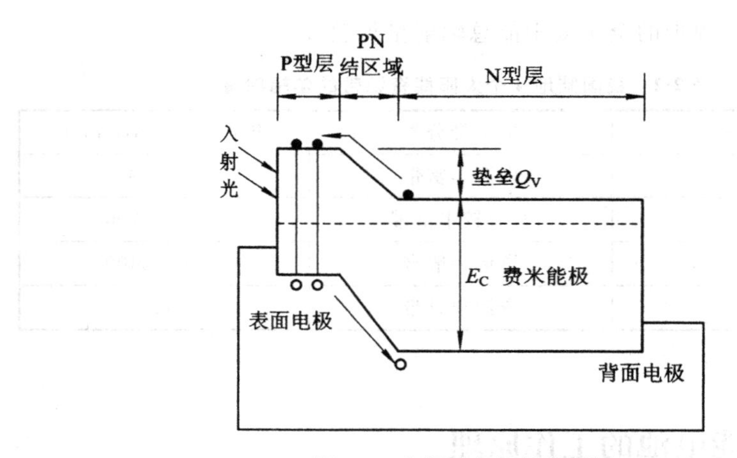

图 2-2　太阳能电池的能级图

太阳能电池工作原理的基础是半导体 PN 结的光生伏打效应。如图 2-3 所示，在 PN 结的内建电场作用下，N 区的空穴向 P 区运动，而 P 区的电子向 N 区运动，最后造成在太阳能电池受光面有大量负电荷（电子）积累，而在电池背光面有大量正电荷（空穴）积累。如在电池上、下表面做上金属电极，并用导线接上负荷，只要太阳光照不断，负荷上就一直有电流通过。

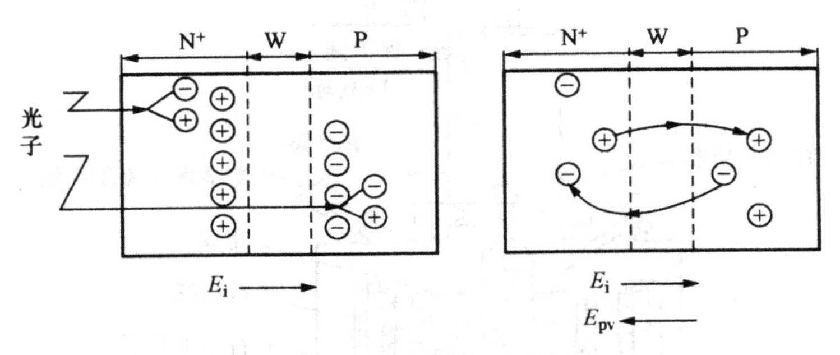

图 2-3　光伏发电原理

2.3　太阳能电池的制造与工艺

2.3.1　硅材料的制备

1. 硅材料来源

硅是地壳中分布最广的元素，其含量达 25.8%。硅材料主要来源于优质石英砂，也称硅砂。在我国山东、江苏、湖北、云南、内蒙古、海南等省区都有分布。将硅砂转换成可用的硅材料的工艺流程为：

$$\text{硅砂}\xrightarrow[\text{电炉}]{\text{焦炭}}\text{硅铁（冶金硅）（含硅 97\%～99\%）}$$

$$\xrightarrow{\text{盐酸}}\text{三氯氢硅 }\eta(CH_4\text{ 硅烷})\xrightarrow{\text{还原}+H_2}\text{多晶硅}$$

2. 单晶硅锭的制备

单晶硅锭的制备方法很多，目前国内外在生产中主要采用熔体直拉法和悬浮区熔法。

（1）直拉法

直拉法又称切克劳斯基（Czochralski）法，简称 CZ 法，是利用旋转着的籽晶从坩埚中的熔体中提拉制备出单晶的方法。目前国内太阳能电池单晶硅硅片生产厂家大多采用这种技术。其基本原理如图 2-4 所示。

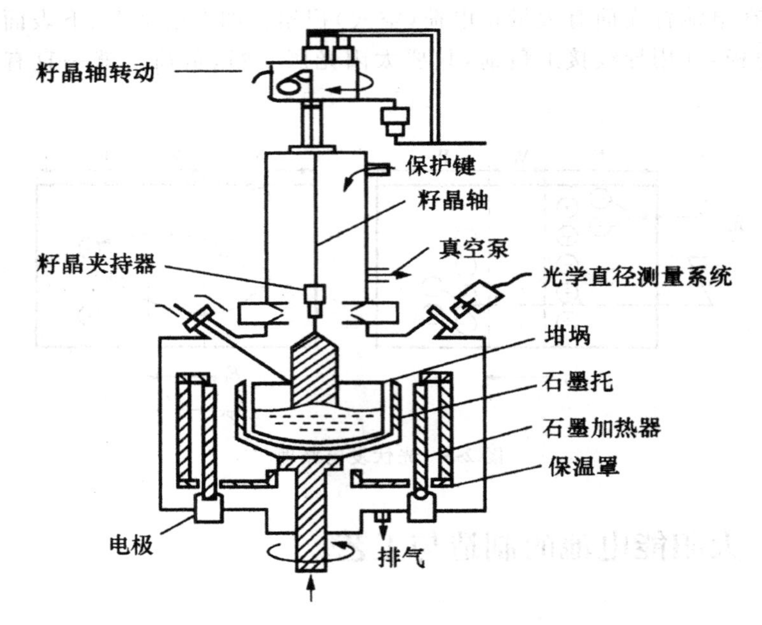

图 2-4　直拉单晶炉及其基本原理示意图

将经过处理的高纯多晶硅或半导体工业所产生的次品硅(单晶硅和多晶硅头尾料)装入单晶炉的石英坩埚内。在合理的热场中,于真空或气氛下加热硅使之熔化,用一个经加工处理过的晶种——籽晶,使其与熔硅充分熔接,并以一定速度旋转提升。在晶核的诱导下,控制特定的工艺条件和掺杂技术,使其具有预期电学性能的单晶体沿籽晶定向凝固、成核长大,从熔体上被缓缓提拉出来。

掺杂可以在熔化硅前进行。利用许多杂质在硅凝结时和熔化时熔解温度之差,使一些有害杂质浓集于坩埚底部,所以提拉过程也有纯化作用。目前此法已能拉制直径大于 6in、重达百千克的大型单晶硅锭。

(2)区熔法

区熔法指用水冷的高频线圈环绕硅单晶棒,使硅棒内产生涡电流自身加热,硅棒局部熔化,出现浮区,及时缓慢移动高频线圈,并使硅棒一端旋转,则熔化的硅又重新结晶。利用硅中杂质的分凝现象,硅纯度增加了,反翻移动高频线圈,可使硅棒的中段反复提纯,直至极高的纯度。区熔法也称浮区熔法,是目前制造高效和超高效单晶硅太阳能电池原料的唯一方法。因受线圈功率的限制,区熔硅棒的直径一般不宜太大。区熔法示意图如图 2-5 所示。

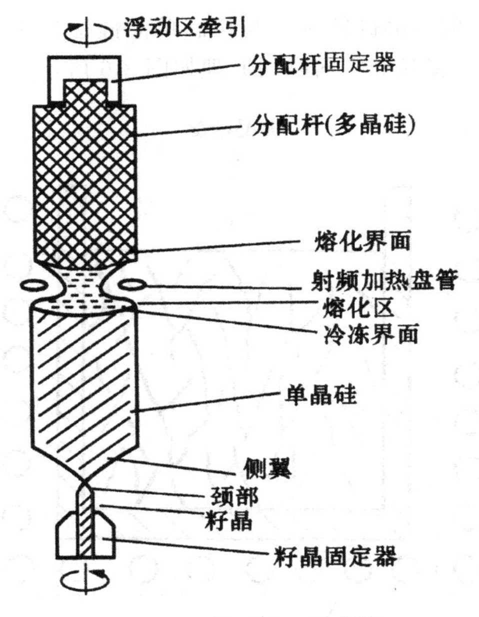

图 2-5　区熔法原理示意图

3. 多晶硅锭的制备

(1)杜邦法

杜邦法即硅原料的 $SiCl_4$ 锌还原法。

(2)三氯氢硅法

三氯氢硅法也称西门子法，三氯氢硅法主要有三个关键工序：

①硅粉与 HCl 反应生成三氯氢硅(TCS)。

②对 TCS 进行分馏，以达到 PPb 级超纯状态。

③将超纯 TCS 用 H_2 通过化学气相沉积(CVD)法还原成多晶硅。

(3)硅烷法

日本小松公司进行硅烷生产的工艺基于下列化学反应：

$$2Mg + Si \longrightarrow Mg_2Si$$

$$Mg_2Si + 4NH_4Cl \xrightarrow{\text{液 } NH_3} SiH_4 + 2MgCl_2 + 4NH_3$$

$$SiH_4 \longrightarrow Si + 2H_2$$

硅烷法成本比三氯氢硅法高一些，但多晶硅的质量也较高。

(4)铸锭多晶硅制备

直接由西门子法而得到的多晶硅棒，因未掺杂等原因，不易用来直接制造多晶硅太阳能电池。把熔化的硅经过定向凝结后，即可获得掺杂均匀、晶粒较大且呈纤维状的多晶硅铸锭。与拉制单晶硅锭相比，铸锭多晶硅的加工费可降低 10 倍。多晶硅定向凝固原理如图 2-6 所示。

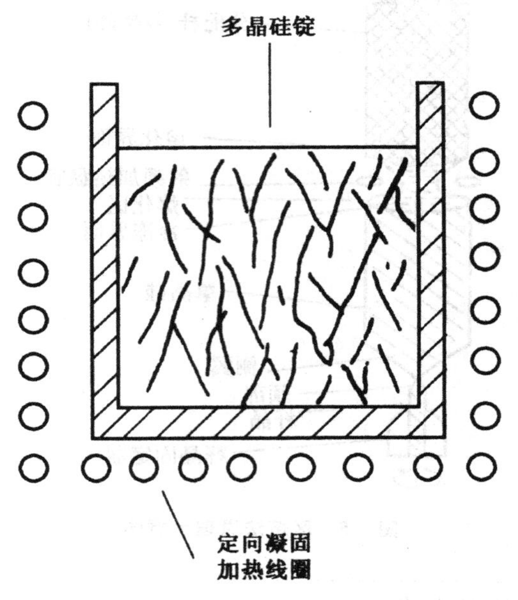

图 2-6 多晶硅定向凝固原理

4. 片状硅(带硅)制造

单晶硅锭和多晶硅锭都是块状材料，要做成太阳能电池还需要切割，而片状硅(带硅)因为减少了切割损失而一直受到人们的关注。为了避免切割造成材料的浪费，人们研究了从熔融硅液中直接生长带硅的方法。此方法已用于实际的生产中。采用无须切片的带状硅作衬底，可使硅材料的利用率从 20％提高到 80％。

片状硅的主要生产方法有定边喂膜生长法(Edge-defined Film-fed Growth，EFG)、蔓状晶生长法、边缘支撑拉晶法(Edge-sustained Pulling，ESP)、小角度带状生长法、激光区熔法和颗粒硅带法等。其中 EFG 法已经实现了工业化，被认为是目前最成熟的带硅技术，原理如图 2-7 所示。

该技术是采用适当的石墨模具从熔硅中直接拉出正八角硅管，正八角的边长比 10cm 略长，总管径约 30cm，管壁厚度(硅片厚)与石墨模具毛细形状、拉制温度和速度有关(几个厘米/分钟)。用这种技术拉制出的管长可达 4～5m。大面积(10cm×10cm) EFG 太阳能电池的效率已经达 14.3％。

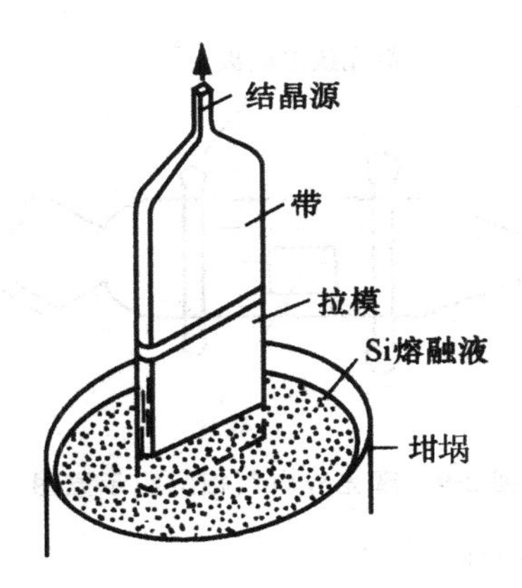

图 2-7　EFG 法原理图

5．非晶或微晶硅膜制造

利用化学气相沉积法（CVD 法）和物理气相沉积法（PVD 法）均可以获得非晶硅膜。在衬底温度很高时（600～800℃），非晶硅膜可以转变为微晶硅膜，或直接得到微晶硅膜。

（1）热化学气相沉积法

热化学气相沉积法的原理是利用硅烷热分解，即可得到非晶硅膜。热化学气相沉积示意图如图 2-8 所示，其反应方程式为

$$SiH_4 \xrightarrow[\text{热分解}]{\text{高温}} Si + 2H_2 \uparrow$$

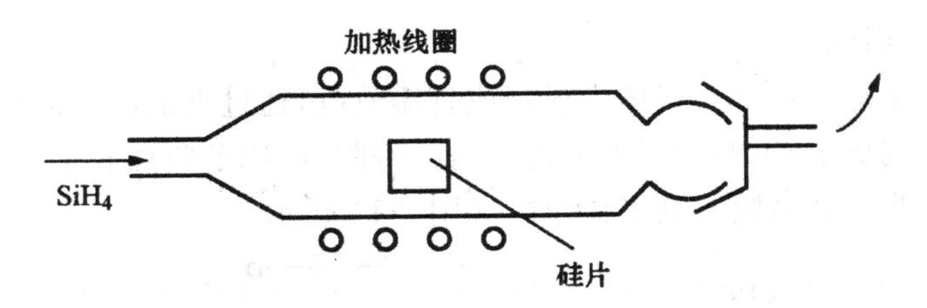

图 2-8　热化学气相沉积示意图

（2）辉光放电法

辉光放电法的原理是硅烷在高压交流或直流辉光放电条件下，即可在较低的温度下获得非晶硅膜。因为这一方法具有设备简单、容易掺杂等特点，目前的非晶硅电池多数都利用此法。辉光放电气相沉积过程如图 2-9 所示，其反应方程式为

$$SiH_4 \xrightarrow{\text{电离分解}} Si + 2H_2 \uparrow$$

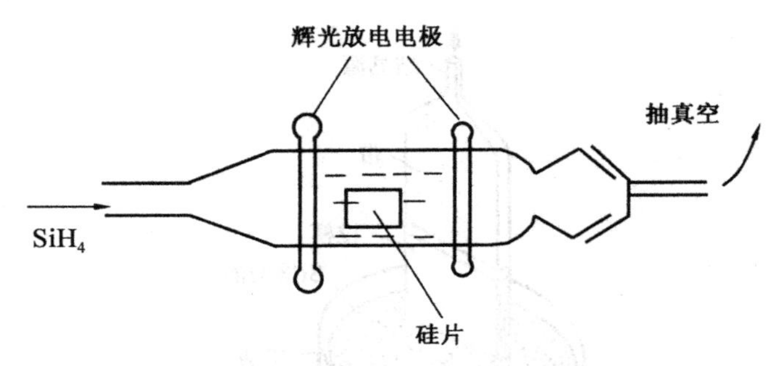

图 2-9　辉光放电气相沉积示意图

(3)光化学气相沉积法

光化学气相沉积法是用一种恰好能割断硅氢键的激光束照射衬底，当硅烷通过衬底表面时即有硅原子沉积到衬底上，形成高质量的非晶硅膜。当然，也可以用强大的特种频率的微波束来代替激光束，如图 2-10 所示。

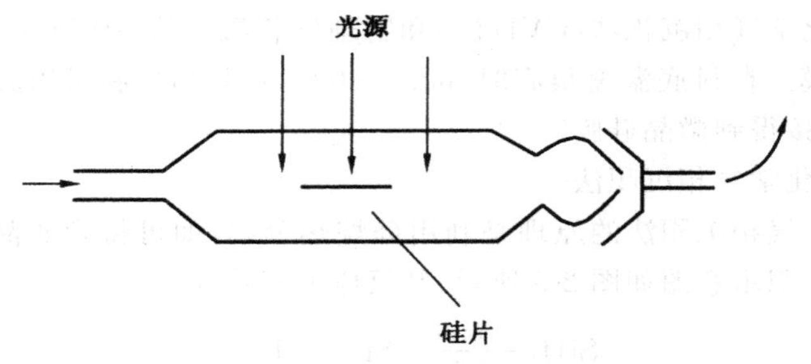

图 2-10　光化学气相沉积示意图

(4)溅射法

溅射法是指在低压气体中射频或直流放电，通过高能的电离粒子(如氩气电离成氩离子)不断地猛烈撞击硅，让一部分硅原子脱离硅靶而沉积到衬底上形成非晶硅薄膜。其工作原理如图 2-11 所示。

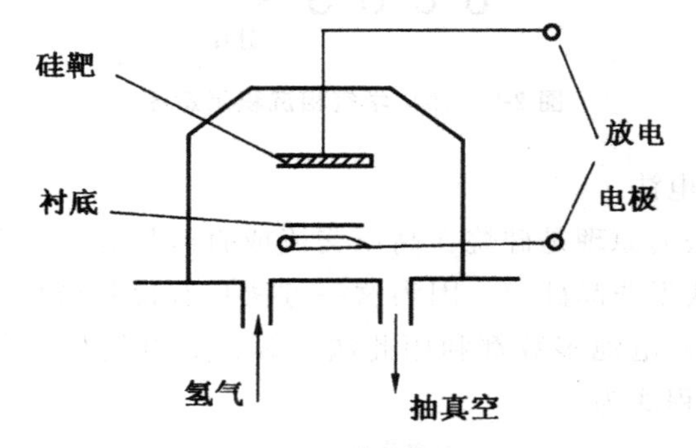

图 2-11　溅射法沉积示意图

(5)电子束蒸发法

电子束蒸发法是用高能电子束照射硅块，使其局部熔化、蒸发，沉积到衬底上形成非晶硅膜，如图 2-12 所示。

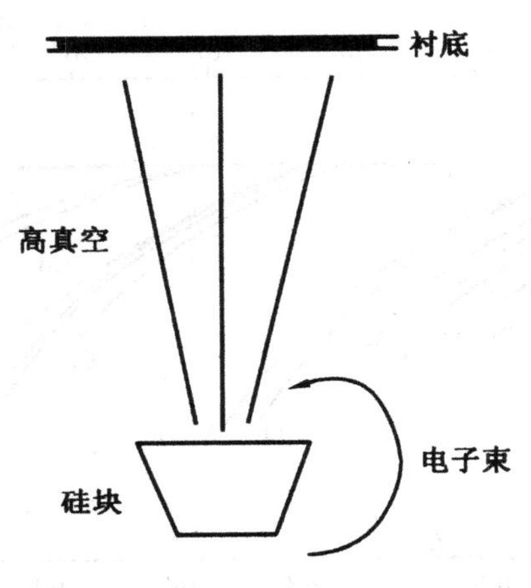

图 2-12　电子束蒸发示意图

以上五种方法中，前三种属于化学气相沉积法，后两种属于物理气相沉积法。

6. 太阳能级硅

因为太阳能电池耗硅量巨大，按照现有的技术水平，每吨单晶硅大约能生产 0.3～0.4MW 太阳能电池。因而 30 年前就提出生产用于制造太阳能电池的“太阳级硅”的问题。

所谓“太阳级硅”并无精确定义。一般认为能够制造出效率为 10%的太阳能电池的廉价硅材料都可称为太阳能级硅，而能够用于制造集成电路的硅称为“电路级硅”。为了探测各种不同的杂质原子对于太阳能电池效率的影响，科学家们花费了巨大的精力进行实验研究，得到如图 2-13 所示的结果。

由图 2-13 可知，钽、钼、铌、锆、钨、钛、钒等元素浓度在 $10^{13}/cm^3$～$10^{14}/cm^3$ 即对硅太阳能电池效率产生很大影响；而镍、铝、钴、铁、锰、铬等元素要在 $10^{15}/cm^3$ 以上有影响；磷和铜浓度高达 $10^{18}/cm^3$ 时对硅太阳能电池的效率才有少量影响。

7. 硅片的加工

硅片的加工，是指将硅锭经过表面整形、定向、切割、研磨、腐蚀、抛光、清洗等工艺，加工成具有一定直径、厚度、晶向和高度、表面平行度、平整度、粗糙度和表面无缺陷、无崩边、无损伤层，高度完整、均匀、光洁的镜面硅片。其工艺流程如图 2-14 所示。

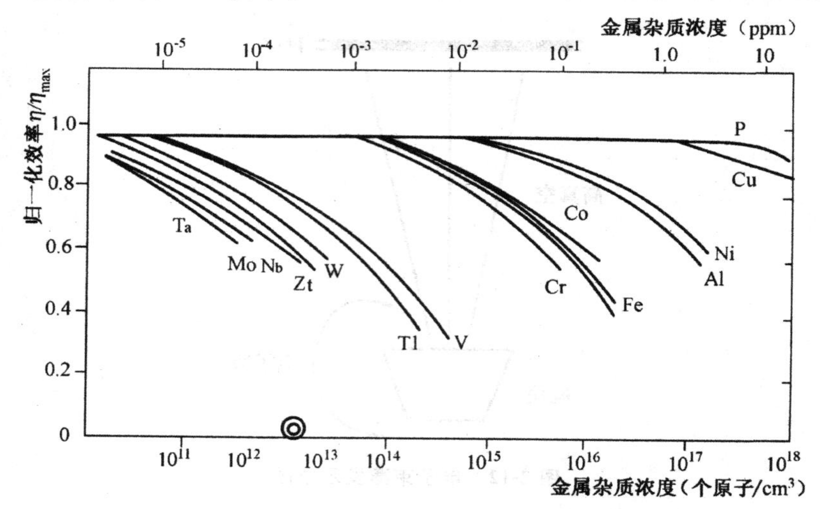

图 2-13　不同杂质对硅太阳能电池效率的影响

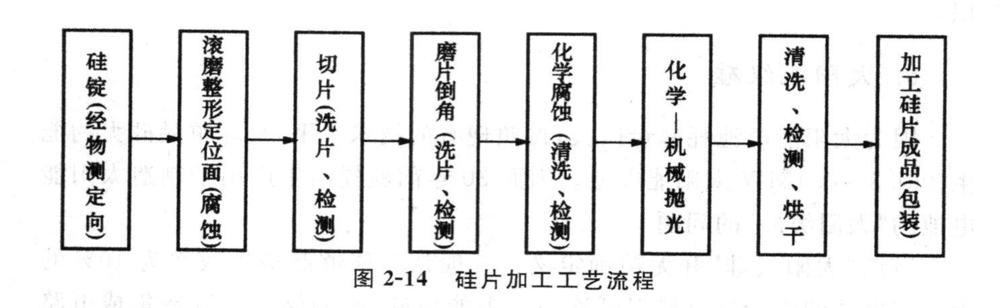

图 2-14　硅片加工工艺流程

2.3.2　太阳能电池制造工艺

下面以多晶硅为例介绍太阳能电池的工艺流程。

多晶硅太阳能电池以其材料低成本的优势迅速发展，到 2000 年，其产量已占世界太阳能电池总产量的 48.86%，居第 1 位。铸造多晶硅太阳能电池的转换效率已高达 19.8%(面积为 $4cm^2$，AM1.5 光谱条件下)。多晶硅太阳能电池正在引导着目前的太阳能电池市场。以降低太阳能电池组件成本为目标的多晶硅太阳能电池的生产分为四个阶段，即原料技术、基片技术、电池技术和组件技术。多晶硅太阳能电池工艺流程框图如图 2-15 所示。

图 2-15　多晶硅太阳能电池工艺流程框图

柱形晶粒的多晶硅太阳能电池结构如图 2-16 所示。

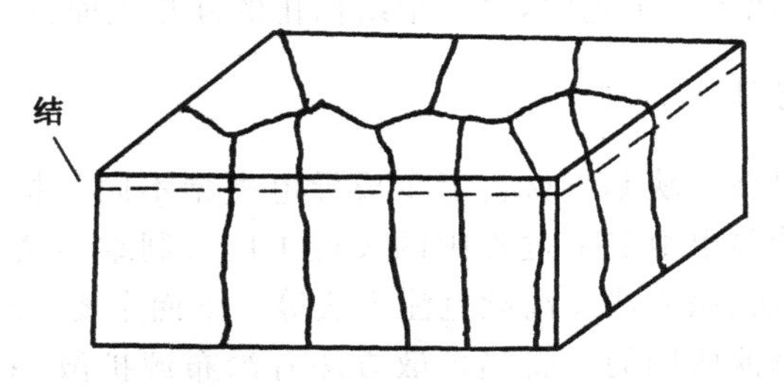

图 2-16　柱形晶粒的多晶硅太阳能电池结构

1. 硅片的选择

硅片的选择就是把性能一致的硅片选择出来，若将性能不同的硅片组合起来形成单体太阳能电池，其输出功率就会降低。硅片的主要性能有硅材料的导电类型、电阻率、晶向、位错、寿命等。

2. 硅片的表面处理

硅锭在切割成硅片的过程中，表面必定受到不同程度的污染，有油污、金属和尘埃等，混杂地附着在硅片表面，同时硅片表面留下切割制成的机械损伤。硅片的表面处理包括表面清洗和表面抛光。

(1)表面清洗

表面清洗就是采用化学清洗剂去除各种杂质。常用的化学清洗剂有离子水、有机溶剂(如甲苯、二甲苯、丙酮、三氯乙烯、四氯化碳等)、浓酸、强碱以及高纯中性洗涤剂等。清洗时将硅片盛装在专用片篮中，浸泡在加热至 100℃的洗涤液中进行溢流超声清洗。

(2)表面抛光

切割后的硅片表面留有晶格高度扭曲层和较深的弹性变形层，通称损伤层，其厚度为 18～26μm。这些损伤层中具有无穷多个载流子复合中心，必须在硅片表面制作绒面之前彻底清除。常规单晶硅太阳能电池生产工艺，多采用化学腐蚀方法将粗糙的切割表面腐蚀掉 30～50μm，得到一个平整光洁的硅片表面。抛光后的硅片，再用王水(硝基盐酸)或酸性双氧水(二氧化氢)清除残存硅片表面的离子型或原子型杂质。为了制作高效硅太阳能电池，一般不采用单纯的化学腐蚀抛光方法，而是采用化学机械抛光方法，以便将硅表面加工成光亮平整的镜面。

(3)绒面制作

纯净硅片表面的阳光反射率很高，为了降低其表面反射率，将硅片表面结构化，以增加表面对太阳辐射的吸收，也就是降低表面对太阳辐射的反射，在太阳能电池生产工艺中，将这个结构化的硅片表面称为绒面。

3. 扩散制结

制结过程是在一块基体材料上生成导电类型不同的扩散层，它和制结前的表面处理均是电池制造过程中的关键工序。制结方法有热扩散法、离子注入法、外延法、激光法及高频电注入法等。下面主要介绍热扩散法。

硅太阳能电池所用的主要热扩散方法有涂布源扩散、液态源扩散以及固态氮化硼源扩散等。

(1)涂布源扩散

涂布源扩散一般分简单涂布源扩散和二氧化硅乳胶源涂布扩散两种。

(2)液态源扩散

液态源扩散有三氯氧磷液态源扩散和硼的液态源扩散等方式。它是通过气体携带的方法将杂质带入扩散炉内实现扩散的。其原理如图 2-17 所示。

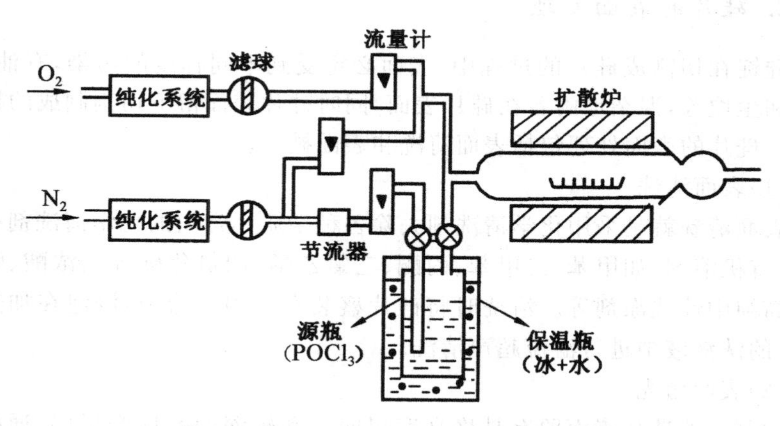

图 2-17　三氯氧磷扩散装置原理示意图[①]

(3)固态氮化硼源扩散

固态氮化硼源扩散通常采用片状氮化硼作源，在氮气保护下进行扩散。片状氮化硼的制作方法有两种：可用高纯氮化硼棒切割成和硅片大小一样

① 王长贵．太阳能光伏发电实用技术[M]．北京：化学工业出版社，2009.

的薄片，也可用粉状氮化硼冲压成片。扩散前，氮化硼片预先在扩散温度下通氧30min，使氮化硼表面的三氧化二硼与硅发生反应，形成硼硅玻璃沉积在硅表面，硼向硅内部扩散。氮气流量较低时，可使扩散更为均匀。

将几种扩散方法加以比较，得出如表2-3所示结论。

表2-3　几种扩散方法的比较

扩散方法	特点
简单涂布源扩散	优点是设备简单，操作方便，工艺相对已经成熟，缺点是对于大面积硅片薄层，电阻值相差比较大
二氧化硅乳胶源涂布扩散	设备简单，操作方便；扩散硅片表面状态良好；PN结平整；均匀性、重复性较好；改进涂布设备可适用于自动化流水线生产
液态源扩散	设备和操作比较复杂；扩散硅片表面状态好；PN结面平整，均匀性、重复性较好；工艺成熟
固态氮化硼源扩散	设备简单，操作方便；扩散硅片表面状态好；PN结面平整，均匀性、重复性比液态源扩散好；适合于大批量生产

4. 去边

去边的方法主要有腐蚀法和挤压法。腐蚀法即将硅片两面掩好，在硝酸、氢氟酸组成的腐蚀液中加以腐蚀。挤压法是用大小与硅片相同、略带弹性的耐酸橡胶或塑料与硅片相间整齐地隔开，施加一定压力后阻止腐蚀液渗入缝隙，以取得掩蔽的方法。

5. 去除背结

去除背结常用的方法有化学腐蚀法、磨片法和蒸铝或丝网印刷铝浆烧结法。

(1)化学腐蚀法

化学腐蚀是较早使用的一种方法。该方法可同时除去背结和周边的扩散层，因此可省去腐蚀周边的工序。

(2)磨片法

磨片法是用金刚砂将背结磨去的方法，也可以将携带砂粒的压缩空气喷射到硅片背面，除去背结。

(3)蒸铝或丝网印刷铝浆烧结法

前两种去除背结的方法对于N^+/P和P^+/N型电池都适用，蒸铝或丝网印刷铝浆烧结法仅适用于N^+/P型太阳能电池制作工艺。

蒸铝或丝网印刷铝浆烧结法是在扩散硅片背面真空蒸镀或丝网印刷一层铝，加热或烧结到铝—硅共熔点（577℃）以上烧结合金（图 2-18）。经过合金化以后，随着降温，液相中的硅将重新凝固出来，形成含有一定量的铝的再结晶层。它实际上是一个对硅掺杂的过程。它补偿了背面 N^+ 层中的施主杂质，得到以铝掺杂的 P 型层，由硅—铝二元相图（图 2-19）可知，随着合金温度的上升，液相中铝的比率增加。

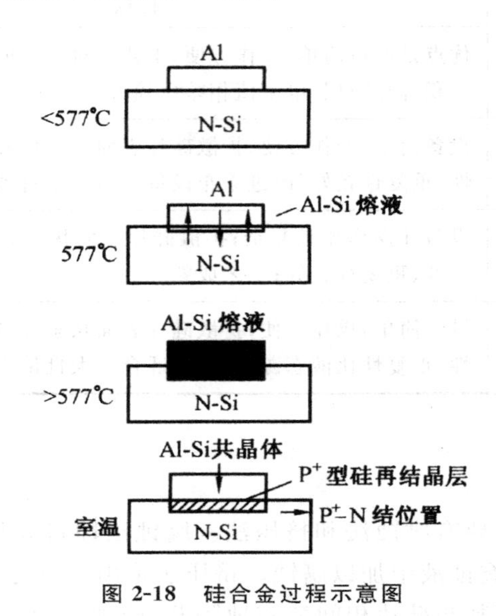

图 2-18　硅合金过程示意图

6. 制作上下电极

太阳能电池的电极就是在电池 PN 结两端形成紧密接触的连接导体，以接通电池的 PN 结，构成可向外供电的电回路。通常将在电池受光面上的连接导体称为上电极，而将制作在电池背面的连接导体称为下电极或背电极，也称底电极。

制作太阳能电池电极的方法主要有真空蒸镀法、化学镀镍法、丝网印刷烧结法等，所用金属材料主要有铝、钛、银、镍等。真空蒸镀法和化学镀镍法是制作太阳能电池电极的传统工艺方法，具有生产工艺成本高、能耗大和不适应工业化生产等缺点，目前工业化生产中已不采用。

7. 制作减反射膜

通过绒面制作的硅片虽然可使入射光的反射率减少到 10％以内，但为了能够更多地减少反射损失，一般还要在其表面镀一层减反射膜。减反射膜又称增透膜，主要功能是减少或消除表面的反射光，从而增加透光量。制作太阳能电池生产工艺多采用常压化学气相沉积二氧化钛减反射膜。

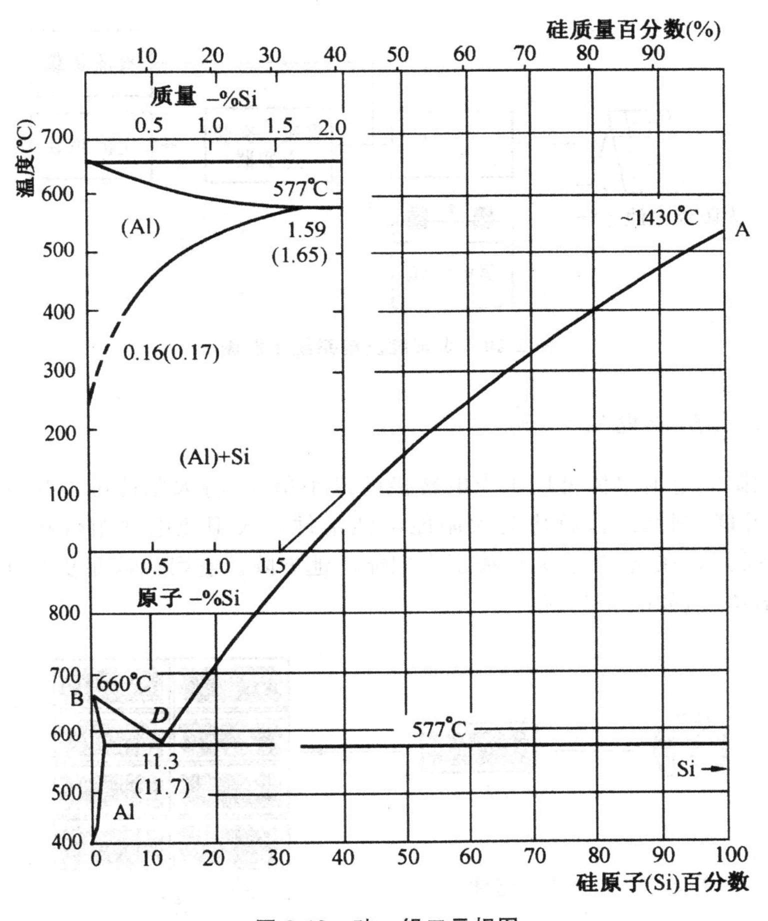

图 2-19　硅—铝二元相图

2.4　太阳能光伏发电系统

2.4.1　太阳能光伏发电的原理与组成

太阳能光伏发电系统是利用光生伏打效应制成的。太阳能电池将太阳能直接转换成电能，因此也叫作太阳能电池发电系统。它由太阳能电池方阵、控制器、蓄电池组、直流—交流逆变器等部分组成，其系统组成如图 2-20 所示。

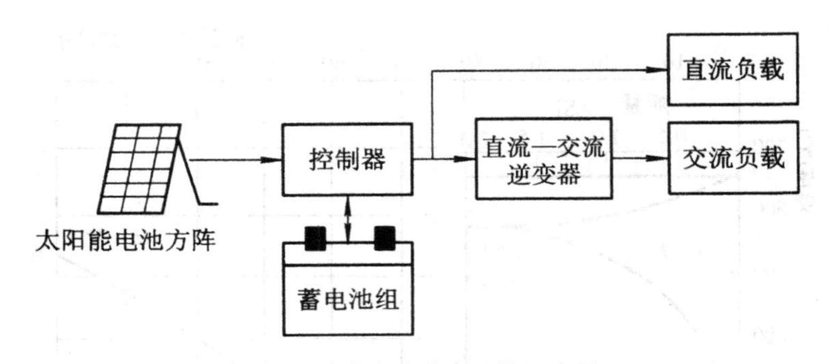

图 2-20　太阳能发电系统示意图

1. 太阳能电池方阵

太阳能电池单体是用于光电转换的最小单元，将太阳能电池单体进行串联、并联并封装后，就成为太阳能电池组件。太阳能电池组件再经过串联、并联并装在支架上，就构成了太阳能电池方阵。它可以满足负载所要求的输出功率，如图 2-21 所示。

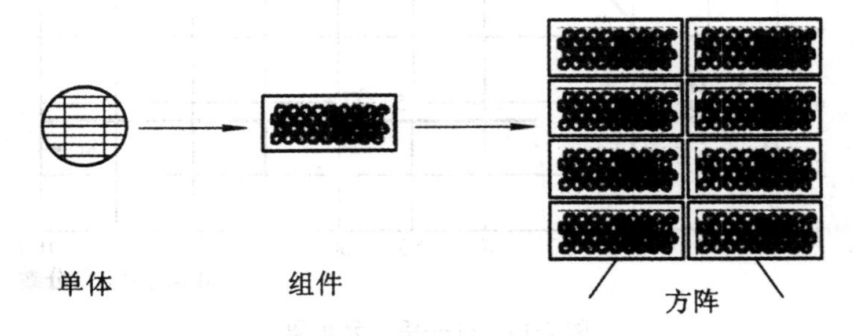

图 2-21　太阳能电池的单体、组件和方阵

(1)太阳能电池组件的封装

①组件单体电池的连接方式。

将单体电池连接起来主要有串联和并联两种方式，也可以同时采用两种方式而形成串并联混合连接方式，如图 2-22 所示。

如果每个单体电池的性能是一致的，多个单体电池的串联连接，可在不改变输出电流的情况下，使输出电压成比例地增加；并联连接方式，则可在不改变输出电压的情况下，使输出电流成比例地增加；而串并联混合连接方式，则既可增加组件的输出电压，又可增加组件的输出电流。

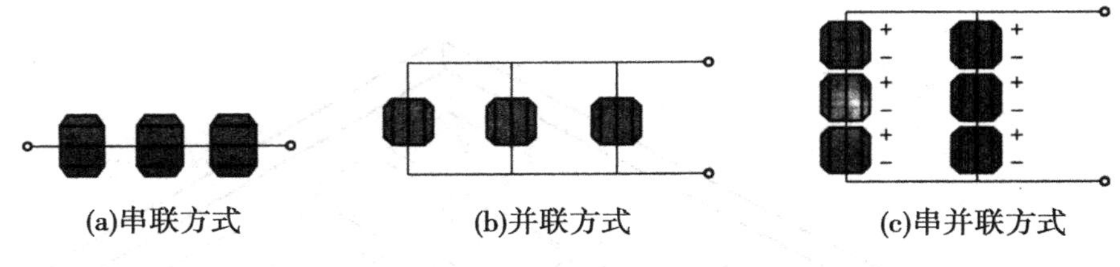

图 2-22　太阳能电池的连接方式

②组件的封装结构。

- 晶体硅太阳能电池组件的结构。常规的太阳能电池组件结构形式有下列几种：玻璃壳体式结构、底盒式组件、平板式组件、无盖板的全胶密封组件，其结构示意图如图 2-23～图 2-26 所示。

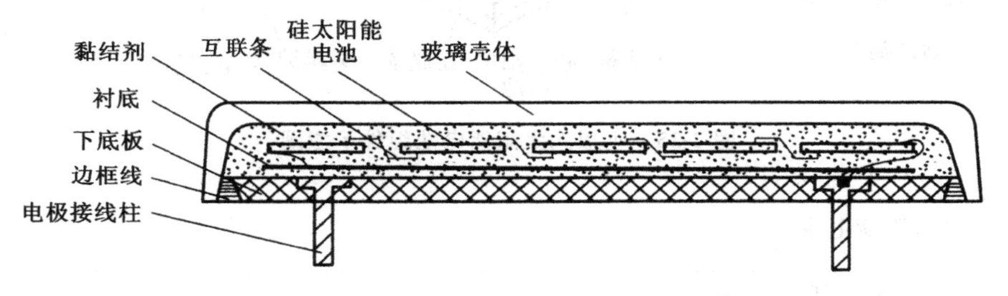

图 2-23　玻璃壳体式太阳能电池组件示意图

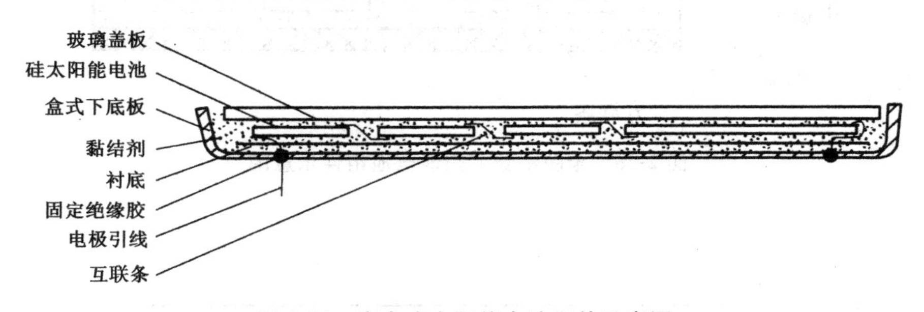

图 2-24　底盒式太阳能电池组件示意图

- 薄膜太阳能电池组件的结构。薄膜光伏电池同晶体硅电池的封装有些不同，衬底的类型不同，封装的方式不同，半导体材料与衬底的相对位置不同将影响组件的结构。对于使用非钢化玻璃衬底的前壁型 CdTe 电池和大部分非晶硅电池，玻璃衬底可以作为上盖板保护电池，背面可以使用任何类型的玻璃，如果有要求可以使用钢化安全玻璃，如图 2-27 所示。

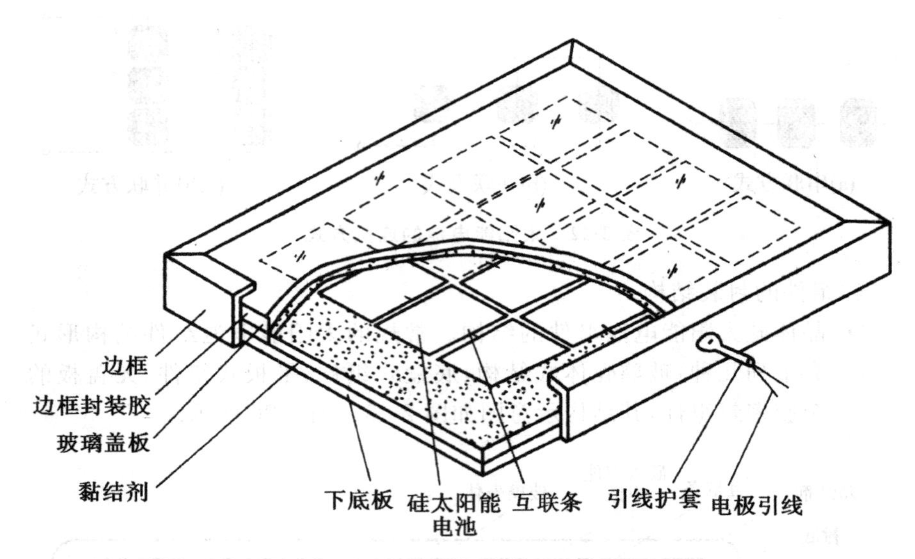

图 2-25　平板式太阳能电池组件示意图

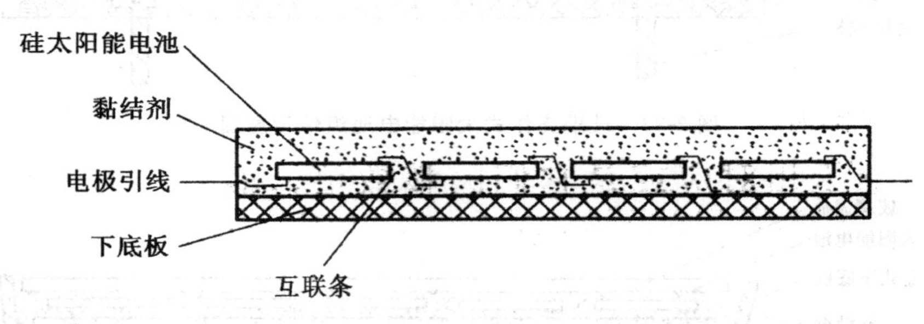

图 2-26　全胶密封太阳能电池组件示意图

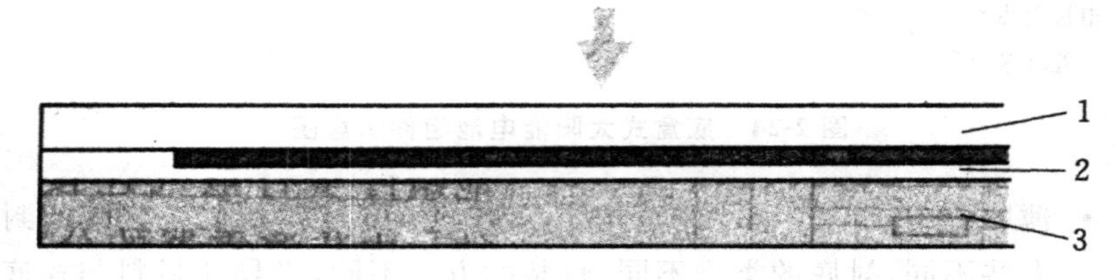

图 2-27　非钢化玻璃衬底的前壁型太阳能电池封装结构

1—非晶硅/CdTe 电池；2—EVA；3—玻璃

对于使用非钢化衬底的后壁型 CIS 电池和一部分非晶硅电池，需要在上面加上盖板，保护电池，如图 2-28 所示。

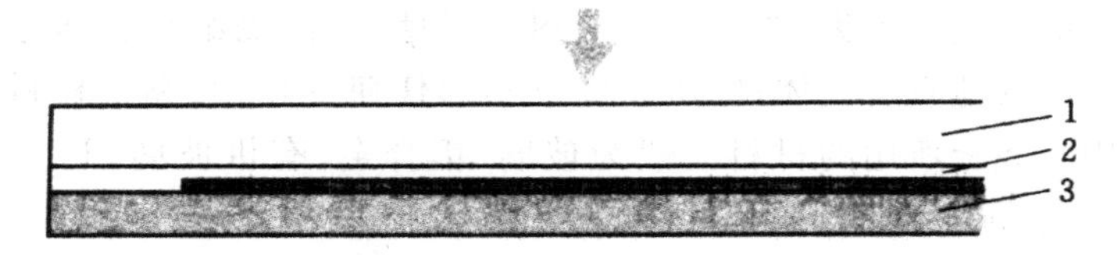

图 2-28　非钢化玻璃衬底的后壁型太阳能电池封装结构

1—白玻璃;2—EVA;3—CIS 电池

除了上面两种结构之外,如果使用其他类型的衬底,使用另外一种封装方式,这种封装方式有三层,对于前壁型和后壁型的薄膜光伏电池都适用,如图 2-29 所示。

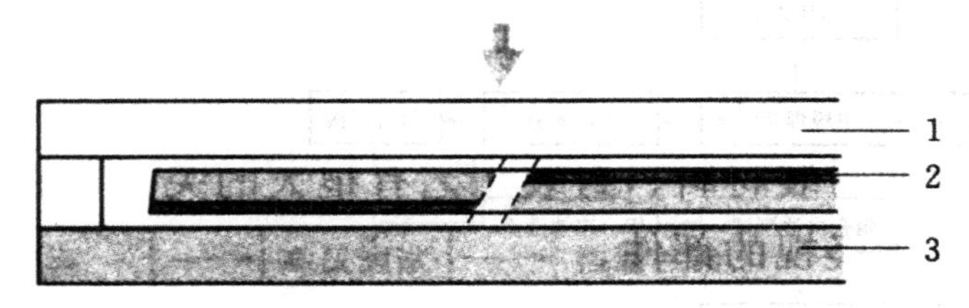

图 2-29　其他类型衬底的太阳能电池封装结构

1—白玻璃;2—非晶硅/CdTe/CIS;3—玻璃

③组件的封装材料。

太阳能电池组件工作寿命的长短,与封装材料和封装工艺有很大关系。

- 上盖板。上盖板覆盖在太阳能电池的正面,构成组件的最外层,既要透光、坚固、耐风霜雨雪,又要能经受砂砾、冰雹的冲击,对电池起到长期保护作用。作上盖板的材料有钢化玻璃、聚丙烯酸树脂、氟化乙烯丙烯、透明聚酯以及聚碳酯等。目前,低铁水白钢化玻璃是最为普通的上盖板材料,在这种玻璃表面加上微金字塔结构后,还可以增加漫反射光的吸收并减少玻璃表面造成的光污染。
- 黏结剂。黏结剂是固定太阳能电池和保证上下盖板密合的关键材料,对它的要求为:在可见光范围内具有高透光性,抗紫外线老化;具有一定的弹性,缓冲不同材料之间的热胀冷缩;具有良好的电绝缘性能和化学稳定性,本身不产生有害于太阳能电池的气体或液体;有优良的气密性,能阻止外界潮气或其他有害气体对太阳能电池的侵蚀;能适用于自动化的组件封装。黏结剂主要有室温固化硅橡胶、聚氟乙烯(PVF)、聚乙烯醇缩丁醛(PVB)和乙烯—醋酸乙烯酯(EVA)等。
- 底板。底板同样要对电池有保护作用,有时也要有支撑作用。对底板的一般要求为:具有良好的耐气候性能,能隔绝从背面进来的潮气或其他有害气体;层压温度下不起任何变化;与黏结材料结合牢固。底板所用的材料一般为玻璃、铝合金、有机玻璃、TPF 复合膜等,目前较多应用的是 TPF 复合膜。

- 边框。平板组件必须有边框,以保护组件和便于组件与方阵支架的连接固定。边框与黏结剂构成对组件边缘的密封,主要材料有不锈钢、铝合金、橡胶以及增强塑料等。

④组件封装的工艺流程。

不同结构的组件有不同的封装工艺,其基本工艺流程如图 2-30 所示。

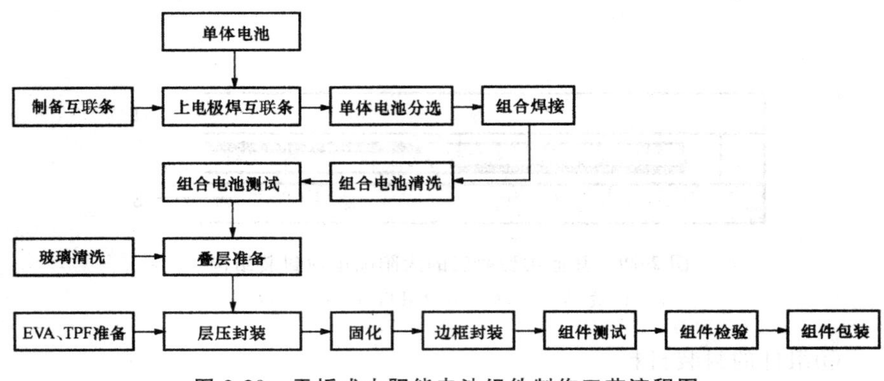

图 2-30　平板式太阳能电池组件制作工艺流程图

(2)太阳能电池方阵电气连接及排列方式

太阳能电池方阵除了需要支架将许多太阳能电池组件集合在一起之外,还需要电缆、阻塞二极管和旁路二极管对太阳能电池组件实行电气连接,并需要配专用的、内装避雷器的分接线箱和总接线箱。有时为了防止鸟粪玷污太阳能电池方阵表面而引起热斑效应,还需在方阵顶上特别安装驱鸟器。

太阳能电池方阵的电气连接图如图 2-31 所示。

在将太阳能电池组件进行串并联组装成方阵时,应参考太阳能电池串并联所需要注意的原则,并应特别注意如下各点:

①串联时需要工作电流相同的组件,并为每个组件并接旁路二极管。

②并联时需要工作电压相同的组件,并在每一条并联线路串接阻塞二极管。

③尽量考虑组件互联接线最短的原则。

④要严格防止个别性能变坏的太阳能电池组件混入太阳能电池方阵。

图 2-32 为同样 64 块太阳能电池组件分别用 4 并 8 串方式组成方阵,但有(a)纵联横并和(b)横联纵并两种不同的电气连接。在图中可以看到,

当遇到有局部阴影时，(a)中连接的总线电压下降，输出电池也大幅下降，系统有可能不能正常工作；而(b)中连接的总线电压可保持不变，虽然少了一组电流，但系统却能正常工作。

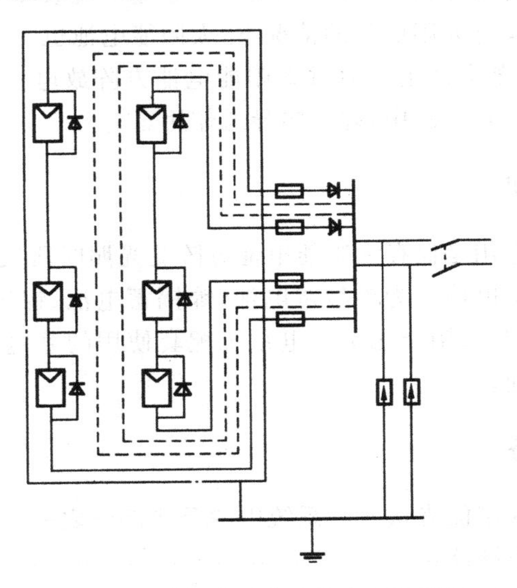

图 2-31　太阳能电池方阵电气连接图

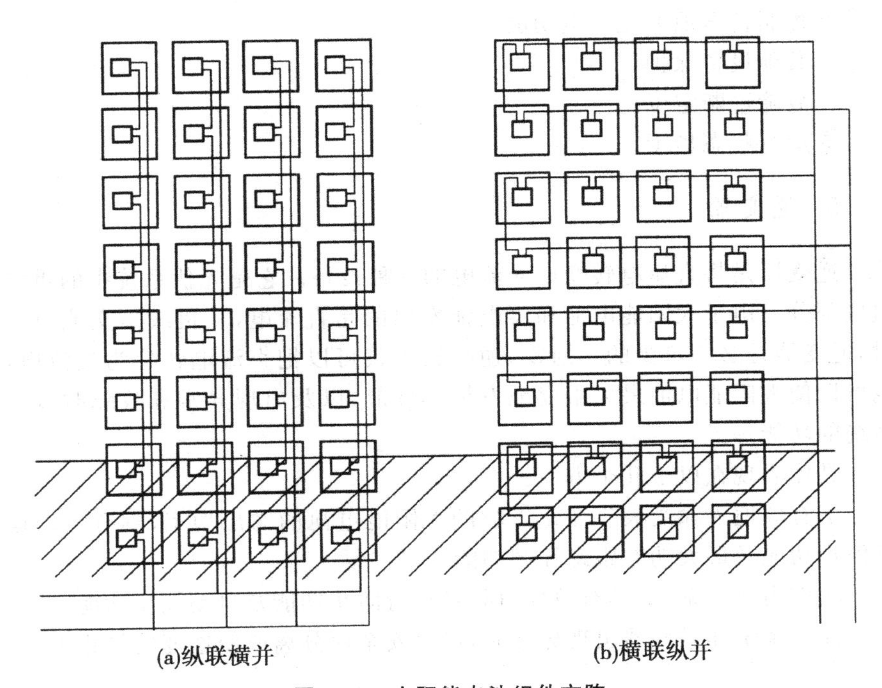

图 2-32　太阳能电池组件方阵

2. 防反充二极管

防反充二极管又称阻塞二极管，太阳能电池出现故障时无法正常发电，在夜晚和阴雨天没有太阳照射的情况下，太阳能电池也无法发电，此时在太阳能电池组件中，蓄电池组可通过太阳能电池方阵放电。防反充二极管串联在太阳能电池方阵电路中，起单向导通作用。

3. 蓄电池组

蓄电池组的作用是储存太阳能电池方阵受光照时所发出的电能并能随时向负载供电。蓄电池分为铅酸蓄电池、镍镉蓄电池、镍氢蓄电池、铅蓄电池等。目前，我国与太阳能光伏发电系统配套使用的蓄电池主要是铅酸蓄电池和镍镉蓄电池。

4. 控制设备

控制设备是太阳能光伏发电系统中的重要部分之一。系统中的控制设备通常应具有以下功能：

①信号检测功能。

②控制蓄电池的充放电功能。

③其他设备保护。

④故障诊断定位。

⑤运行状态指示。

5. 逆变器

逆变器是将直流电转变成交流电的一种设备。它是光伏系统中的重要组成部分。由于太阳能电池和蓄电池发出的是直流电，当负载是交流负载时，逆变器是必不可少的。通常，逆变器不仅可以把直流电转换为交流电，也可以使太阳能电池最大限度地发挥其性能，以及出现异常和故障时保护系统的功能等。

具体表现在以下几个方面：

①有效地去除受天气变化影响的太阳能电池的输出功率，具有自动运行停止功能及最大功率跟踪控制功能。

②作为保护系统，具有单独(孤岛)运行防止功能及自动调压功能。

③当系统和逆变器出现异常时，可以安全地分离或使逆变器停止工作。

2.4.2　太阳能光伏发电的分类

光伏发电系统，也即太阳能电池应用系统，一般分为独立运行系统和并网运行系统两大类，如图 2-33 所示。独立运行系统如图 2-33(a)所示，它由太阳能电池方阵、储能装置、直流—交流逆变装置、控制装置与连接装置等组成。并网运行系统如图 2-33(b)所示。

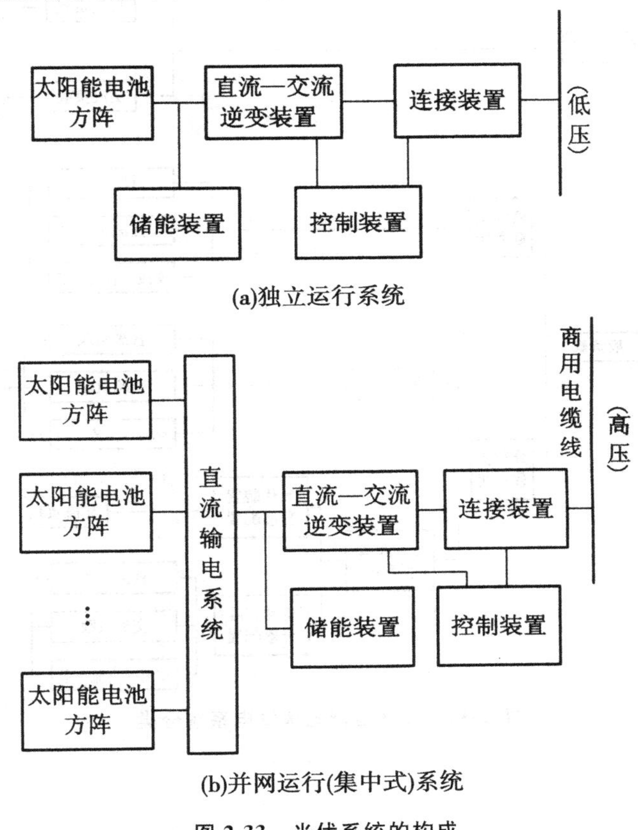

图 2-33　光伏系统的构成

所谓独立运行光伏发电系统，是指与电力系统不发生任何关系的闭合系统。图 2-34 所示是独立运行系统的分类。

图 2-33(b)所示的并网运行光伏发电系统实际上与其他类型的发电站一样，可为整个电力系统提供电能。图 2-35 是光伏发电系统联网示意图。由图 2-35 可知，光伏发电并网系统有集中光伏电站并网和屋顶光伏系统联网两种。前者功率容量通常在兆瓦级以上，后者则在千瓦级至百千瓦级之间。光伏系统的模块性结构等特点适合于发展这种分布的供电方式。

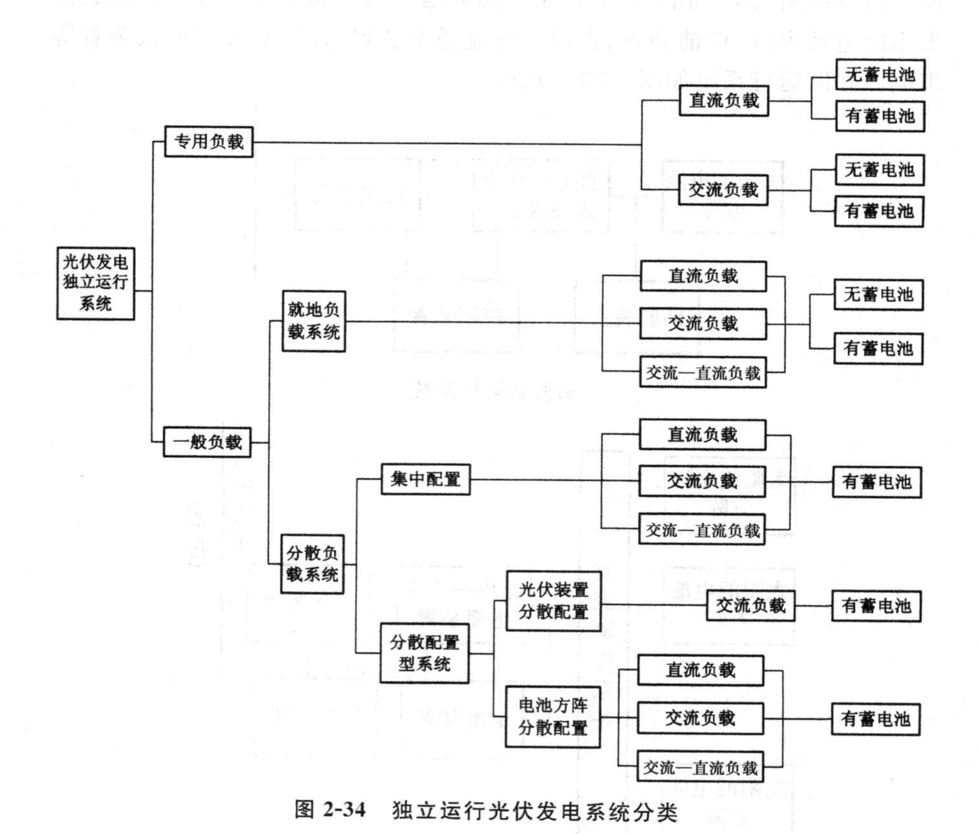

图 2-34　独立运行光伏发电系统分类

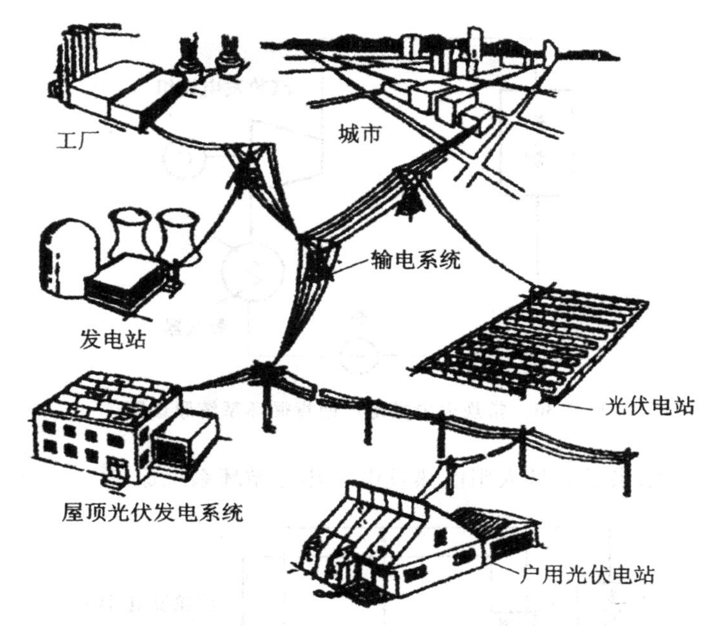

图2-35　并网光伏发电系统示意图①

2.5　太阳能热发电原理

太阳能热发电是把太阳辐射能转换成电能的发电技术。它包括两大类型：

①利用太阳热能直接发电，如半导体或金属材料的温差发电、真空器件中的热电子和热离子发电、碱金属的热电转换以及磁流体发电等，其特点是发电装置本体无活动部件。

②太阳能热动力发电，利用太阳集热器将太阳能收集起来，加热水或其他工质，使之产生蒸汽，驱动热力发动机，再带动发电机发电。也就是说，此类型先把热能转换成机械能，然后再把机械能转换成电能。

太阳能热发电系统与常规火力发电系统的工作原理基本相同。其根本区别在于热源不同，前者以太阳能为热源，后者则以煤炭、石油和天然气等化石燃料为热源。在常规火力发电厂中，煤或石油供给锅炉燃烧，加热水变成过热蒸汽驱动汽轮发电机组发电，从而将热能转换为电能。从热力学上讲，这种常规火力发电遵循朗肯循环原理工作，如图2-36所示。

---

① 钱显毅，钱显忠．新能源与发电技术[M]．西安：西安电子科技大学出版社，2015.

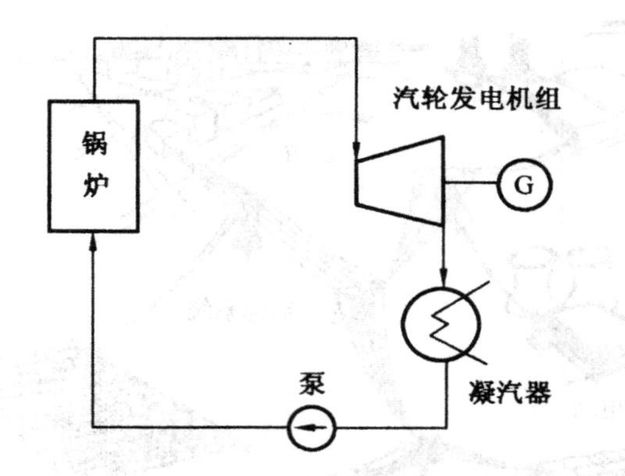

图 2-36　常规火力发电厂朗肯循环系统原理图

图 2-37 给出了典型太阳能热发电站热力循环系统原理。

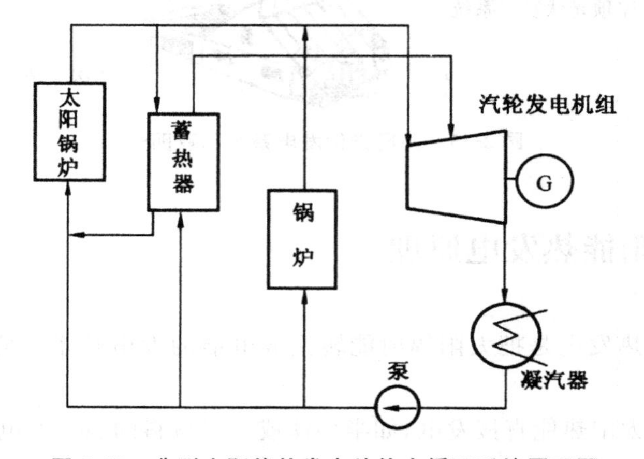

图 2-37　典型太阳能热发电站热力循环系统原理图

比较图 2-36 和图 2-37，可以清楚地看到，常规火力发电厂和太阳能热发电站的热力循环系统基本相近，它们的汽轮机发电部分则完全一样，都是产生过热蒸汽驱动汽轮发电机组发电；不同之处，只在于使用不同的一次能源。

2.6　太阳能热发电系统

2.6.1　太阳能热发电的分类

太阳能发电技术分为太阳能直接发电和太阳能间接发电。图 2-38 所示是太阳能发电技术的分类。

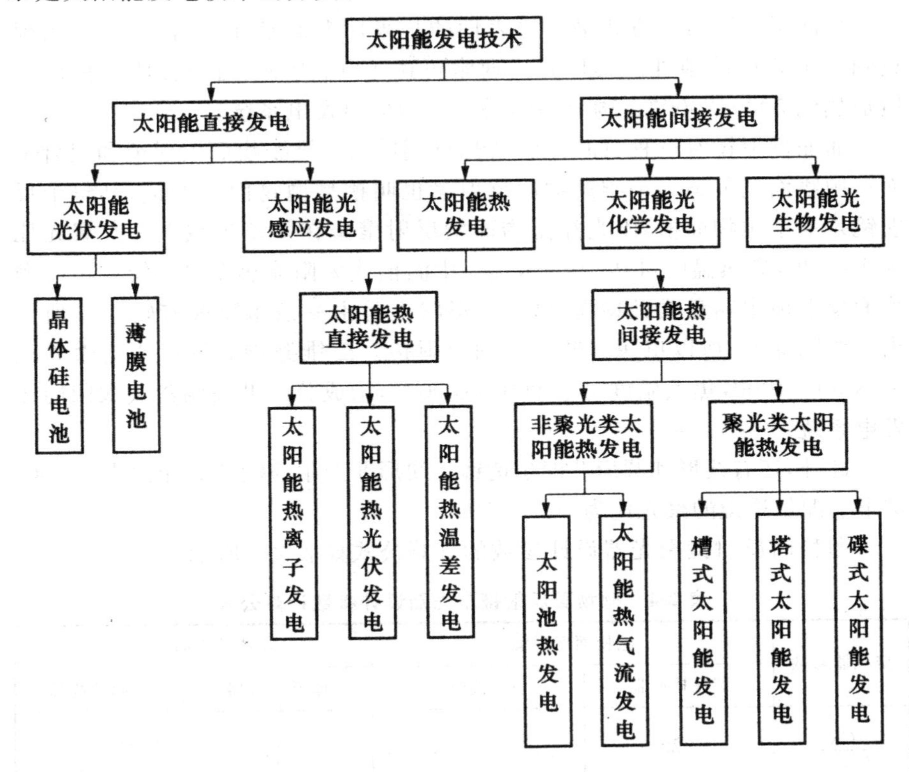

图 2-38　太阳能发电技术分类

2.6.2　太阳能热发电系统的组成

典型太阳能热发电系统由以下四个部分组成：聚光集热子系统、蓄热子系统、辅助能源子系统和汽轮发电子系统。

1. 聚光集热子系统

聚光集热子系统包括聚光器、接收器和跟踪装置。

(1)聚光器

聚光器用于收集阳光并将其聚集到一个有限尺寸面上，以提高单位面积上的太阳辐照度，从而提高被加热工质的工作温度。

从理论上讲，聚光方法有很多种，如平面反射镜、曲面反射镜和菲涅尔透镜等。但在太阳能热发电系统中，最常用的聚光方式有两种，即平面反射镜和曲面反射镜。

平面反射镜聚光方式最具代表性的是采用多面平面反射镜，将阳光聚集到一个高塔的顶处。其聚光比通常可达 100～1000，可将接收器内的工质加热到 500～2000℃，构成高温塔式太阳能热发电系统。

曲面反射镜有三种，即一维抛物面反射镜、二维抛物面反射镜和混合平面—抛物面反射镜。一维抛物面反射镜也叫槽型抛物面反射镜，其整个反射镜是一个抛物面槽，阳光经抛物面槽反射聚集在一条焦线上。其聚光比为 10～30，集热温度可达 400℃，构成中温槽式太阳能热发电系统。二维抛物面反射镜也叫盘式抛物面反射镜，形状上是由一条抛物线旋转 360°所画出的抛物球面，所以也叫旋转抛物面反射镜。二维抛物面反射镜的聚光比可达 50～1000，焦点温度可达 800～1000℃，构成分散型高温盘式太阳能热发电系统。

此外，还有线形和圆形菲涅尔透镜。线形菲涅尔透镜的聚光比为 3～50，圆形菲涅尔透镜的聚光比为 50～1000。

抛物面反射镜聚光器设计参数的计算公式如表 2-4 所示。

表 2-4　抛物面反射镜聚光器设计参数计算公式

聚光器参数	抛物面反射镜		旋转抛物面反射镜	
	圆柱接收器	平面接收器	球形接收器	平面接收器
$\frac{CR}{CR_{\max}}$	$\frac{\sin\phi}{\pi}$	$\sin\phi\cos(\phi+\theta)-\sin\theta$	$\frac{\sin^2\phi}{4}$	$\sin^2\phi\cos^2(\phi+\theta)-\sin^2\theta$
$\bar{n}$	1.0			
δ	$\frac{1}{\sqrt{2\pi}\sigma_y}\int_{-L_c/2}^{L_c/2}\exp\left[-\frac{1}{2}\left(\frac{y}{\sigma_y}\right)^2\right]dy$		$1-\exp\left[-\frac{L_c}{\sigma_y^2}\right]$	
σ_y^2	$\frac{A_a^2\sigma_\theta^2(2+\cos\phi)}{12\phi\sin\phi}$	e	$\frac{2A_a\sigma_\theta^2(2+\cos\phi)}{3\phi\sin\phi}$	$\frac{2A_a\sigma_\theta^2}{\sin^2\phi}$
L_c	$\frac{D_r}{2}$	$\frac{D_r}{2}$	$\frac{\pi D_r^2}{4}$	$\frac{\pi D_r^2}{4}$
A_a	开口宽度		开口面积	

表 2-4 中，$CR_{\max}$为聚光器的热力学极限；L_c 为接收器特征尺寸；D_r 为接收器的直径或宽度；θ 为接收角；φ 为反射镜的边缘半角；δ 为光路捕获因子；$\bar{n}$ 为平均反射次数；$\sigma_\theta^2=4\sigma_{\psi_1}^2+\sigma_{\psi_2}^2$，$\sigma_{\psi_1}$、$\sigma_{\psi_2}$ 为镜面和太阳的标准偏差。

由研究可知，不同的聚光集热方式有不同的聚光比和可能达到的集热温度，应配置不同的跟踪方式。对不同的聚光集热方式，其聚光比和集热温度之间的关系曲线如图 2-39 所示。显然，聚光比越高，则可能达到的集热温度也越高。

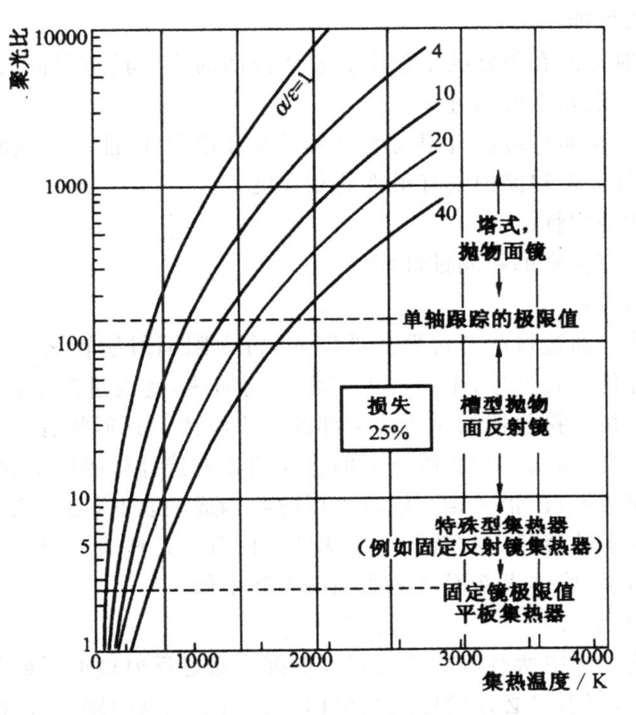

图 2-39　聚光比和集热温度之间的关系曲线

聚光器是太阳能热发电系统中的一个关键部件，入射阳光首先经过它反射到接收器。其性能的优劣，明显地影响太阳能热发电系统的总体性能。因此，对它有比较严格的要求。

①光学性能。

聚光器的镜面反射率越高越好。目前采用的反射镜面，有蒸镀银或铝的玻璃或高分子板，也有用电或机械抛光的高纯铝，它们的反射率都很高，但若自然地暴露在阳光下，则很快会被氧化，从而使反射率大大下降。通常可采取喷涂一层透明硅胶的方法对反射面加以保护。现在则大都采用玻璃背面镜，即将银或铝蒸镀在玻璃反射镜的背面，再喷涂上多层漆保护层，或封夹在两层玻璃之间，这种高性能的反射面具有更好的使用与保护性能。

此外，太阳能热发电系统中所有用到的反射镜面，无论是平面镜还是曲面镜，都是暴露在大气条件下工作的，不断有尘土从大气沉积在表面，从而大大影响反射面的性能。因此，如何经常保持镜面清洁目前仍是所有聚光集热技术中面临的难题之一。通常采用机械清洗设备,定期对镜面进行清洗。已有的经验表明,这是目前技术条件下唯一有效可行的方法。

②机械性能。

- 反射镜面有很好的平整度。整体镜面的线形具有很高的精度,一般加工误差不要超过0.1。
- 整个镜面与镜体有很高的机械强度和稳定性,能抗大风的吹刮。
- 反射镜面和保护膜有很强的黏合度。

③化学稳定性。

镜面具有很强的耐腐蚀性能。

(2)接收器

接收器是通过接收经过聚焦的阳光,将太阳辐射能转变为热能并传递给工质的部件。在这里,工质被太阳辐射能加热,变成过热蒸汽,再经过管道送往汽轮机。接收器的主要构成部件是吸收体。其形状有平面状、点状、线状,也有空腔结构。在吸收体表面往往覆盖有选择性吸收面,如经过化学处理的金属表面,由铝—钼—铝等多层薄膜构成的表面,用等离子体喷射法在金属基体上喷镀特定材料后所构成的表面等。这些表面对太阳光的吸收率很高,而在吸收体表面温度下的辐射率却很低。

(3)跟踪装置

为了使一天中所有时刻的太阳辐射都能通过反射镜面反射到固定不动的接收器上,反射镜必须设置跟踪机构。太阳聚光器的跟踪方式有两种,即单轴跟踪和双轴跟踪。所谓单轴或双轴跟踪,是指反射镜面绕一根轴或是两根轴转动。槽型抛物面反射镜多为单轴跟踪,盘式抛物面反射镜和塔式聚光的平面反射镜都是双轴跟踪。

从实现跟踪的方式上讲,有程序控制方式和传感器控制方式两种。程序控制方式就是按计算的太阳运动规律来控制跟踪机构的运动,它的缺点是存在累积误差。传感器控制方式是由传感器瞬时测出入射太阳辐射的方向,以此控制跟踪机构的运动,它的缺点是在多云的条件下难以找到反射镜面正确定位的方向。现在多采用二者结合方式进行控制,以程序控制为主,采用传感器瞬时测量作反馈,对程序进行累积误差修正。这样,能在任何气候条件下使反射镜得到稳定而可靠的跟踪控制。

2. 蓄热子系统

蓄热子系统是太阳能热发电系统中必不可少的组成部分。因为太阳能热发电系统在早晚和白天云遮间歇的时间内,都必须依靠储存的太阳能来维持正常运行。至于夜间和阴雨天,一般考虑采用常规燃料作辅助能源,否则由于蓄热容量需求太大，将明显加大整个太阳能热发电系统的初次投资。

太阳能热发电系统的蓄热子系统可分为以下四种类型。

①低温蓄热。低温蓄热系统是以平板式集热器收集太阳热和以低沸点工质作为动力工质的小型低温太阳能热发电系统，一般用水蓄热，也可用水化盐等蓄热。

②中温蓄热。中温蓄热指 100～500℃的蓄热，但通常指 300℃左右的蓄热。这种蓄热装置常用于小功率太阳能热发电系统。适宜于中温蓄热的材料有高压热水、有机流体（在 300℃左右可使用导热油、二苯基氧—二苯基族流体、稳定饱和的石油流体和以酚醛苯基甲烷为基体的流体等）和载热流体（如烧碱等）。

③高温蓄热。高温蓄热指 500℃以上的高温蓄热，其蓄热材料主要有钠和熔化盐等。

④极高温蓄热。极高温蓄热是指 1000℃左右的蓄热，常用铝或氧化锆耐火球等作蓄热材料。

典型太阳能热发电站的运行方式如图 2-40 所示。上午 8 时，太阳集热器开始工作，9 时启动汽轮机，10 时汽轮机进入稳定运行状态。10 时之前，集热器一直向蓄热器储热。10 时后，集热器吸收的太阳能直接用于供给汽轮发电机组发电。下午 3 时起，太阳辐照度开始降低，这时蓄热系统相应地开始释热，以保证汽轮机正常运行，直至下午 6 时 30 分停机。所以，蓄热系统在集热器和汽轮发电机组之间提供一个缓冲环节，保证机组稳定运行。

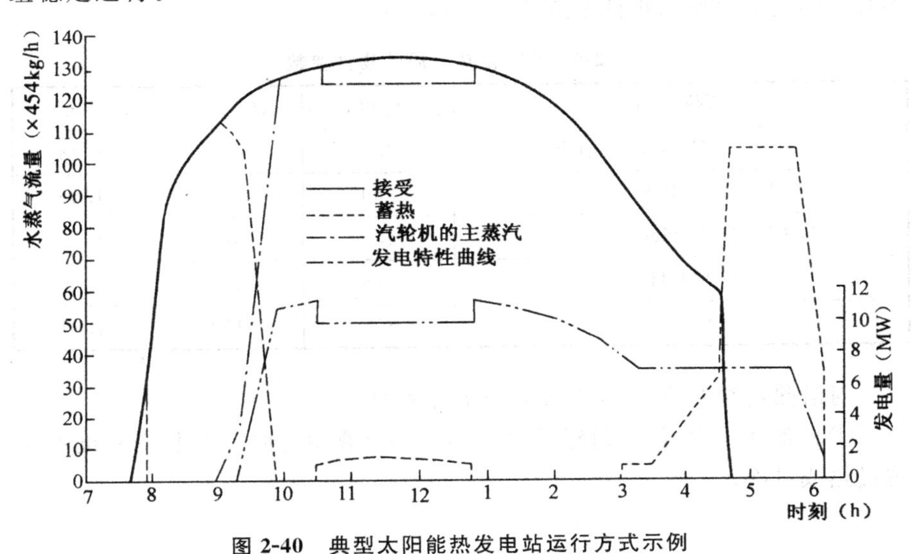

图 2-40　典型太阳能热发电站运行方式示例

蓄热器就是采用真空或隔热材料作良好保温的贮热容器。蓄热器中贮放蓄热材料，通过特种设计的换热器对蓄热材料进行贮热和取热。

目前，可采用的蓄热方式有三种：显热蓄热、潜热蓄热和化学储能。

(1)显热蓄热

显热蓄热介质有水、油、岩石、砂、砾石等，也包括人工制造的氧化铝球。这些材料价格低廉，易于得到，但热容量小。因此，储存相同的热量，所需要的蓄热器体积很大。在100℃以上使用蓄热时，蓄热器要用特制的压力容器。各种显热蓄热材料的物性参数如表2-5所示。

表2-5 显热蓄热材料的物性参数

蓄热介质		温度(℃)		容量	
		T_{max}	T_{min}	kW·h/m³	kW·h/kg
加压水		300	—	262.4	0.29
有机介质	Therminol 66	315	55	24.4	0.032
	HT-43	302	83	47.2	0.063
	HITEC	500	300	220	0.12
砂、灰粉		800	400	64	0.04
铁		700	430	60	0.17

(2)潜热蓄热

利用物质的潜热蓄热，单位容积的蓄热量很大，蓄热装置可望小型化。各种潜热蓄热介质的物性参数如表2-6所示。

表2-6 潜热蓄热介质的物性参数

蓄热介质	熔化温度(℃)	ΔH_f(J/g)	c_p(J/gK)
LiF(46.5%)、NaF(11.5%)、KF(42%)	454	415	1.88
NaF(57%)、BeF_2(43%)	360	327	1.84
NaCl(52%)、$MgCl_2$(48%)	450	322	1.09
NaOH	318	318	2.9
$NaNO_3$	307	172	1.84

对潜热蓄热介质，必须具备以下几个特性：

①具备几千次可逆蓄释热循环(固相⇌液相)性能，其相变温度不出现过热或过冷；

②价格便宜；

③不腐蚀容器。

利用介质的熔化热进行潜热蓄热的研究，已进行了多年。其主要问题是有些潜热蓄热介质在熔化过程中发生分解，熔点不稳定，热交换时难以均匀地产生相变，以及担心毒性和发生火灾。

（3）化学储能

化学储能的基本概念是，某物质A在获得太阳能加热后，即转变为物质B+C。而在B+C转变为A时，则释放出热量。自然界中，有不少这样的吸热或放热化学反应。化学反应储能的特点是蓄热量大、单位储能的体积小、质量轻以及化学反应产物可以分离储存，在需要用热时才发生放热反应，因此循环时间长。

对化学储能物质，必须具备以下几个特性：

①蓄热和释热反应可逆，无副反应；

②反应速度快；

③反应生成物易分离，且能稳定储存；

④价格便宜；

⑤反应物和生成物无毒、无腐蚀、无可燃性；

⑥反应热大。

3. 辅助能源子系统

太阳能热发电系统除要配置蓄热子系统之外，还需配置辅助能源子系统，以维持电站能够一直持续运行。太阳能热发电系统中的辅助能源子系统，就是在系统中增设常规燃料锅炉，用于阴雨天和夜间启动。这时，由常规能源维持电站的连续运行。设计中选用哪种常规燃料作辅助能源，视太阳能热电站当地的能源资源情况而定，可以是天然气、石油或煤。随着技术的发展，现代太阳能热发电站的最新设计概念是建造太阳能和天然气双能源发电站。

4. 汽轮发电子系统

太阳能热发电系统用的动力发电装置，可选用的有以下几种：

①现代汽轮机；

②燃气轮机；

③低沸点工质汽轮机；

④斯特林发动机。

动力发电装置的选择，主要根据太阳集热系统可能提供的工质参数而定。现代汽轮机和燃气轮机的工作参数很高，适合用于大型塔式或槽式太阳能热发电系统。斯特林发动机的单机容量小，通常在几十千瓦以下，适合用于盘式抛物面反射镜发电系统。低沸点工质汽轮机则适合用于太阳池太阳能热发电系统。

2.6.3 塔式太阳能发电系统

塔式太阳能热发电系统是利用众多的平面反射镜阵列，将太阳辐射反射到置于高塔顶部的太阳接收器上，加热工质产生过热蒸汽，驱动汽轮机发电机组发电，从而将太阳能转换为电能。显然，阵列中的平面反射镜数目越多，则其聚光比越大，接收器的集热温度也就越高。

塔式太阳能热发电站概念设计原理系统如图 2-41 所示。整个系统由四个部分构成：聚光装置、集热装置、蓄热装置和汽轮发电装置。

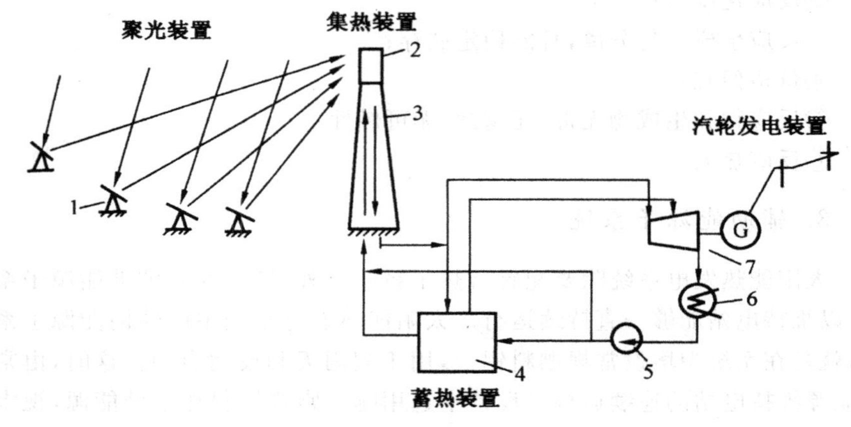

图 2-41 塔式太阳能热发电站概念设计原理系统图

1—定日镜；2—接收器；3—塔；4—蓄热器；

5—泵；6—凝汽器；7—汽轮发电机组

1. 聚光子系统

塔式太阳能热发电站的聚光装置是大量按一定排列方式布置的平面反射镜阵列群。它们按四个象限分布在高大的中心接收塔的四周，形成一个巨大的镜场，如图 2-42 所示。显然，电站设计容量越大，则需要的反射镜面积也越大，镜场尺寸也就越大。根据经验，发电功率 100MW 需要的镜场面积约 2.43km^2。

图 2-42　塔式太阳能热电站镜场

定日镜是塔式太阳能热发电站中最基本的光学单元体，它由平面镜、镜架和跟踪机构三部分组成。平面镜装在镜架上，由其跟踪装置驱动镜面瞬时自动跟踪太阳。

定日镜结构示意图如图 2-43 所示。图 2-43(a)是采用具有良好反射率薄膜做成的平面反射镜，装在透明薄膜球形罩内。透明薄膜具有很高的阳光透过率。这种定日镜的支撑架很轻，因此跟踪机构的电功率消耗可以很小。图 2-43(b)是采用铝或银为反光材料的玻璃背面镜。一台定日镜的反射镜面面积通常为 30～40m^2，由若干块小的反射镜面组合而成。大型定日镜的镜面面积约有 100m^2。由于定日镜距塔顶接收器较远，为了使阳光经定日镜反射后不致产生过大的散焦，以便 95%以上的反射阳光落入塔顶的接收器上，一般镜面是具有微小弧度的平凹面镜。

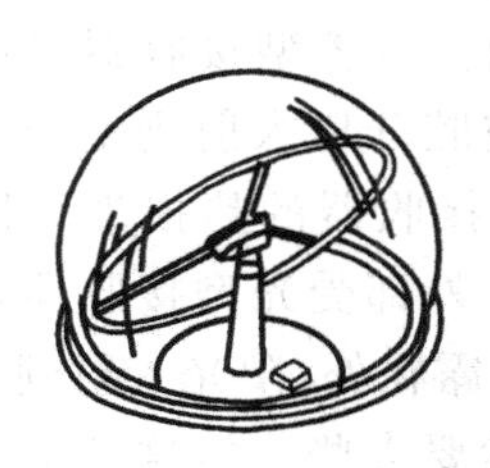

(a)采用具有良好反射率薄膜做成的平面反射镜

(b)采用铝或银为反光材料的玻璃背面镜

图 2-43　定日镜结构示意图

一个大型塔式太阳能热发电站，其镜场中通常装有几千台定日镜，因此，具有很高的聚光倍数。通常有500～3000倍，工作温度都在350℃以上。所以塔式太阳能热发电系统也称高温太阳能热发电系统。

定日镜是塔式太阳能热发电站的关键部件之一，也是电站的主要投资部分，它占据电站的主要场地，因此对定日镜的性能具有严格要求，具体要求为：

①镜面反射率高；

②镜面平整度误差小于16′；

③整体机械结构强度高，运行中能抗8级台风的袭击；

④运行稳定；

⑤全天候工作；

⑥可以大批量生产；

⑦易于安装；

⑧维护少，工作寿命长。

2. 中心接收塔

中心接收塔也称动力塔，是塔式太阳能热发电站的集热装置。它由太阳辐射接收器和高塔两部分组成。接收器安装在塔顶上，工质输送管道等布置在空心塔体内。

(1)接收器

在塔式太阳能热发电系统中，接收器是实现塔式太阳能热发电最为关键的核心技术，它将定日镜捕捉、反射、聚焦的太阳能直接转化为可以高效利用的高温热能，为发电机组提供所需要的热源或动力源，从而实现太阳能热发电的过程。

接收器有垂直空腔型、水平空腔型和外部受光型等类型，要求体积小，换热效率高。图2-44为接收器的结构示意图。空腔型接收器是由众多排管束围成具有一定开口尺寸的空腔，阳光从空腔开口入射到空腔内部管壁上，在空腔内部进行换热。显然，这种空腔型接收器的热损失可以降至最小，适合于采用现代高参数的汽轮发电循环。外部受光型接收器是由众多排管束围成一定直径的圆筒，受热表面直接暴露在外，阳光入射到表面上进行换热。和空腔型接收器相比，其热损失显然要大些。但这种结构形式的接收器可以更容易接收镜场边缘上定日镜的反射辐射，因此更适用于大型塔式太阳能热发电系统。

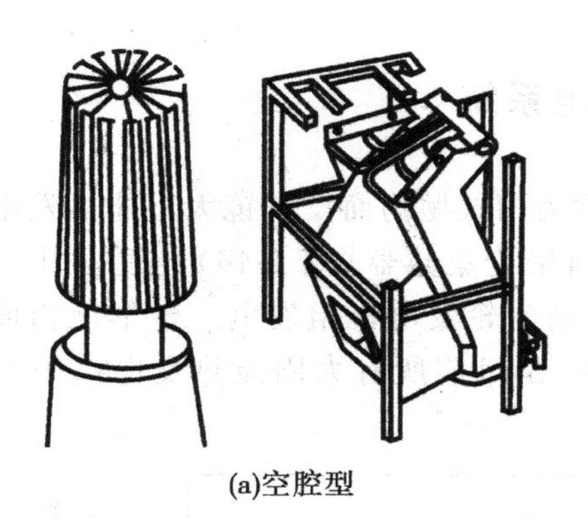

(a)空腔型

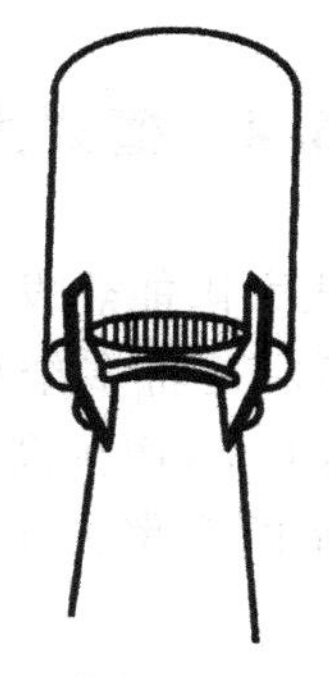

(b)外部受光型

图 2-44　中心接收器结构示意图

(2)塔

在塔式太阳能热发电站的镜场中，立有一座很高的竖塔。塔的四周分布众多的定日镜，塔的顶端安装接收器。阳光经塔四周的定日镜反射到塔顶上的接收器。工质从地面经管道送至塔顶的接收器加热，加热后的工质再经管道送回地面。所有地面和塔顶接收器之间连接管路和控制联络线均沿塔敷设。

目前，塔式太阳能热发电站中所使用的竖塔，结构上有钢筋混凝土和钢构架两种形式。竖塔的高度决定于镜场的规模。电站的设计容量越大，则镜场的规模越大，竖塔也就越高。例如，欧盟在意大利西西里岛建造的塔式太阳能热发电站，镜场占地面积 3.5 万 m^2，塔高 55m。美国太阳Ⅱ号塔式电站，镜场占地 44 万 m^2，塔高 91m。

3. 蓄热装置

蓄热装置选用传热和蓄热性能良好的材料作为蓄热工质。塔式太阳能热发电站的蓄热装置，通常是两个不承压的开式储热槽：一个是冷盐槽，一个是热盐槽，以混合盐作储热介质。

冷盐槽中的冷盐，通过泵送往塔顶的接收器，经太阳能加热至高温，储于热盐槽中。运行时，热盐通过蒸汽发生器加热水变成过热蒸汽，驱动汽轮发动机组发电，然后再返回冷盐槽。

通常混合盐的运行工况接近常压，因此接收器不承压，允许采用薄壁钢管制造，从而可以提高传热管的热流密度，减少接收器的外形尺寸，以致降低接收器的辐射和对流热损失，使接收器具有较高的吸收效率。

2.6.4 槽式太阳能发电系统

槽式太阳能热发电系统全称为槽式抛物面反射镜太阳能热发电系统(图 2-45),是将多个槽形抛物面聚光集热器(图 2-46)经过串并联的排列,加热工质,产生高温蒸汽,驱动汽轮发电机组发电。槽形抛物面太阳能发电站的功率为 10～100MW,是目前所有太阳能热发电站中功率最大的。

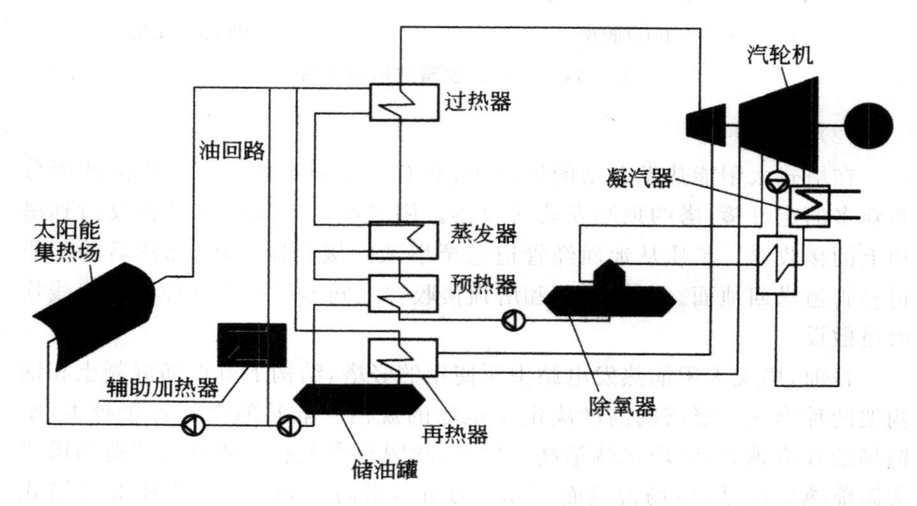

图 2-45 槽式太阳能热发电系统原理

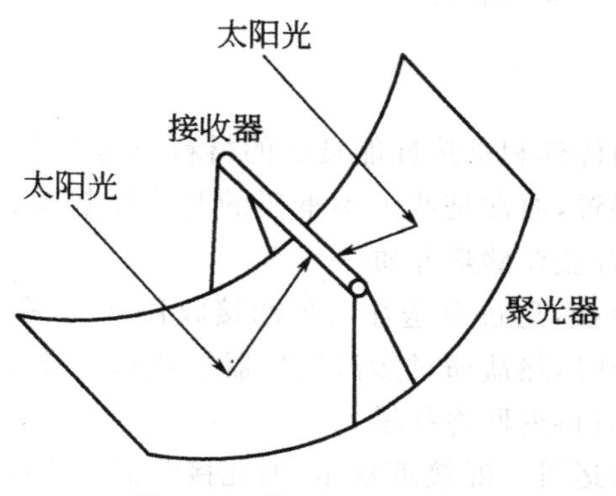

图 2-46 槽式聚光集热器

目前槽式太阳能热发电电站分布于阿尔及利亚、澳大利亚、埃及、印度、伊朗、意大利、摩洛哥、墨西哥、西班牙、美国等太阳能资源丰富的国家。图 2-47 为槽式太阳能热发电站现场的情况。

图 2-47　槽式太阳能热发电站现场

美国是对槽式太阳能发电开发研究最多的国家。20 世纪已经建成 354MW 的发电机组。最为典型的是美国从 1985 年开始在美国加州莫哈维(Mojave)沙漠建成的 9 座太阳能电站(Solar Electric Generation System,SEGS)。这 9 座槽式太阳能热发电站,总装机容量达 353.8MW。早在 2013 年 10 月,目前全球最大的槽式电站 Solana 电站就已正式实现投运(图 2-48)。

图 2-48　全球最大的 Solana 槽式光热电站

2.6.5　碟式太阳能发电系统

碟式太阳能发电系统也称盘式系统,外形有些类似于太阳灶,一般由旋转抛物面反射镜、接收器、吸热器、跟踪装置以及热功转换装置等组成。图 2-49 就是碟式聚光器的工作原理示意图。工作时,发电系统借助于双轴跟踪，抛物型碟式镜面将接收到的太阳能集中在其焦点的接收器上，接收器的聚光比可超过 3000，温度达 800℃以上。接收器把太阳辐射能用于加热工质，变成工质的热能，常用的工质为氦气或氢气。加热后的工质送入发电装置进行发电。

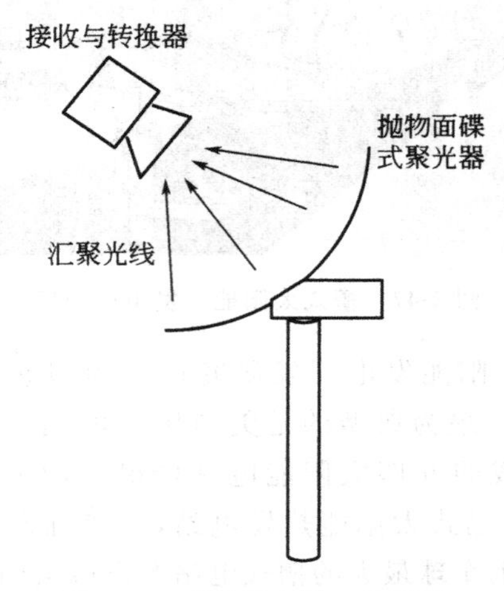

图 2-49　碟式聚光器工作原理

碟式聚光器主要分为单碟和多碟式聚光器，如图 2-50 所示。图 2-51 是碟式/斯特林太阳能发电系统原理图，运行时，太阳光经过碟式聚光镜聚焦后进入太阳光接收器，在太阳光接收器内转化为热能，并成为热气机的热源推动热气机运转，再由热气机带动发电机发电。

(a)单碟式

(b)多碟式

图 2-50　碟式太阳能发电机组

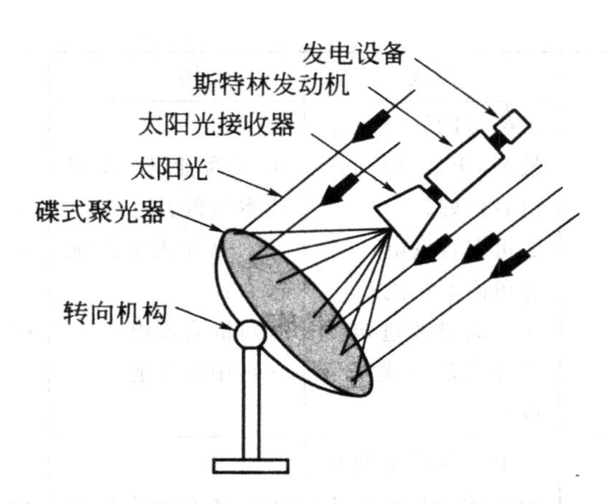

图 2-51　碟式/斯特林太阳能发电系统原理图

表 2-7 给出了塔式、槽式、碟式等三种太阳能热发电的比较。从世界范围发展情况来看，塔式和碟式尚处于研究、开发、示范阶段，槽式是最成熟的商业化技术。

表 2-7　塔式、槽式、碟式太阳能热发电比较

发电方式	塔式	槽式	碟式
电站规模	1 万～10 万 kW	1 万～10 万 kW	1 万～10 万 kW
聚光方式	平、凹面反射镜	抛物面反射镜	旋转对称抛物面反射镜
跟踪方式	双轴跟踪	单轴跟踪	双轴跟踪
光热转换效率	60%	70%	85%
峰值效率	23%	20%	29%
年净效率	7%～20%	11%～16%	12%～25%
能否储能	可以	有限制	蓄电池
单位面积造价	200～475 美元/m^2	275～630 美元/m^2	320～3100 美元/m^2
单位瓦数造价	2.7～4.0 美元/W	2.5～4.4 美元/W	1.3～12.6 美元/W
发展状况	试验示范阶段	可商业化	试验示范阶段

（续）

发电方式	塔式	槽式	碟式
优点	①能量的转化效率较高，开发和利用前景较好； ②可混合发电； ③可高温储能； ④可通过改进定日镜和蓄热方式降低成本	①可商业化，投资成本较低； ②3 种方式中占地最少； ③可混合发电； ④可中温储能	① 最高的转化效率； ②可模块化； ③可混合发电
缺点	①聚光场和吸热场的优化配合还需研究； ②初次投资和运营的费用高，商业化程度不够	①只能产生中等温度的蒸汽； ②真空管技术有待提高	①造价高，无与之配套的商业化斯特林热机； ②可靠性有待加强，大规模生产还需研究
开发风险	中	低	高

2.6.6　菲涅尔反射式发电系统

19 世纪，法国物理学家菲涅尔发现大透镜在被分为小块后，依然能够实现相同聚焦的效果，因而人们将利用这种方法得到的光学元件都冠以菲涅尔的名字。20 世纪 60 年代，菲涅尔将菲涅尔反射原理应用到了太阳能的反射聚光上，从而诞生了菲涅尔反射式发电系统。作为一种新型的太阳能热发电系统，菲涅尔反射式发电系统可以分为塔式菲涅尔反射式发电系统和线性菲涅尔反射式发电系统。

1. 塔式菲涅尔反射式发电系统

与传统塔式系统不同的是，塔式菲涅尔反射式发电系统的塔顶不设高温集热器，而是只有一个中央反射镜，高温集热器设置在地面。该系统采用一列同轴排列的反射镜取代传统意义上的抛物面反射镜，将太阳光首先聚焦在上部的中央反射镜上，再由中央反射镜向下反射，将太阳光聚焦到地面接收器中，因此也称为向下反射式（图 2-52）。塔式菲涅尔反射式电站将成为未来太阳能热发电的一个重要研究方向。

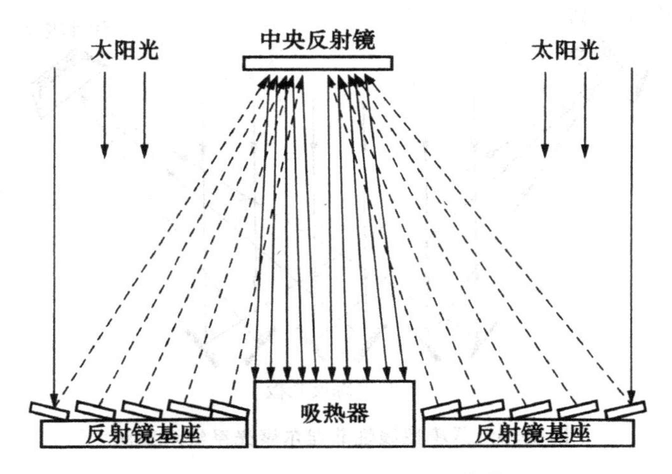

图 2-52　塔式菲涅尔反射示意图

2. 线性菲涅尔反射式发电系统

线性菲涅尔反射聚光技术源于抛物槽式反射聚光技术，如图 2-53 所示。线性菲涅尔反射聚光器主要由主反射场、接收器和跟踪装置组成。

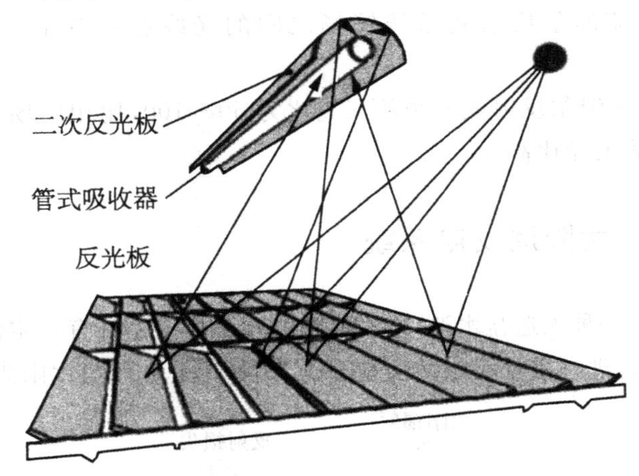

图 2-53　线性菲涅尔反射示意图

当电站规模达到兆瓦级时，需要配备多套聚光集热单元。为避免相邻单元的主镜场边缘反射镜相互遮挡，需要抬高集热器的支撑结构，相邻单元间的距离也需增大，土地利用率较低，于是，研究者们提出了紧凑型线性菲涅尔式反射聚光系统的概念，采用多个接收器接收反射镜的反射光，如图 2-54 所示。

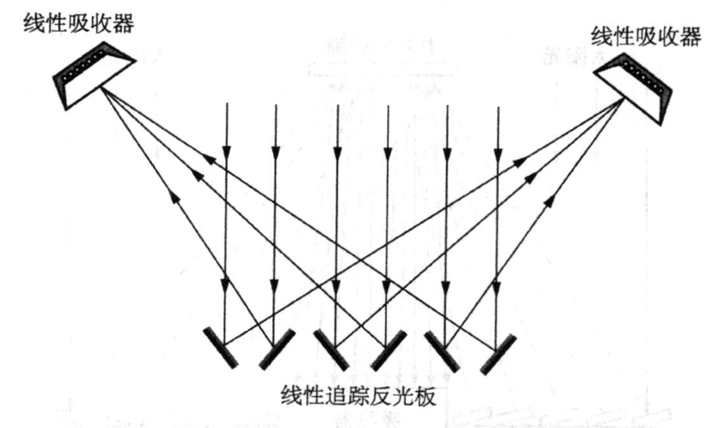

图 2-54　紧凑型线性菲涅尔聚光系统示意图

与抛物槽式发电系统相比，线性菲涅尔反射式系统具有以下优点：

(1)相比于抛物槽式发电系统的曲面镜面，线性菲涅尔反射式的镜面是平面，镜面面积相对较小，加工方便，成本低。

(2)线性菲涅尔反射式系统的每面镜面都自动跟踪太阳，相互之间可以实现联动，控制成本低。

(3)线性菲涅尔反射式系统镜场之间的光线遮挡较小，场地利用效率高。

(4)线性菲涅尔反射式系统的聚光比为 50～100，比相同场地的抛物槽式发电系统的聚光比高。

2.6.7　太阳池发电系统

太阳池是一种人造盐水池，它的集热器和蓄热器是具有一定盐浓度梯度的池水，不仅合理利用了资源，而且降低了成本。图 2-55 是太阳池示意图。

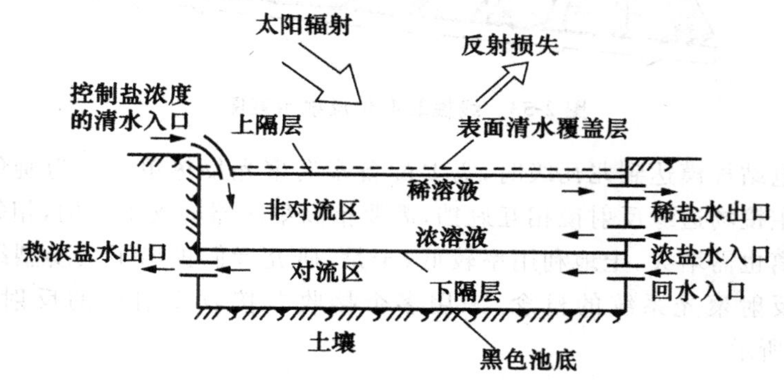

图 2-55　太阳池示意图

图2-56为太阳池发电系统的原理示意图。它的工作过程是:较重的沉到水底的高盐分热水通过泵抽入到蒸发器中,使得蒸发器中沸点较低的有机质蒸发,产生的蒸气作为推动力推动汽轮机做功,汽轮机排除的气体再进入冷凝器冷凝。冷凝液通过循环泵抽回蒸发器,从而形成循环。太阳池上部的冷水则作为冷凝器的冷却水。整个系统十分紧凑。

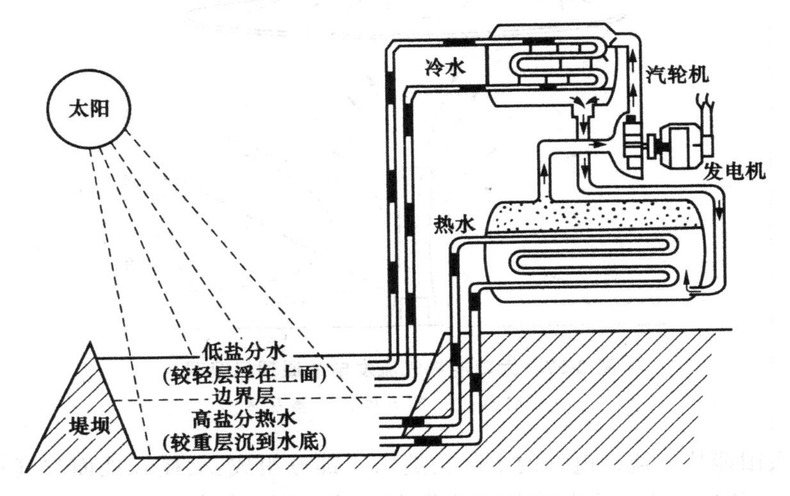

图2-56　太阳池发电系统原理示意图

2.6.8　太阳能热气流发电系统

1978年1月,德国斯图加特大学教授J. Schlaich博士在一篇会议论文中阐述了"太阳能烟囱电站"的发电技术新构想,J. Schlaich博士从"太阳能烟囱电站"的可行性、发电理论、制造技术等方面进行了详细的论证。

目前,国外在太阳能热气流发电领域的研究集中在太阳能热气流电站的可行性、发电效率的提高、局域生态环境的治理及综合治理利用等问题上,尚没有重大理论和技术突破。国内在该研究方面与世界先进国家存在较大差距。

1. 太阳能热气流发电的原理

图2-57是太阳能热气流发电的原理示意图,烟囱的底部在地面空气集热器的透明盖板下面开设吸风口,上面安装风轮,地面空气集热器根据温度效应生产热空气,从吸风口吸入烟囱,形成热气流,驱动安装在烟囱内的风轮并带动发电机发电。

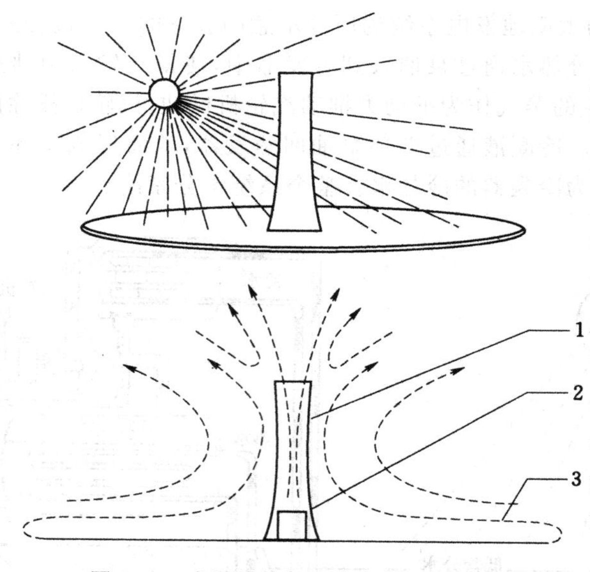

图 2-57　太阳能热气流发电的原理示意图

1—烟囱；2—风力机；3—集热器

太阳能热气流发电站的实际构造由三部分组成：大棚式地面空气集热器、烟囱和风力机。太阳能热气流发电站的地面空气集热器是一个近地面一定高度、罩着透明材料的大棚。阳光透过透明材料直接照射到大地上，大约有 50% 的太阳辐射能量被土壤所吸收，其中 1/3 的热量加热罩内的空气，1/3 的热量储于土壤中，1/3 的热量为反射辐射和对流热损失，所以，大地是太阳能热气流电站的蓄热槽。

形成的热空气能在烟囱中流动是由于烟囱内外侧空气的温差，也就是密度差，产生了驱动空气在烟囱内向上流动的动力。这里的烟囱是将空气中的热能转换为压力能的变换器。烟囱的效率随其高度而线性增大，并当空气和地面温差降到只有几摄氏度时保持恒定。

研究表明，影响电站运行特性的因素有云遮、空气中的尘埃、集热器的清洁度、土壤特性、环境风速、大气温度叠层、环境气温及大棚和烟囱的结构质。

2. 太阳能热气流发电的优点

太阳能热气流发电站技术有如下明显的优势：

①与其他的太阳能技术相比，太阳能热气流发电站技术成本低(表 2-8)，适合大规模开发。

②太阳能热气流发电利用的是沙滩和戈壁滩，合理利用了土地资源，并且不需要冷却水，广泛适用于阳光充足但水资源不足的国家和地区。

③设计、施工简单，建筑材料如玻璃、水泥和钢材等均可在当地获得。

表 2-8　太阳能热气流发电与其他太阳能热电技术的成本比较

发电方式	系统形式或容量	成本/(万元/MW)
太阳能光伏发电	并网形式	4.4(电池组件)
太阳能高温热发电	塔式系统	2.1～3.7
	槽式系统	2.3～3.4
	碟式系统	2.1～10.7
太阳能热气流发电	30MW	1.4～3.6(附加蓄能装置)
	100MW	1.1～2.6(附加蓄能装置)
	200MW	1.0～2.0(附加蓄能装置)

2.7　太阳能发电技术的应用

太阳能光伏发电系统应用非常广泛，主要应用领域为太空航空器、通信系统、微波中继站、电视差转台、道路管理、无人气象站、光伏水泵、无电缺电地区户用供电以及太阳能发电厂等。

太阳能电池发出的电量与受光面积成正比，所以大小各异的太阳能电池能够满足各种各样的需要。太阳能电池计算器、太阳能电池手表和太阳能电池钟，在现代日常生活中随处可见，只要太阳光一照射，这些计算器、手表和钟就能工作。目前，几乎所有的计算器都采用太阳能电池作电源。对液晶显示的计算器来说，由于耗电较少，因此不仅是太阳光，就连白炽灯光和日光灯光也能驱动计算器。

1983 年，美国在加利福尼亚州建成一个世界上最大的硅太阳能电池发电厂，将上百万个太阳能电池安装在 108 个舢板阵列上，自动跟踪太阳，最大发电容量达 1MW，可供 1～2 万人口的小城市使用。德国 1990 年建造的小型太阳能电站，光电转换率超过 30%，适于为家庭和团体供电。近年来，由于新能源的开发，出现了大型硅太阳能电池发电站，其输出功率达兆瓦级，能向工业电网输电，以供给办公楼和工厂部分电能。此外，为满足那些无法利用电网供电的远海岛屿的电力需求，也需要采用太阳能发电设备。

2.7.1　太阳能光伏电站

太阳能热电站具有很大的规模效应，不适合小型发电系统的建设。太阳能光伏电池则具有很大的灵活性，不仅可以建设各种容量规格的电站，而且广泛应用于小型、分散的用电系统，如光伏路灯等。但太阳能光伏发电的规模化应用，还是建设光伏电站。

太阳能光伏电站有离网型和并网型两种形式。由于太阳能具有周期性和受天气影响的不确定性，太阳能的收集和用电系统的负荷不可能同步，离网型光伏电站通常需要和其他电源形式（如柴油发电机组）联合使用，并且需要使用蓄电池，这就增大了电站的投资和维护费用。离网型光伏电站往往建在距离电网较远的地方，供独立的区域用户使用。并网型光伏电站通常容量较大，与电网相连，本地负荷不足的时候，多余的电能输送到电网，本地发电不足的时候，则使用电网的电能，因此，不需要使用蓄能装置，减少了系统投资和维护费用。

西藏措勤 20kW 光伏电站是我国建设较早的离网型光伏电站，于 1993 年由国家计委批准立项，实际总投资 290 万元，1994 年 12 月正式建成发电，投入试运行。措勤县位于号称“世界屋脊”的西藏阿里地区，该地区不但没有煤、石油、天然气等化石燃料资源，而且也缺乏小水电资源，但却拥有极为丰富的太阳能资源可以开发利用。在建设光伏电站之前，措勤县城的办公照明、生活照明及收看电视等的用电是依靠 1 台 75kW 柴油发电机组来提供的，而柴油是从 1000 多千米以外由汽车运输的。该地区海拔高度为 4700m，高原缺氧，柴油燃烧不充分，柴油发电不但价格昂贵，而且污染环境，因此，采用光伏发电在经济效益和社会效益方面都具有很大的优势。

图 2-58 所示是离网型太阳能电站系统图。电站的发电系统由太阳能电池方阵、蓄电池组、直流控制器、直流—交流逆变器、交流配电柜和备用电源系统（包括柴油发电机组和整流充电柜）等组成。

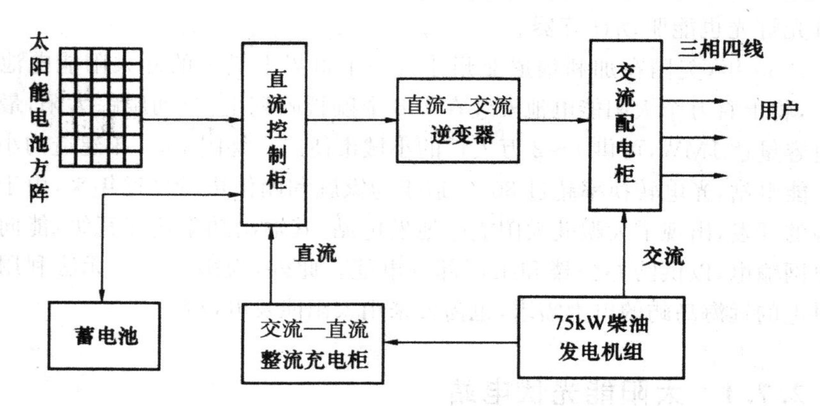

图 2-58　离网型太阳能电站系统图(以柴油机组作为备用电源)

2.7.2　太阳能路灯

太阳能路灯主要以太阳能作为能源，在照明领域，太阳能路灯是主要的应用模式，被认为是高效、节能、环保、健康的“绿色照明”。太阳能路灯以太阳光为能源，白天在光照条件下，太阳能电池将太阳能转化为电能，给蓄电池充电，夜晚没有太阳的照射，太阳能电池停止工作，蓄电池给负载供电，如图 2-59 所示。无须复杂昂贵的管线铺设，可任意调整灯具的布局，安全节能无污染，无须人工操作，工作稳定可靠，节省电费免维护。

图 2-59　太阳能路灯

目前，在欧洲、日本、美国等发达国家和地区正在普及太阳能路灯系统。我国太阳能路灯首先在沿海发达地区使用。太阳能路灯由以下几个部分组成：太阳能电池组件（包括支架）、光源、控制器、蓄电池组和灯杆，如图 2-60 所示。

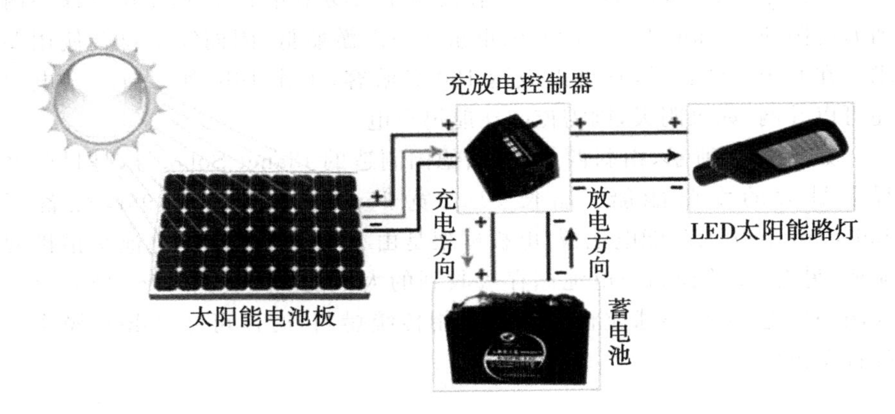

图 2-60　太阳能路灯系统

2.7.3 太阳能电动车和游艇

1. 太阳能电动车

太阳能电动车是通过太阳能电池发电装置为直接驱动动力或以蓄电池储存电能再驱动的三轮和四轮电动车，其主要适用于乡村以及城镇低收入人口日常出行，满足个体商贩运货经营，太阳能电动车相比于自行车来说速度更快，省时省力，出行方便，安全舒适，由于用太阳能电池或蓄电池发电，因此也更环保。图 2-61 所示为太阳能电动汽车。

图 2-61 太阳能电动汽车

2. 太阳能游艇

在德国汉堡的一个内河码头，有一艘大型太阳能游艇，长 27m，重 42t，有两个功率均为 8kW 的发动机。在游艇中其功率并不大，这是由于汉堡内河游艇限速为 8km/h。该游艇的重量比一般游艇低，因而完全符合使用要求。在有阳光的日子，它可以载运 100 名游客，工作 16h，如果有多余电力还可以并网；如果阴天，则需夜间在船坞充电。

如图 2-62 所示，由新西兰设计、德国制造的 Planet Solar 号，是目前世界上最大的太阳能船。船长 31m、宽 15m、高 7.5m，重 95t，配备了 536.65m^2 光伏太阳能电池板；电板框架是由 38000 枚太阳能电池交错排列而成，另有 72 枚锂离子电池储存吸收到的太阳能。Planet Solar 号完全由太阳能供电，进行环球航行而不需使用传统燃料，时速可达 25km，操作宁静且无污染。

图 2-62　Planet Solar 号太阳能游艇

第3章　风力发电技术

风能是流动的空气所具有的能量。从广义太阳能的角度看，风能是由太阳能转化而来的。来自太阳的辐射能不断地传送到地球表面，因太阳照射而受热的情况不同，地球表面各处产生温差，从而引起大气的对流运动形成风。据估计，到达地球的太阳能中虽然只有大约2%转化为风能，但其总量仍是十分可观的。

3.1　风与风力资源

3.1.1　风的形成

风的形成是空气流动的结果。风能利用是将大气运动时所具有的动能转化为其他形式的能量，便于人类使用，例如，电能和势能等。

风是运动的空气，通常指空气水平运动。空气产生运动，一个主要的原因是由于地球上各纬度所接受的太阳辐射强度不同而形成的。另外，地球又绕自转轴每24h旋转一周，温度、气压昼夜变化，地球的自转进一步促进了大气中半永久性的行星尺度环流的形成，图3-1所示为全球大气环流示意。

1. 海风和陆风

大陆与海洋的热容量不同。白天，在太阳照射下陆地温度比海面高，陆地上的热空气上升，海面上的冷空气在地表附近流向沿岸陆地，这就是海风。夜间(冬季)时，情况相反，低层风从大陆吹向海洋，称为陆风。海风和陆风的形成如图3-2所示。

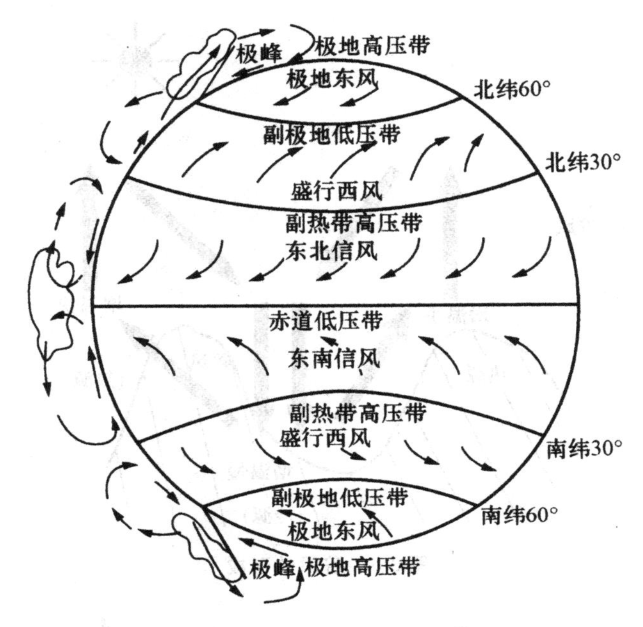

图 3-1　全球大气环流示意①

图 3-2　海风和陆风的形成

2. 谷风和山风

在山区,由于热力原因引起的白天由谷地吹向平原或山坡,夜间由平原或山坡吹向谷地,前者称为谷风,后者称为山风。这是由于白天山坡受热快,温度高于山谷上方同高度的空气温度,坡地上的暖空气从山坡流向谷地上方,谷地的空气则沿着山坡向上补充流失的空气。由山谷吹向山坡的风,称为谷风,见图 3-3。

夜间,山坡因辐射冷却,其降温速度比同高度的空气快,冷空气沿坡地向下流入山谷,称为山风,见图 3-4。另外,局部温度梯度等因素也会使风能分布发生变化。

① 黄素逸,龙妍,林一歆. 新能源发电技术[M]. 北京:中国电力出版社,2017.

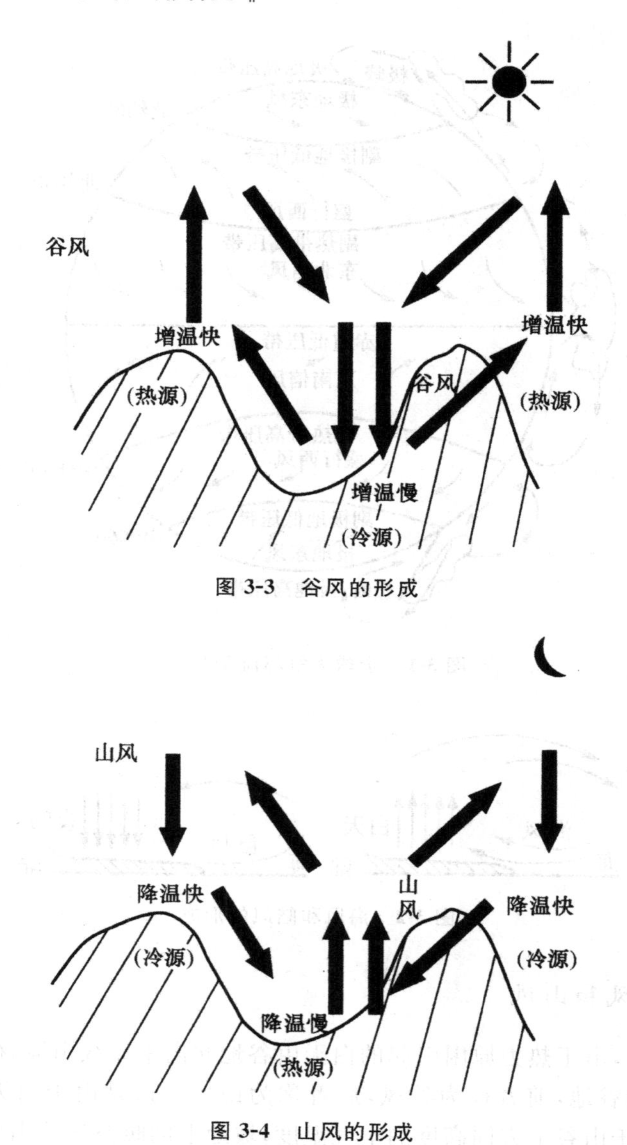

图 3-3　谷风的形成

图 3-4　山风的形成

此外,不同的下垫面对风也有影响,如城市、森林、冰雪覆盖地区等都有相应的影响。光滑地面或摩擦小的地面使风速增大,粗糙地面使风速减小等。

3.1.2　风的描述

风,方向多变,大小也随时随地不同。常用风向、风级、风能密度等来描述风的情况。

1. 风向

风向就是风吹来的方向。例如，大气从南向北流动形成的风，就称为南风。

现在，气象台站把风向分为 16 个方位来进行观测，包括东、东南东、南东、南南东、南、南南西……东北东，如图 3-5 所示。

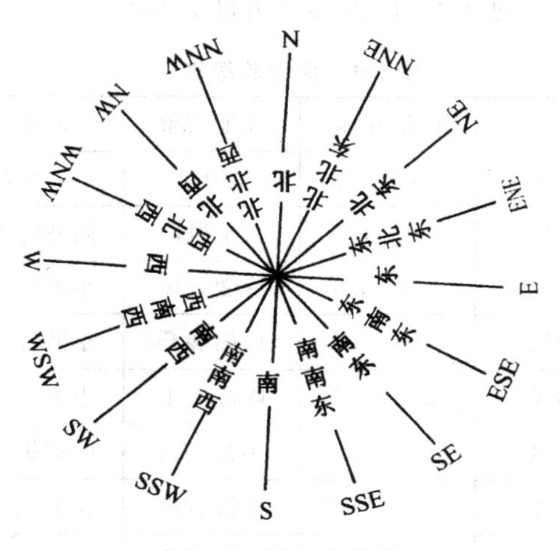

图 3-5　风向方位图

风向不是固定的，它一直处于变化之中，一般可以选择一个观测点对不同时期不同风向的风进行观测，由此得到的每一种风况的风向频率图，气象上称为风向玫瑰图，如图 3-6 所示。

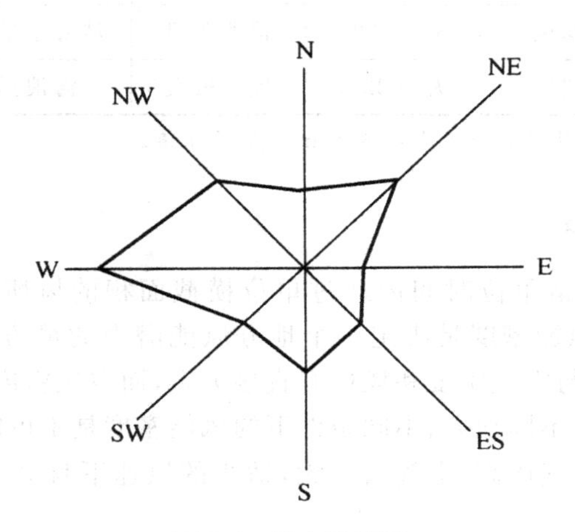

图 3-6　风向玫瑰图

观测风向的仪器，目前使用最多的是风向标，它可以在转动轴上自由转动，头部总是指向风的来向。

2. 风级

风力是有大小之分的，不同等级的风力强度不一样，我们把这种表达风力大小的风力等级称为风级。早在 1805 年，英国人蒲福就拟定了风速的等级，国际上称为“蒲福风级”。风力等级表见表 3-1。

表 3-1　风力等级表[①]

风级和符号	名称	风速(m/s)	陆地物象	海面波浪	浪高(m)
0	无风	0.0～0.2	烟直上	平静	0
1	软风	0.3～1.5	烟示风向	微波峰无飞沫	0.1
2	轻风	1.6～3.3	感觉有风	小波峰未破碎	0.2
3	微风	3.4～5.4	旌旗展开	小波峰顶破裂	0.6
4	和风	5.5～7.9	吹起尘土	小浪白沫波峰	1
5	劲风	8.0～10.7	小树摇摆	中浪折沫峰群	2
6	强风	10.8～13.8	电线有声	大浪到个飞沫	3
7	疾风	13.9～17.1	步行困难	破峰白沫成条	4
8	大风	17.2～20.7	折毁树枝	浪长高有浪花	5.5
9	烈风	20.8～24.4	小损房屋	浪峰倒卷	7
10	狂风	24.5～28.4	拔起树木	海浪翻滚咆哮	9
11	暴风	28.5～32.6	损毁普遍	波峰全呈飞沫	11.5
12	飓风	大于 32.7	摧毁极大	海浪滔天	14

注：本表所列风速是指平地上离地 10m 处的风速值。

3. 风能密度

风能密度是指单位时间内通过单位横截面积的风所含的能量，常以 W/m^2 来表示。风能密度是决定一个地方风能潜力的最方便、最有价值的指标。风能密度与空气密度和风速有直接关系，而空气密度又取决于气压、温度和湿度，所以不同地方、不同条件下的风能密度是不可能相同的。通常海滨地区地势低、气压高，空气密度大，适当的风速下就会产生较高的风能

① 黄素逸，龙妍，林一歆．新能源发电技术[M]．北京：中国电力出版社，2017．

密度。而在海拔较高的高山上，空气稀薄、气压低，只有在风速很高时才会有较高的风能密度。即使在同一地区，风速也是时时刻刻变化着的，用某一时刻的瞬时风速来计算风能密度没有任何实践价值，只有长期观察收集资料才能总结出某地的风能潜力。

3.1.3　风能的优缺点

风能与其他新能源相比，既有其明显的优点，又有其突出的局限性。

1. 风能的优点

风能具有以下四大优点。

(1)风能丰富

蕴量巨大，取之不尽，用之不竭。风能是太阳能的一种转化形式，据专家估算在全球边界层内，风能总量为 1.3×10^{15} W，一年中约有 1.14×10^{16} kW·h 的能量，这相当于目前全世界每年所燃烧能量的3000倍左右。

(2)就地可取，无须运输

风能本身是免费的，就地取材开发风能是解决偏远地区和少数民族聚居区能源供应的重要途径。

(3)分布广泛，分散使用

若将10m高处、密度大于150～200W/m^{2}的风能作为有利用价值的风能，则全世界2/3的地区具备这样有价值的风能。风力发电系统可大可小，因此便于分散使用。

(4)不污染环境，不破坏生态

风能是可再生清洁能源，风能在利用过程中不会产生对环境有害的物质。

2. 风能的缺点

(1)能量密度低

由于风能来源于空气的流动，而空气的密度相对很小，仅是水的1/773。当风速为3m/s时，能量密度仅为0.02kW/m^2，是水力能量密度的1/1000。要获得与水同样的功率，风轮直径要相当于水轮的27.8倍。因此在各种再生能源中，风能是一种能量密度极低的能源，单位面积上仅获得很少的能量，给风能利用带来一定的困难，各种可再生能源密度表(世界气象组织)见表3-2。

表 3-2　各种可再生能源密度表(世界气象组织)

能源类别	风能(3m/s)	水能(流速 3m/s)	波浪能(波高 2m)	潮汐能(潮差 10m)	太阳能	
					晴天平均	昼夜平均
能量密度(kW/m^2)	0.02	20	30	100	1	0.16

(2)能量不稳定

风能是一种随机能源,其强度每时每刻都在不断变化之中。风的脉动、日变化、季变化以致年际的变化都十分明显,波动很大,极不稳定。这种不稳定性给使用带来一定难度。

(3)地区差异大

风力受地形和地区的影响很大,不同的地理位置风力的差异非常明显,在相邻的地区,一般有利地形下的风力往往是不利地形下的几倍甚至几十倍。

3.1.4　我国风力资源的分布

地球上蕴含的风能总量相当可观。据科学计算,整个地球所蕴含的风能约为 2.74×10 亿 MW,其中可利用的风能约为总含量的 1%,是地球上可利用总水能的 11 倍。其中仅是接近陆地表面 200m 高度内的风能,就大大超过了目前每年全世界从地下开采的各种矿物燃料所产生能量的总和,而且风能分布很广,几乎覆盖所有国家和地区。

我国位于亚洲大陆东南,濒临太平洋西岸,海岸线长,季风强盛,加之幅员辽阔,地形多样,风能资源相当丰富,仅次于俄罗斯和美国,居世界第三位。根据中国气象局的研究结果表明,风能资源可开发量约为(7～12)×10^{11} W,具有很大的潜力。我国风能资源丰富的地区主要集中在北部、西北、东北草原和戈壁滩,以及东南沿海地区和一些岛屿上,涵盖福建、广东、浙江、内蒙古、宁夏、新疆等省(自治区)。

国家气象局发布的我国风能三级区划体系如下:

第一级区划指标,选用年有效风能密度和年风速≥3m/s 风的累计小时数,据此可将全国分为 4 个区,如表 3-3 所示。

第二级区划指标,选用一年四季中各季风能大小和有效风速出现的小时数。

第三级区划指标,选用风力机安全风速,即抗大风的能力,一般取 30 年一遇。

表 3-3　中国风能资源区划

指标＼区	丰富区	较丰富区	可利用区	贫乏区
年有效风能密度（W/m^2）	≥200	200～150	＜150～50	≤50
风速≥3m/s 的年累计小时数（h）	≥5000	5000～4000	＜4000～2000	≤2000
风速≥6m/s 的年累计小时数（h）	≥2200	2200～1500	＜1500～350	≤350
占全国面积的百分比（%）	8	18	50	24

按照表 3-3 的指标将全国分为 4 个区：

①风能丰富区。

这一区主要包括东南沿海、山东半岛、辽东半岛及海上岛屿，内蒙古、甘肃北部，黑龙江南部、吉林东部。

②风能较丰富区。

这一区主要包括东南沿海内陆和渤海沿海（离海岸线 20～50km），三北的北部，西藏高原中北部。

③风能可利用区。

这一区主要包括两广沿海，大、小兴安岭山地，中部地区（过华北大平原经西北地区到最西端，左侧绕西藏高原边缘部分，右侧从华北向南面淮河、长江到南岭）。

④风能贫乏区。

这一区主要包括云贵川和南岭山地区，雅鲁藏布江和昌都，塔里木盆地西部。

除上述地区之外，还有一部分地区风能比较缺乏，风力小，很难利用。

3.2　风力机工作原理与特性

风具有能量，即风能，但自然界的风能不便于直接利用。为了把风能转变成所需要的机械能、电能、热能等其他形式的能量，人们发明了多种风能转换装置，这就是风力机。本节将介绍风力机的基本理论知识。

3.2.1　风能转化理论基础

1. 风能的计算

由流体力学可知，气流的动能为

$$E = \frac{1}{2}mv^2$$

式中，m 为气体的质量，kg；v 为气体的速度，m/s。

设单位时间内气流流过截面积为 S 的气体的体积为 V，则

$$V = Sv$$

如果以 ρ 表示空气密度，该体积的空气质量为

$$m = \rho V = \rho Sv$$

这时气流所具有的动能为

$$E = \frac{1}{2}\rho Sv^3 \tag{3-1}$$

式(3-1)即为风能的表达式。

在国际单位制中，ρ 的单位是 kg/m^3；V 的单位是 m^3；v 的单位是 m/s；E 的单位是 W。

2. 自由流场中的风轮

风力机的第一个气动理论是由德国科学家贝兹(Betz)于 1926 年建立的。

理想风轮的气流模型如图 3-7 所示。图 3-7 中，v_1 是风轮上游的风速，v 为通过风轮的实际风速，v_2 为风轮下游的风速。通过风轮的气流在风轮上游的截面积为 S_1，在风轮下游的截面积为 S_2。由于风轮的机械能量仅由空气的动能降低所致，因而 v_2 必然低于 v_1，所以通过风轮的气流截面积从上游至下游是增加的，即 $S_2 > S_1$。

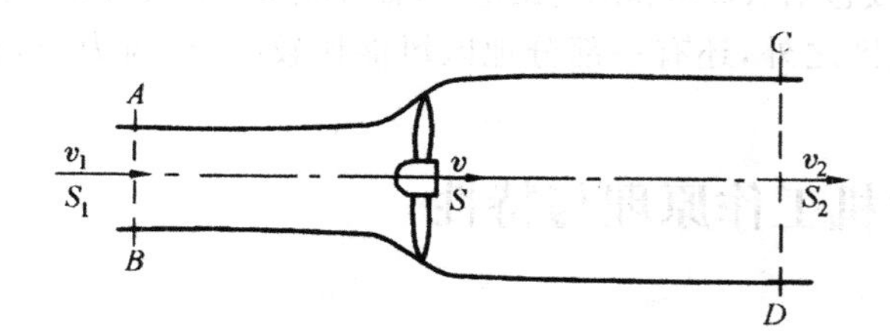

图 3-7 理想风轮的气流模型

假设空气不可压缩，根据连续流动方程有

$$S_1 v_1 = Sv = S_2 v_2$$

根据动量方程，可得出作用在风轮上的风力为

$$F = \rho Sv(v_1 - v_2)$$

风轮吸收的功率为

$$P = Fv = \rho Sv^2(v_1 - v_2) \tag{3-2}$$

此功率是由动能转化而来的，则空气从上游至下游的动能变化为

$$\Delta E=\frac{mv_1^2}{2}-\frac{mv_2^2}{2}=\frac{1}{2}\rho Sv(v_1^2-v_2^2) \tag{3-3}$$

令式(3-2)与式(3-3)相等，得到

$$v=\frac{v_1+v_2}{2}$$

则风作用在风轮上的力和向风轮提供的功率可写为

$$F=\frac{1}{2}\rho S(v_1^2-v_2^2) \tag{3-4}$$

$$P=\frac{1}{4}\rho S(v_1^2-v_2^2)(v_1+v_2) \tag{3-5}$$

对于给定的上游速度 v_1，可以写出以 v_2 为函数的功率变化关系，将式(3-5)微分得

$$\frac{\mathrm{d}P}{\mathrm{d}v_2}=\frac{1}{4}\rho S(v_1^2-2v_1v_2-3v_2^2)$$

式$\frac{\mathrm{d}P}{\mathrm{d}v_2}$有两个解：① $v_2=-v_1$，没有物理意义；② $v_2=v_1/3$，对应于最大功率。

以 $v_2=v_1/3$ 的表达式，得到最大功率为

$$P_{\max}=\frac{8}{27}\rho Sv_1^3 \tag{3-6}$$

将式(3-6)除以气流通过扫掠面 S 时风所具有的动能，可推得风力机的理论最大效率(或称理论风能利用系数)为

$$\eta_{\max}=\frac{P_{\max}}{\frac{1}{2}\rho v_1^3S}=\frac{\frac{8}{27}\rho Sv_1^3}{\frac{1}{2}\rho Sv_1^3}=\frac{16}{27}\approx 0.593 \tag{3-7}$$

式(3-7)即为有名的贝兹理论的极限值。

能量的转换将导致功率的下降，它随所采用的风力机和发电机的类型而异，因此，风力机的实际风能利用系数 $C_p<0.593$。风力机实际能得到的有用功率输出是

$$P_s=\frac{1}{2}\rho v_1^3SC_p \tag{3-8}$$

对于每平方米扫风面积则有

$$P=\frac{1}{2}\rho v_1^3C_p \tag{3-9}$$

3. 风力机的特性系数

(1)风能利用系数

风力机从自然风能中吸取能量的大小程度用风能利用系数 C_p 表示。

由式(3-8)知

$$C_p = \frac{P}{\frac{1}{2}\rho S v^3}$$

式中,P 为风力机实际获得的轴功率,W;ρ 为空气密度,kg/m^3;S 为风轮的扫风面积,m^2;v 为上游风速,m/s。

(2)叶尖速比 λ

为了表示风轮在不同风速中的状态,用叶片的叶尖圆周速度与风速之比来衡量,称为叶尖速比 λ,其计算公式为

$$\lambda = \frac{2\pi Rn}{v} = \frac{\omega R}{v}$$

式中,n 为风轮的转速,r/s;ω 为风轮角速度,rad/s;R 为风轮半径,m;v 为上游风速,m/s。

(3)扭矩系数 C_M 和推力系数 C_F

为了便于把气流作用下同类风力机所产生的扭矩和推力进行比较,常以 λ 为变量作扭矩和推力的变化曲线。扭矩系数用 C_M 表示,推力系数用 C_F 表示,计算公式为

$$C_M = \frac{M}{\frac{1}{2}\rho v^2 SR} = \frac{2M}{\rho v^2 SR}$$

$$C_F = \frac{F}{\frac{1}{2}\rho v^2 S} = \frac{2F}{\rho v^2 S}$$

式中,M 为扭矩,N·m;F 为推力,N。

3.2.2 叶片的几何参数和空气动力特性

1. 翼型的几何参数和气流角

现代风力机风轮叶片的剖面形状如图 3-8 所示。现在先考虑一个不动的翼型受到风吹的情况。风的速度为 v,方向与翼型平面平行。有关翼型几何形状定义如下:翼型的尖尾点 B 称为后缘,圆头上 A 点为前缘。连接前、后缘的直线 AB 长为 l,称为翼弦。AMB 为翼型上表面,ANB 为翼型下表面。从前缘到后缘的弯曲虚线叫作翼型的中线。攻角 i 是翼弦与气流速度 v 之间的夹角。零升力角 θ_0 是弦线与零升力线间的夹角。升力角 θ 是来流速度方向与零升力线间的夹角。$i=\theta+\theta_0$,此处 θ_0 是负值,θ 和 i 是正值。

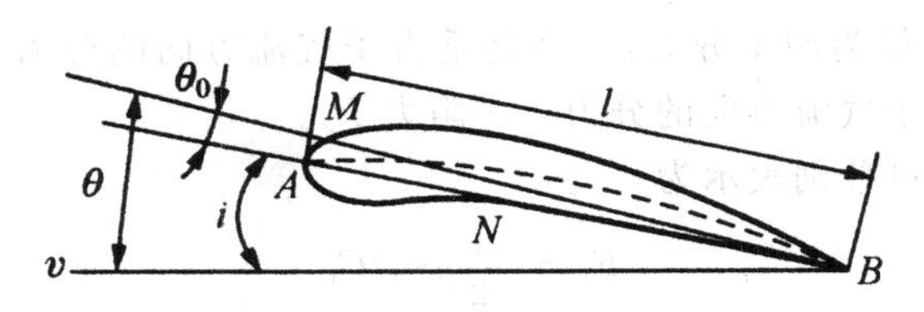

图 3-8　风力机叶片翼型

2. 作用在叶片上的气动力

假定叶片处于静止状态，令空气以相同的相对速度吹向叶片时，作用在叶片上的气动力将不改变其大小。气动力只取决于相对速度和攻角的大小。因此，为便于研究，均假定叶片静止处于均匀来流速度 v 中。

此时，作用在翼型表面上的空气压力如图 3-9 所示，上表面压力为负，下表面压力为正，合力如图 3-10 所示。

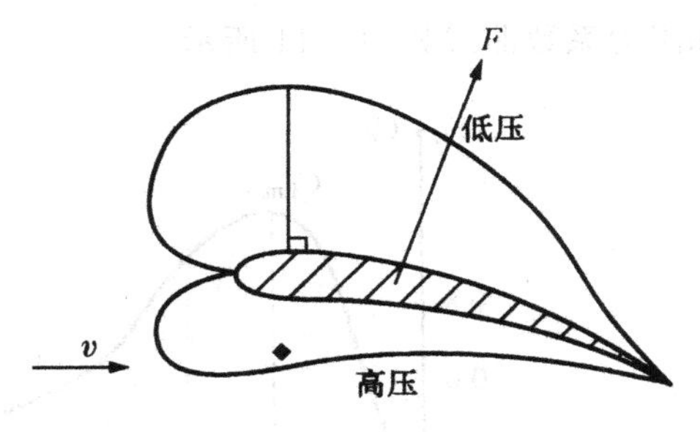

图 3-9　翼型压力分布

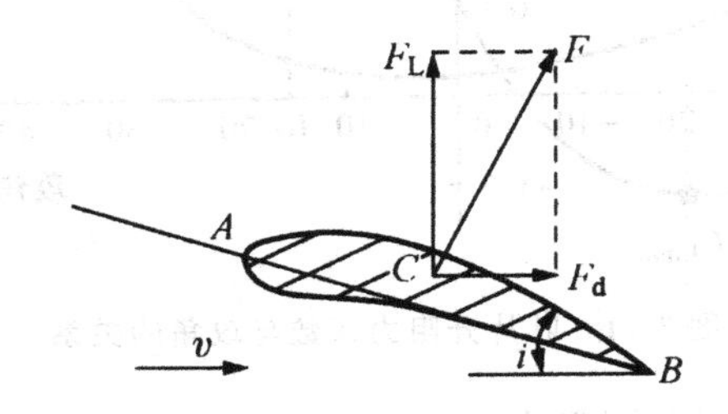

图 3-10　翼型受力

合力 F 可表示为

$$F = \frac{1}{2}\rho CSv^2$$

式中，ρ 为空气密度；S 为叶片面积，等于弦长×桨叶长度；C 为总的气动力系数。

力 F 可分解为两个分力：一个是垂直于气流方向的分力——升力 F_L，另一个是平行于气流方向的分力——阻力 F_d。

F_L 与 F_d 可分别表示为

$$F_L = \frac{1}{2}\rho S v^2 C_L$$

$$F_d = \frac{1}{2}\rho S v^2 C_d$$

式中，C_L 为升力系数；C_d 为阻力系数。

因两个分量是垂直的，故存在

$$F_L^2 + F_d^2 = F^2$$

3. 叶片的空气动力特性曲线

(1)升力和阻力系数的变化曲线

阻力系数曲线的变化不同，它的最小值对应一确定的攻角值。

叶片的升力和阻力系数曲线如图 3-11 所示。

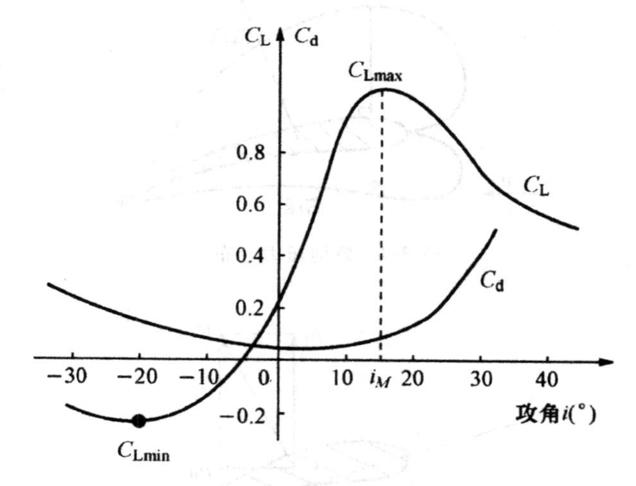

图 3-11 叶片升阻力系数与攻角的关系

(2)埃菲尔极线(Eiffel Polar)

埃菲尔极线也被称为极曲线，以 C_d 为横坐标，C_L 为纵坐标，对应于每一个攻角 i，有一对 C_d、C_L 值，在图 3-12 上可确定一点，并在其旁标注出相应的攻角，连接所有各点即成极曲线。该曲线包含了图 3-11 的全部内容。

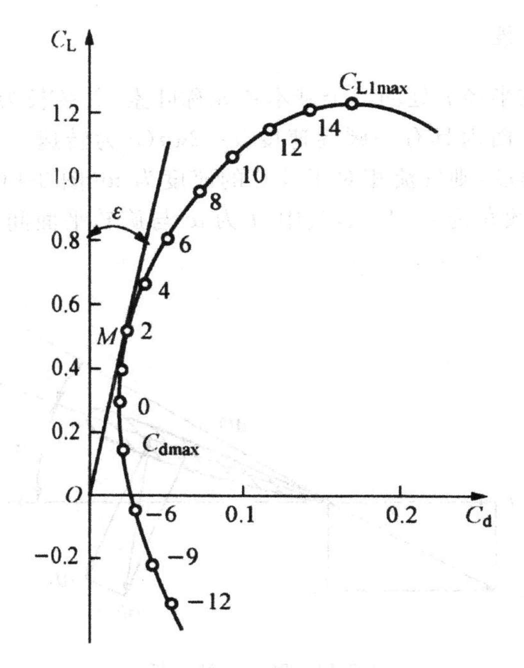

图 3-12 埃菲尔极线

3.2.3 风轮的几何参数和空气动力特性

1. 风轮的几何定义

为了研究风力机的风轮，先给出一些定义：风轮轴为风轮旋转运动的轴线；旋转平面为垂直于转轴线的平面，叶片在该平面内旋转；风轮直径为风轮扫掠面直径；叶片轴线为叶片纵向轴，绕此轴可以改变叶片相对于旋转平面的偏转角(安装角)；安装角或桨距角 α 为半径 r 处翼型弦线与旋转平面之间的夹角，如图 3-13 所示。

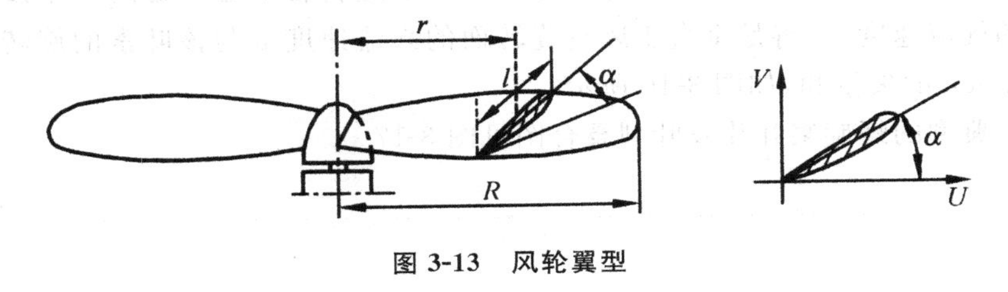

图 3-13 风轮翼型

2. 叶素特性

风轮叶片在半径 r 处的一个基本单元称叶素，其弦长为 l，安装角为 α，则叶素在旋转平面内具有一圆周速度 $u=2\pi n$（n 为转速）。如果取 v 为吹过风轮的轴向速度，则气流相对于叶片的速度为 w（图 3-14），则有 $v=u+w$，$w=v-u$，而攻角为 $i=I-\alpha$，其中，I 为 w 与旋转平面间的夹角，称为倾斜角。

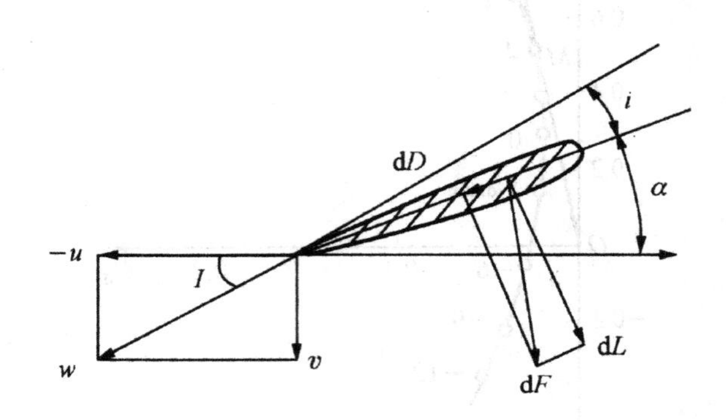

图 3-14 叶素特性分析

下面分析 $\mathrm{d}F$ 产生的轴向推力和扭矩。

设 $\mathrm{d}F_a$ 作用在风轮轴向上的推力，$\mathrm{d}M$ 为 $\mathrm{d}F$ 产生的扭矩，则 $\mathrm{d}F_a$ 和 $\mathrm{d}M$ 的计算公式分别为

$$\mathrm{d}F_a = \mathrm{d}L\cos I + \mathrm{d}D\sin I$$

$$\mathrm{d}M = r(\mathrm{d}L\sin I - \mathrm{d}D\cos I)$$

3. 作用在风轮上的气动力

(1)风轮在静止情况下叶片的受力分析

图 3-15 所示是风轮的启动原理。

(2)风轮在转动情况下叶片的受力分析

若风轮旋转角速度为 ω，则相对于叶片上距转轴中心 r 处的一小段叶素的气流速度 w，将是垂直于风轮旋转面的来流速度 v 与该叶素的旋转线速度 wr 的矢量和，如图 3-16 所示。

典型的螺旋桨叶片及叶型叠合图见图 3-17。

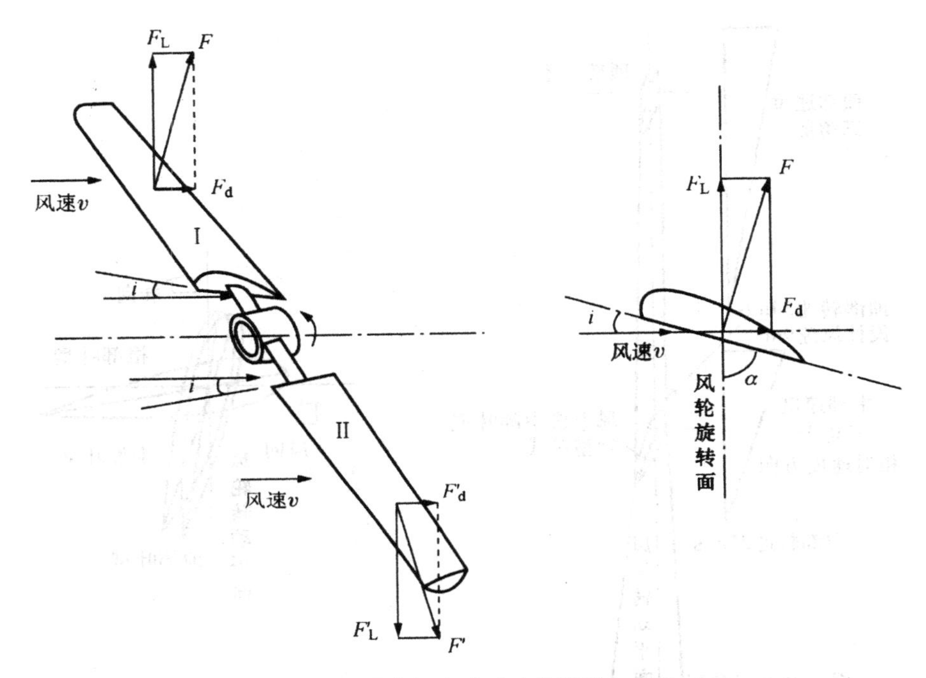

图 3-15　风力机启动时叶片的受力分析

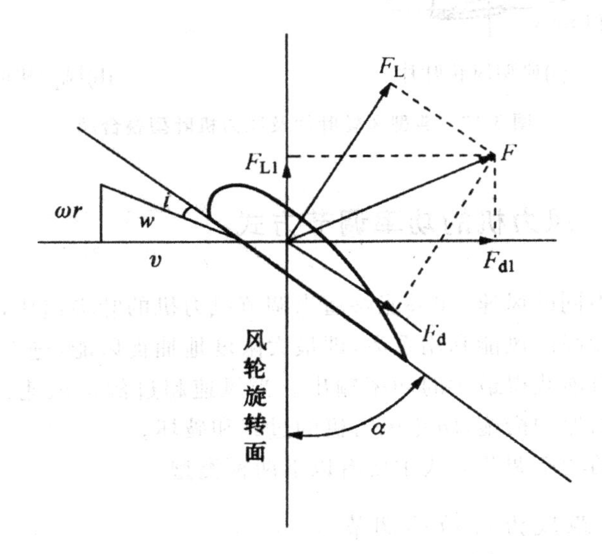

图 3-16　风力机旋转时叶片的受力分析

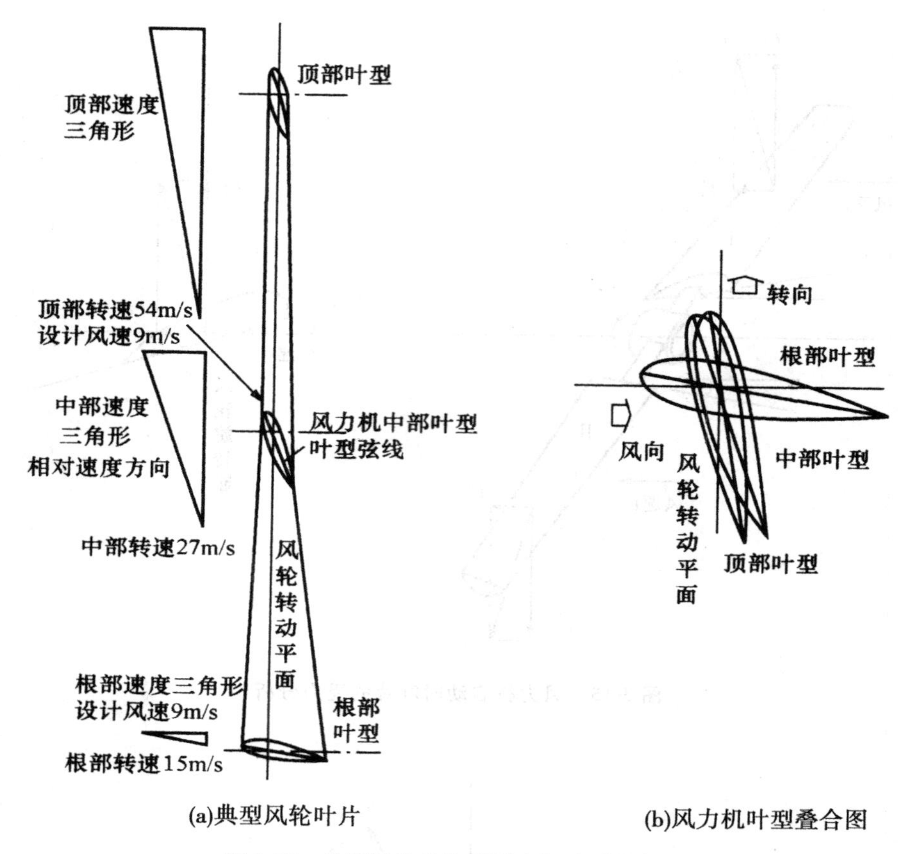

(a)典型风轮叶片　　(b)风力机叶型叠合图

图 3-17　典型风轮叶片及风力机叶型叠合图

3.2.4　风力机的功率调节方式

对应于不同的风速，如果能够适当调节风力机的叶尖速比，就可以保证风力机具有较高的风能利用系数，即最大限度地捕捉风能，进而使整个风力发电系统尽可能获得最大的功率输出。当风速超过额定风速太多时，还应该采取适当的保护措施，防止风力机的过载和破坏。

风力机的功率调节方式主要有以下两种类型。

1. 定桨距风力机功率调节

定桨距指的是风轮叶片的桨距角固定不变，根据风力机叶片的失速特性来调节风力机的输出功率。定桨距失速型风力机的叶片有一定的扭角。

在额定风速以下，空气沿叶片表面稳定流动，叶轮吸收的能量随空气流速的上升而增加；当风速超过额定风速后，风力机叶片翼形发生变化，在叶片后侧，空气气流发生分离，产生湍流，叶片吸收能量的效率急剧下降，保证风力机输出功率不随风速上升而增加。由于失速叶片自身存在扭角，因此叶片的失速从叶片的局部开始，随风速的上升而逐步向叶片全长发展，从而保证了叶轮吸收的总功率低于额定值，起到了功率调节的作用。定桨距失速功率调节型风力机依靠叶片外形完成功率的调节，机组结构相对简单，但机组结构受力较大。

定桨距风力机其风功率捕获控制完全依靠叶片的气动性能，优点是结构简单、造价低，同时具有较好的安全系数。缺点是难以对风功率的捕获进行精确地控制。

2. 变桨距风力机功率调节

变桨距风力机是通过调节风力机桨距角来改变叶片的风能捕获能力的输出功率，依靠叶片攻角的改变来保持叶轮的吸收功率在额定功率以下。

风力机启动时，调节风力机的桨距角，限制风力机的风能捕获以维持风力机转速恒定，为发电机组的软并网创造条件。当风速低于额定风速时，保持风力机桨距角恒定，通过发电机调速控制使风力机运行于最佳叶尖速比，维持风力机组在最佳风能捕获效率下运行。当风速高于额定风速时，调节风力机桨距角，使风轮叶片的失速效应加深，从而限制风能的捕获。

与定桨距失速型功率调节相比较，变桨距功率调节可以使风力发电机组在高于额定风速的情况下保持稳定的功率输出，可提高机组的发电量3%～10%，并且机组结构受力相对较小。但是，变桨距功率调节需要增加一套桨距调节装置，控制系统较为复杂，设备价格较高，而且对风速的跟踪有一定的延时，可能导致风力机的瞬间超载。同时，风速的不断变化会导致变桨机构频繁动作，使机构中的关键部件变桨轴承承受各种复杂负载，其寿命一般仅为4～5年，使得维修费用昂贵，机组可靠性大大降低。

随着风电技术的成熟和设备成本的降低，变桨距风力机将得到广泛的应用。

3.3　风力发电系统

典型的风力发电系统通常由风能资源、风力发电机组、控制装置、蓄能装置、备用电源及电能用户组成（图3-18）。

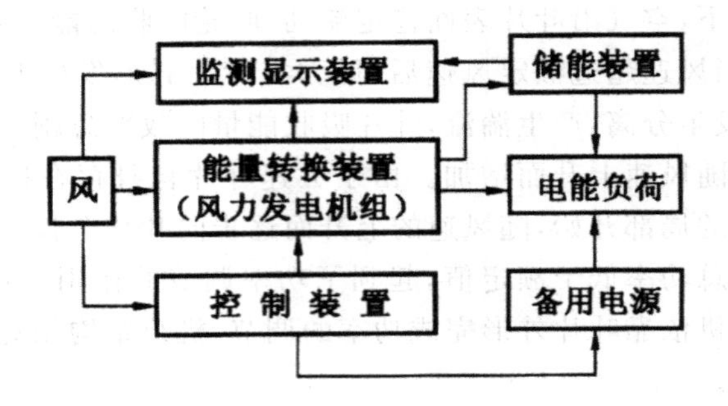

图 3-18 典型风力发电系统

3.3.1 调向机构

水平轴风力机的调向机构是用来调整风力机的风轮叶片旋转平面与空气流动方向相对位置的机构。小型水平轴风力机常用的调向机构有尾舵和尾车，两者皆属于被动对风调向。风电场中并网运行的中大型风力机则采用由伺服电动机（也有用液压马达）驱动的齿轮传动装置来进行调向。为了避免伺服电动机连续不断地工作，规定当风向偏离风轮主轴$\pm10°\sim15°$时，调向机构才开始动作。调向速度一般为 1°/s 以下，机组容量越大，调向速度越慢，例如 600kW 机组为 0.8°/s 左右，而 1MW 机组则为 0.6°/s 左右。这种方式的调向属于主动对风调向。

3.3.2 发电机

风力发电机经过 2000 年的发展过程，现在已有很多种型号，但归纳起来，可分为两大类：水平轴风力发电机——风轮的旋转轴与风向平行；垂直轴风力发电机——风轮的旋转轴与地面或气流方向垂直。

1. 水平轴风力发电机

水平轴风力发电机可分为升力型和阻力型两类。升力型旋转速度快，阻力型旋转速度慢。对于风力发电，多采用升力型水平轴风力机。

2. 垂直轴风力发电机

垂直轴的风力机型式较多，如 S 型、H 型、达里厄型等，其中达里厄型风力机是目前水平轴风力机的主要竞争者。

达里厄式风轮是一种升力装置，现在有多种达里厄式风力机，如 Φ 型、△型、Y 型和◇型等。这些风轮可以设计成单叶片、双叶片、三叶片或多叶片。典型的 Φ 型风力机如图 3-19 所示。

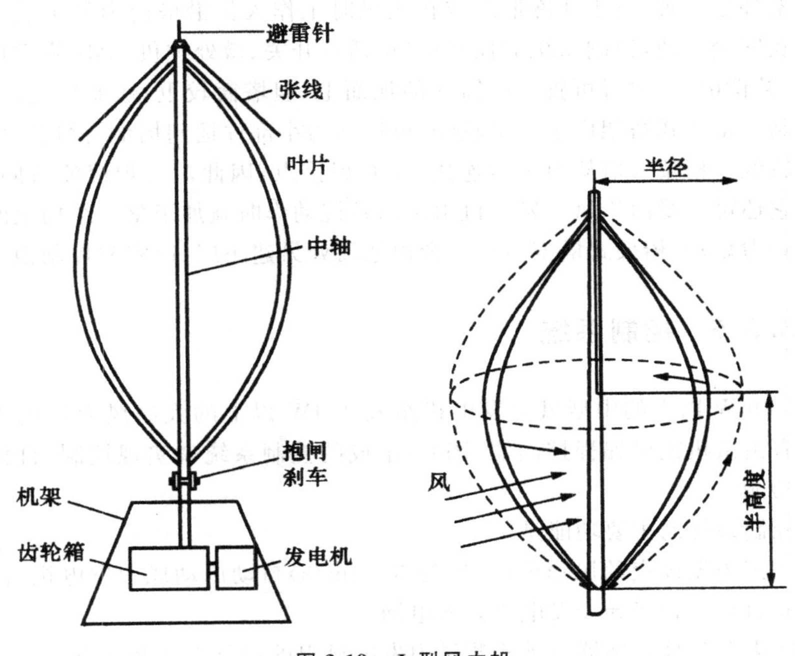

图 3-19 Φ 型风力机

3.3.3 升速齿轮箱

风力机属于低速旋转机械，所采用的变速齿轮箱是升速的。现在大中型风电场中单机容量在 600kW～1MW 的风力发电机组中齿轮箱的速比在 1∶50～1∶70；而齿轮箱的组合型式一般为 3 级齿轮传动。有时 3 级全采用螺旋斜齿轮传动，有时则采用 1 级行星齿轮及 2 级螺旋斜齿轮传动；也有采用 1 级行星齿轮及 2 级正齿轮传动的。

3.3.4 塔架

水平轴风力发电机组需要通过塔架将其置于空中，常使用的有两种类型塔架，即由钢板制成的锥形筒状塔架和由角钢制成的桁架式塔架。锥形筒状塔架塔筒直径沿高度向上方向逐渐减小，一般沿高度由 2～3 段组成，在塔架内装有梯子和安全索，以便于工作人员沿梯子进入塔架顶端的机舱，塔筒表面经过喷砂处理和喷刷白色油漆用于防腐。桁架式塔架也装有梯子和安全索，便于工作人员攀登，为防止腐蚀，桁架经过热浸锌处理。锥形筒状塔架外形美观，对于寒冷地区或在大风时工作人员沿塔筒内梯子进入机舱比较安全方便，控制系统的控制柜(包括主开关、微处理机、晶闸管软启动装置、补偿电容等)皆可置于塔筒内的地面上，但塔筒较重、运输较复杂、造价较高。桁架式塔架由于重量较轻，可拆卸为小部件运到场地再组装，因此造价较低。桁架式塔架由螺栓连接，没有焊接点，因此没有焊缝疲劳问题，同时它还可承受由于风力发电机组调向系统动作时施加于整个结构上的轻微扭转力矩；但桁架式塔架需在其旁边地面处另建小屋，以安放控制柜。

3.3.5 控制系统

100kW 以上的中型风力发电机组及 1MW 以上的大型风力发电机组皆配有由微机或可编程控制器(PLC)组成的控制系统来实现控制、自检和显示功能。

控制系统的主要功能是：

①按预先设定的风速值(一般为 3～4m/s)自动启动风力发电机组，并通过软启动装置将异步发电机并入电网。

②借助各种传感器自动检测风力发电机组的运行参数及状态。

③当风速大于最大运行速度(一般设定为 25m/s)时实现自动停机。失速调节风力机是通过液压控制使叶片尖端部分沿叶片枢轴转动 90°，从而实现气动刹车。桨距调节风力机则是借助液压控制使整个叶片顺桨而达到停机，也是属于气动刹车。当风力机接近或停止转动时，再通过由液压系统控制的装于低速轴或高速轴上的制动盘以及闸瓦片刹紧转轴，使之静止不动。

④故障保护。当出现恶劣气象(如强风、台风、低温等)情况、电网故障(如缺相、电压不平衡、断电等)、发电机温升过高、发电机转子超速、齿轮及轴承油温过高、液压系统压力降低以及机舱振动剧烈等情况时，机组也将自动停机，并且只有在准确检查出故障原因并排除后，风力发电机组才能再次自动启动。

水平轴中大型(600kW)风力发电机组结构如图 3-20 所示(图中因叶片太长未画出，叶片装于轮毂上)。

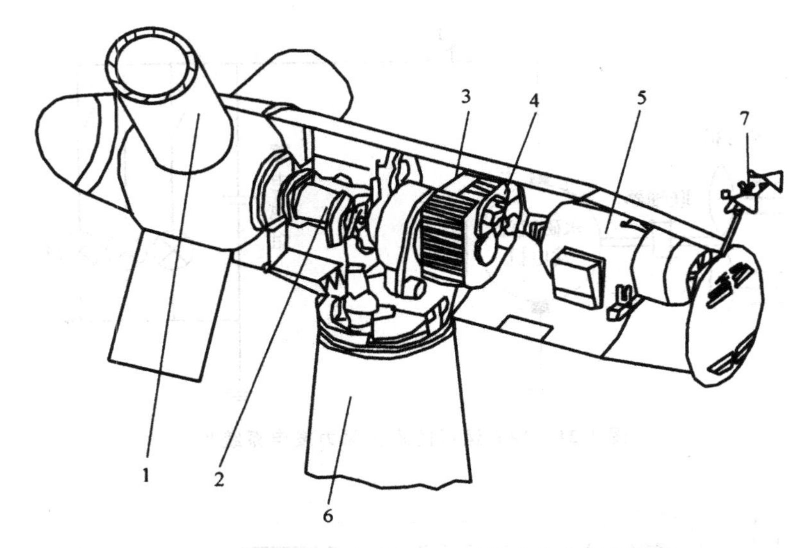

图 3-20 水平轴中大型(600kW)风力发电机组结构

1—轮毂(安装叶片);2—传动系统;3—齿轮箱;4—刹车系统;
5—发电机;6—塔架;7—风速风向仪

3.4 风力发电运行方式

3.4.1 独立运行的风力发电系统

1. 直流系统

图 3-21 为一个风力机驱动的小型直流发电机经蓄能装置向电阻性负载供电的电路图。图中,L 代表电阻性负载(如照明灯等),J 为逆流继电器控制的动断触点。

2. 交流系统

如果在蓄电池的正负极两端接上电阻性的直流负载(图 3-22),则构成了一个由交流风力发电机组经整流器组整流后向蓄电池充电并向直流负载供电的系统。如果在蓄电池的正负极端接上逆变器,则可向交流负载供电,如图 3-23 所示。

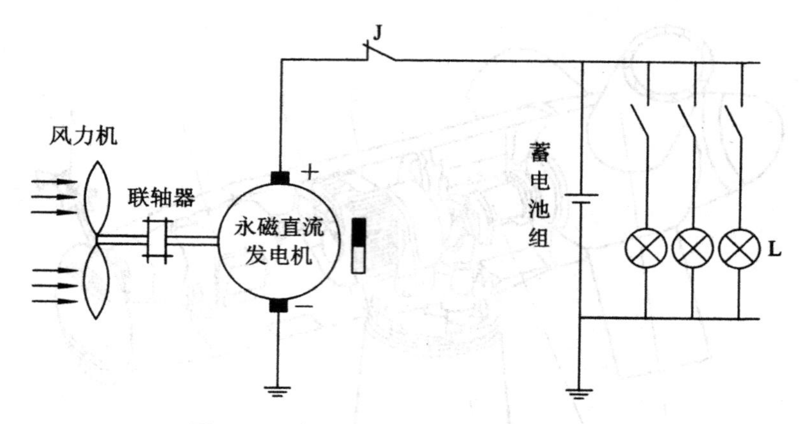

图 3-21　独立运行的直流风力发电系统①

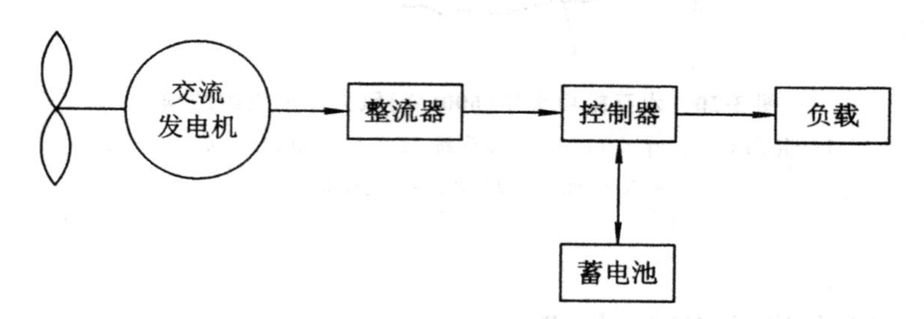

图 3-22　交流发电机向直流负载供电

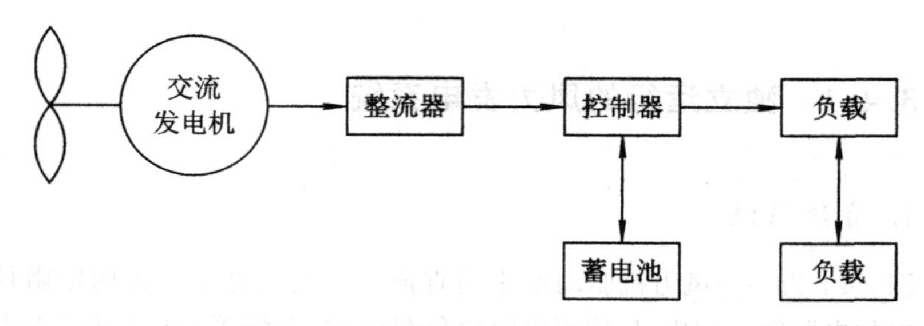

图 3-23　交流发电机向交流负载供电

无刷励磁硅整流自励交流发电机的工作原理如图 3-24 所示。

无刷励磁硅整流自励交流发电机在结构上由主发电机及励磁机两部分组成。为了控制主发电机在向负载供电时的电压及电流数值不超过其额定值，可以在主发电机的主回路中装设电压及电流继电器，分别控制接触器动

① 钱显毅，钱显忠．新能源与发电技术［M］．西安：西安电子科技大学出版社，2015.

断触点 J_1 及 J_2。当风力增大,主发电机输出电压高于额定值时,电压继电器动作,J_1 触点打开,励磁机的励磁电流将流经电阻 R,电流减小,并导致主发电机励磁电流减小,从而迫使主发电机输出电压下降;当风速下降,主发电机电压降到一定程度时,电压继电器复位,J_1 触点恢复闭合,发电机输出电压又升高。如此不断地进行调节,即能保持主发电机的输出电压维持在额定值附近。当主发电机电流超过额定值时,电流继电器动作,J_2 触点打开,电阻 R 被串入励磁机的励磁绕组电路中,励磁电流下降,进而导致主发电机的输出电压下降,迫使输出电流也下降。

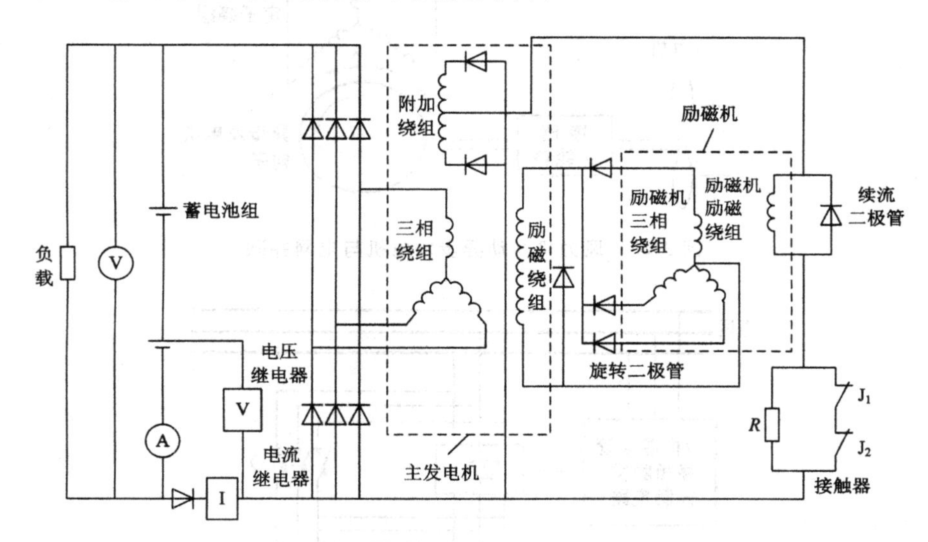

图 3-24　无刷励磁硅整流自励交流发电机原理图

3.4.2　并网运行的风力发电系统

1. 风力机驱动异步发电机与电网并联运行

由风力机驱动异步发电机与电网并联运行的原理如图 3-25 所示。

根据电机理论,异步发电机并入电网运行时,是靠滑差率来调整负荷的,其输出的功率与转速近乎呈线性关系,因此对机组的调速要求,不用像同步发电机那样严格精确,不需要同步设备和整步操作,只要转速接近同步转速时就可并网。

2. 风力机驱动双速异步发电机与电网并联运行

单速异步发电机是通过晶闸管软并网方法来限制启动并网时的冲击电

流，双速异步发电机同单速异步发电机一样也是通过晶闸管软并网方法限制冲击电流，同时也在低速与高速发电机绕组相互切换过程中起限制瞬变电流的作用，双速异步发电机通过晶闸管软切入并网的主电路，如图 3-26 所示。

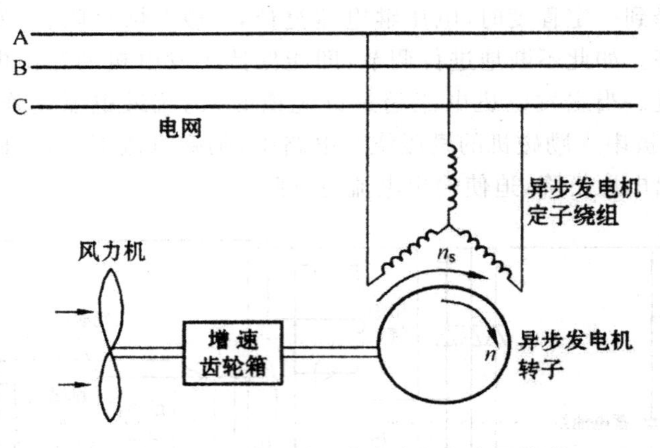

图 3-25　风力机驱动异步发电机与电网并联

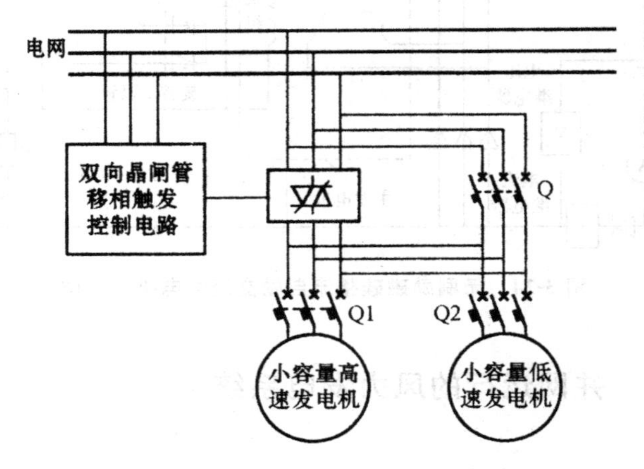

图 3-26　双速异步发电机主电路连接图

3. 变速风力机驱动双馈异步发电机与电网并联运行

(1)系统组成

由变桨距风力机及双馈异步发电机组成的变速恒频发电系统与电网的连接情况如图 3-27 所示。

(2)变流器及控制方式

在双馈异步发电机组成的变速恒频风力发电系统中，异步发电机转子回路中可以采用不同类型的循环变流器(Cycle Converter)作为变流器。

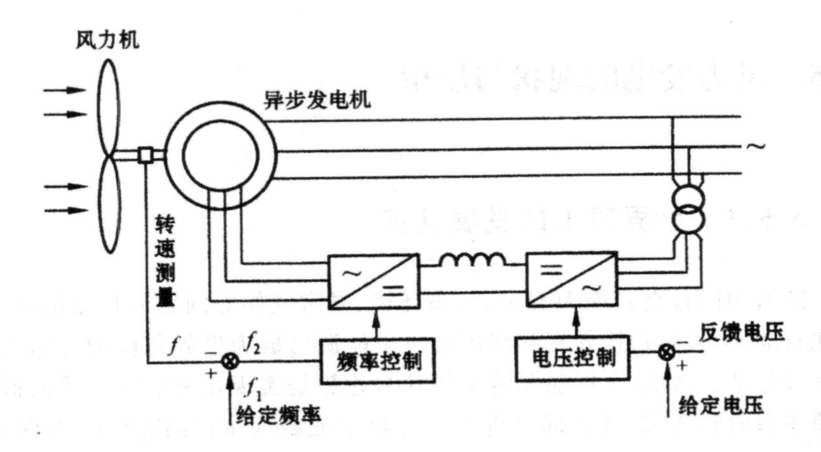

图 3-27 变速风力机—双馈异步发电机系统与电网连接图

①采用交—直—交电压型强迫换流变流器。

②采用交—交变流器。

③采用脉宽调制(PWM)控制的由 IGBT 组成的变流器。

4. 风力机直接驱动低速交流发电机经变流器与电网连接运行

这种并网运行风力发电系统的特点是:由于采用了低速(多极)交流发电机,因此在风力机与交流发电机之间不需要安装升速齿轮箱,而成为无齿轮箱的直接驱动型,如图 3-28 所示。

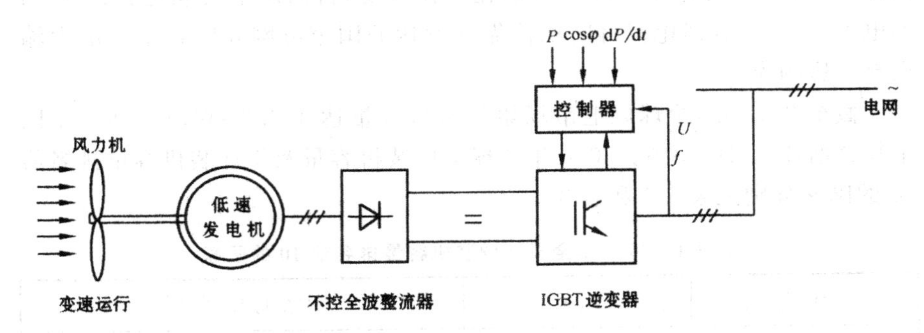

图 3-28 无齿轮箱直接驱动型变速恒频风力发电系统与电网连接图

这种系统中的低速交流发电机,其转子的极数大大多于普通交流同步发电机的极数,因此这种电机的转子外圆及定子内径尺寸大大增加,而其轴向长度则相对很短,呈圆环状,为了简化电机的结构,减小发电机的体积和质量,采用永磁体励磁是有利的。

3.5 风力发电的现状与展望

3.5.1 世界风电的发展状况

随着国际社会对能源安全、生态环境、异常气候等问题的日益重视，减少化石能源燃烧，加快开发和利用可再生能源已成为世界各国的普遍共识和一致行动。目前，全球能源转型的基本趋势是实现化石能源体系向低碳能源体系的转变，最终目标是进入以可再生能源为主的可持续能源时代。2015 年，全球可再生资源发电新增装机容量首次超过常规能源发电的新增装机容量，标志全球电力系统的建设正在发生结构性转变。风电作为技术成熟、环境友好的可再生能源，已在全球范围内实现大规模的开发应用。丹麦早在 19 世纪末便开始着手利用风能发电，此后，美国、丹麦、荷兰、英国、德国、瑞典、加拿大等国家均在风力发电的研究与应用方面投入了大量的人力和资金。截至 2016 年，风电在美国已超过传统水电成为第一大可再生能源，并在此前的 7 年时间里，美国风电成本下降了近 66%。在德国，陆上风电已成为整个能源体系中最便宜的能源，且在过去的数年间风电技术快速发展，德国《可再生能源法》最新修订法案（EEG2017）将固定电价体系改为招标竞价体系，彻底实现风电市场化。在丹麦，目前风电已满足其约 40% 的电力需求，并在风电高峰时期依靠其发达的国家电网互联将多余电力输送至周边国家。

截至 2016 年，全球风电市场累计装机容量达 486.7GW，自 2005 年以来复合增速达 21.13%。2016 年全球新增装机容量及累计装机容量排名前 10 的国家分别见表 3-4 和表 3-5。

表 3-4　2016 年全球新增装机容量排名前 10 的国家

序号	国家	占全球比例/%
1	中国	42.8
2	美国	15.0
3	德国	10.0
4	印度	6.6

（续）

序号	国家	占全球比例/%
5	巴西	3.7
6	法国	2.9
7	土耳其	2.5
8	荷兰	1.6
9	英国	1.3
10	加拿大	1.3

表3-5 2016年全球累计装机容量排名前10的国家

序号	国家	占全球比例/%
1	中国	34.7
2	美国	16.9
3	德国	10.3
4	印度	5.7
5	西班牙	4.7
6	英国	3.0
7	法国	2.5
8	加拿大	2.4
9	巴西	2.2
10	意大利	1.9

3.5.2 中国风电发展现状

1. 国家扶持政策和措施不断完善

总体来看,中国并网风电发展分为四个阶段,如图3-29所示。

2. 中国风电已进入大规模发展阶段

截至2016年底,我国已核准未建设的风电项目合计容量在84GW,同时国家能源局在2017年7月发布了《2017—2020年风电新增建设规模方案》,提出2017年新增建设规模30.65GW。同时,在国家能源局下发的《2017—2020年风电新增建设规模方案》中,除2017年新增建设规模30.65GW外,2018—2020年新增建设规模分别为28.84GW、26.6GW和

24.31GW,合计新增风电装机 79.75GW,保障风电装机规模。

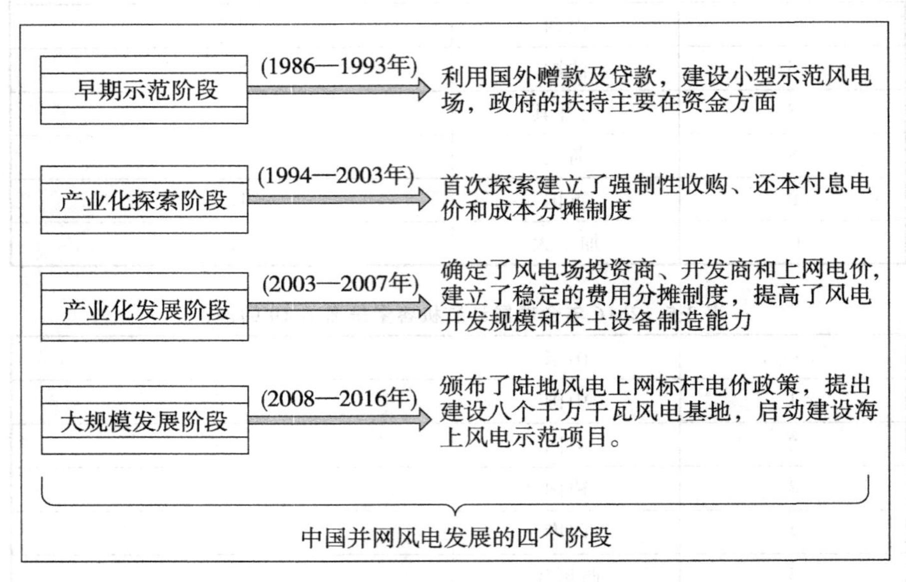

图 3-29 中国并网风电的发展阶段

3. 中国风力发电技术显著提高

在市场需求和竞争的推动下,中国风电设备制造业技术升级和国际化进程加快。短短数年间,已有四家整机制造企业跻身全球装机量排名前十。

4. 中国风电产业能力逐步加强

中国风电场开发已从小规模陆上风电场走向多种复杂环境的陆上和海上风电场。我国海上风能资源丰富,加快海上风电项目建设,对于促进沿海地区治理大气雾霾、调整能源结构和转变经济发展方式具有重要意义。

截至 2015 年 7 月底,纳入海上风电开发建设方案的项目已建成投产 2 个,装机容量 61MW,核准在建项目 9 个,装机容量 1702MW,核准待建 6 个,装机容量 1540MW,其余项目正在开展前期工作。

2016 年,中国海上风电新增装机 154 台,容量达到 59 万 kW,同比增长 64%,累计装机量达到 163 万 kW。

截至 2016 年底,海上风电机组供应商共 10 家,其中,累计装机容量达到 15 万 kW 以上的机组制造商有 4 家。在机组大型化的同时,包括海上风电安装船、海上升压站等配套设施不断完善,为海上风电的发展提供了支撑。根据测算,在 0.85 元/kW·h 的电价下,开发商是可以实现 10%的资本金收益率的，同时随着成本的不断下降，收益率依然有提升的空间。

3.5.3 风力发电前景展望

风力发电技术是目前可再生能源利用中技术最成熟的、最具商业化发展前景的利用方式，也是21世纪最具规模开发前景的新能源之一。合理利用风能，既可减少环境污染，又可减轻目前越来越大的能源短缺给人类带来的压力。

未来风力发电技术将向着以下几个方向发展。

①单机容量增大。主流的新增风力机的单机容量将从750kW～1.5MW，甚至向更大的容量发展。目前世界上单机容量最大的风力机为5MW风力发电机，海上风力发电的6MW风电机组也已研制成功。

②风电场规模增大。将从10MW级向100MW、1000MW级发展。

③从陆地向海上发展。

④生产制造成本进一步降低。

3.5.4 风力发电技术的发展方向

随着科技的不断进步和世界各国能源政策的倾斜，风力发电发展迅速，展现出广阔的前景，未来数年世界风电技术发展的趋势主要表现在如下几个方面。

1. 风力发电机组向大型化发展

21世纪以前，国际风力发电市场上主流机型从50kW增加到1500kW。进入21世纪后，随着技术的日趋成熟，风力发电机组不断向大型化发展。目前风力发电机组的规模一直在不断扩大，国际上单机容量1～3MW的风力发电机组已成为国际主流风电机组，5MW风电机组已投入试运行。大型风力发电机组有陆地和海上两种发展模式。随着陆地风电场利用空间越来越小，海上风电场在未来风能开发中将占据越来越重要的份额。

2. 风电机桨叶长度可变

随着风轮直径的增加，风力机可以捕捉更多的风能。直径为40m的风轮适用于500kW的风力机，而直径为80m的风轮则可用于2.5MW的风力机。长度超过80m的叶片已经成功运行，叶片长度增加，风力机可捕捉的风能就会显著增加。和叶片长度一样，叶片设计对提高风能利用也有着重要的作用。目前丹麦、美国、德国等风电技术发达的国家的知名风电制造企业正在利用先进的设备和技术条件致力于研究长度可变的叶片技术。这项技术可以根据风况调整叶片的长度。当风速较低时，叶片会完全伸展，以最大限度地产生电力，随着风速增大，输出电力会逐步增至风力机的额定功率，一旦风速超过这一峰点，叶片就会回缩以限制输电量，如果风速继续增大，叶片长度会继续缩小至最短。风速自高向低变化时，叶片长度也会作相应调整。

3. 风力发电从陆地向海面拓展

随着风力发电的发展，陆地上的风机总数已经趋于饱和，海上风力发电场将成为未来发展的重点。由于近海风电场的前期资金投入和运行维护费用都比较高，所以经济的大型风电场的大型风力机变得切实可行。为了在海上风场安装更大机组，许多大型风力机制造商正在开发 3～5MW 的机组，多兆瓦级风力发电机组在近海风力发电场的商业化运行是国内外风能利用的新趋势。目前德国正在建设的北海近海风电场，总功率在 100 万 kW，单机功率为 5MW，是目前世界上最大的风力发电机，该风电场生产出来的电量之大，可与常规电厂相媲美。

4. 采用新型塔架结构

目前，美国的几家公司正在以不同方法设计新型塔架。采用新型塔架结构有助于提高风力机的经济可行性。Valmount 工业公司提出了一个完全不同的塔架概念，发明了由两条斜支架支撑的非锥形主轴。这种设计比钢制结构坚固 12 倍，能够从整体上降低结构中无支撑部分的成本，是传统筒式风力机结构成本的一半。这种塔架用一个活动提升平台，可以将叶轮等部件提升到塔架顶部。这种塔架具有占地面积少和自安装的特点，由于其成本低且无须大型起重机，因而拓宽了风能利用的可用场址。

第4章　生物质能发电技术

生物质能是太阳能在地球上的另一种存储形式。生物质能是最有可能成为21世纪主要能源的新能源之一。据估计,植物每年储存的能量约相当于世界主要燃料消耗的10倍,而作为能源的利用量还不到其总量的1%。

4.1　生物质与生物质能

4.1.1　生物质的定义及组成

1. 生物质的定义

太阳能照射到地球后,一部分太阳能转化成热能被人类利用,一部分被植物吸收,转化成生物质能。由于转化的热能不容易收集,所以能被人类利用的能量很少,其他大部分存在于大气和地球中的其他物质中;生物质作为太阳能最主要的吸收器和存储器,将太阳能收集起来,储存在有机物中。基于这一独特的形成过程,生物质能既不同于常规的矿物能源,又有别于其他新能源,兼有两者的特点和优势,是人类最主要的可再生能源之一。生物质的光合作用原理如图4-1所示。

生物质一般指任何形式(除化石燃料及其衍生物)的有机物质,包括所有的动物、植物和微生物,以及由这些生命体所派生、排泄和代谢出来的各种有机物质,如农林作物及其残体、水生植物、人畜粪便、城市生活和工业有机废弃物等。

2. 生物质的组成

生物质的元素组成通常仅指其有机质的元素组成,掌握生物质的元素组成对研究其燃烧和热解都具有十分重要的意义。一般认为，植物生物质主要由碳、氢、氧、氮、硫五种元素组成，其中木材主要由碳、氢、氧、氮四种元素组成，它们的含量约为：碳49.5%、氢6.5%、氧43%、氮1%；秸秆主要由碳、氢、氧、氮、硫五种元素组成，它们的含量约为：碳40%～46%、氢5%～6%、氧43%～50%、氮0.6%～1.1%、硫0.1%～0.2%。还有一些数量很少的元素如磷、钾等，一般不列入元素组成之内。

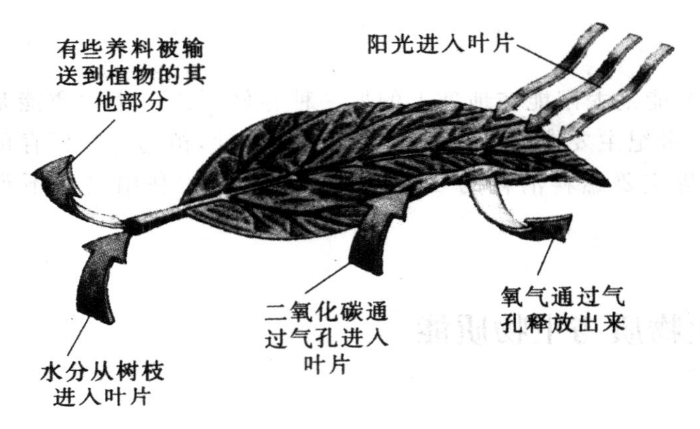

图4-1　生物质的光合作用原理

4.1.2　生物质的来源

地球上的生物质资源不仅数量庞大，而且种类繁多。

1. 农林作物形成的生物质

(1)农林作业和加工的废弃物

农业和林业生产中，每年都会产生大量的植物残体和加工废弃物。收割农作物时残留在农田内的秸秆(如玉米秸、高粱秸、麦秸、豆秸、稻草和棉秆等)，以及农产品加工过程中剩余的残渣和谷壳等，都是很常见的生物质来源。

如在温带地区非常普遍的小麦和玉米等农作物，每年可以产生十几亿吨的废弃物。热带最主要的农作物是甘蔗和水稻，它们的产能量和小麦、玉米大体相当。甘蔗渣(甘蔗加工后剩余的纤维素)常可作为燃料，为蔗糖厂提供动力，还可以发电或制取酒精。稻壳在我国和印度尼西亚等地也都有成功的应用。表4-1为几种主要农作物秸秆的发热量。

表 4-1　几种主要农作物秸秆的发热量(kJ/kg)

秸秆种类	麦类	稻类	玉米	大豆	薯类	杂粮类	油料	棉花
发热量	14650	12560	15490	15900	14230	14230	15490	15900

森林作业和林业加工提供的生物质也很多,包括残枝、树叶等森林天然废弃物(图 4-2),砍伐、运输和加工过程中的枝丫、锯末、木屑和截头等森林工业废弃物,以及林业副产品的果核、果壳等。许多国家都开始利用这些林业废弃物。

图 4-2　森林中的残枝和落叶

有关资料表明,目前我国就木本油料和淀粉植物而言,木本油料植物有 151 科 697 属 1554 种,其中种子含油量在 40%以上的植物有 154 种。现具有良好的资源和技术基础并可规模化培育的燃料油木本植物约有 10 种,如黄连木、麻疯树、光皮树、文冠果、油桐、乌桕等。我国木本油料树种总面积超过 400 万 hm^2,果实产量在 500 万 t 以上,木本淀粉植物有 100 多种,现有面积约 1000 万 hm^2,按每公顷生产 750kg 淀粉计算,总计年产淀粉 750 万 t,可生产 380 万 t 燃料乙醇。

(2)专门培植的农林作物

除了利用农林作物的残余物以外,为了集中地获取大量生物质,很多国家还专门培植经济价值较高的特种树木或农作物。

用作生物质能源的常见林业作物,包括白杨、悬铃木、赤杨等薪炭林树种(图 4-3),桉树、橡胶树、蓝珊瑚、绿玉树等能源作物,以及葡萄牙草、苜蓿等草本植物。种植树木型能源作物都是尽量选择退化荒废的土地。据报道,国外每公顷林地每年可收获 30t 以上的能源作物。

图 4-3 薪炭林

常用作生物质资源的农作物，如可制造酒精的甜高粱、玉米、甘薯、木薯、芭蕉芋，能产生糖类的甘蔗、甜菜，以及向日葵、油菜、黄豆等油料作物。

此外，地球上广泛分布的海洋和湖泊，也提供了大量的生物质。例如，海洋生的马尾藻、巨藻、石莼、海带等，淡水生的布带草、浮萍等，微藻类的螺旋藻、小球藻、蓝藻、绿藻等。

2. 城市垃圾

城市垃圾成分比较复杂，主要包括居民生活垃圾，办公、服务业垃圾，少量建筑业垃圾和工业有机废弃物等。在有些工业发达国家，平均每个家庭每年产生 1t 以上的垃圾，含热量约有 90 亿 J。

3. 有机废水

有机废水包括工业有机废水和生活污水，其中往往也含有丰富的有机物。

工业有机废水主要是酒精和酿酒、制糖、食品、制药、造纸及屠宰等行业生产过程中排出的废水。

生活污水主要由城镇居民生活、商业和服务业的各种排水组成，如冷却水、洗浴排水、盥洗排水、洗衣排水、厨房排水、粪便污水等。

4. 城市固体废物

城市固体废物主要是由城镇居民生活垃圾，商业、服务业垃圾和少量建筑业垃圾等固体废物构成，随着我国城镇化进程的加快和城市人口数量的增加，我国城市固体废物逐年增加。中国大城市的垃圾构成已呈现向现代化城市过渡的趋势，主要表现为以下特点：

①城市固体垃圾中的有机物含量接近三分之一甚至更高。

②有机物中食品类废弃物居多。

③其中易降解有机物的含量较高。

城市固体垃圾数量的增加，使得固体垃圾的降解和清理成了急需解决的现实问题。目前，除了部分厨房垃圾用于地沟油的提炼外，垃圾处理方式主要有卫生填埋、堆肥、焚烧。

5. 动物粪便

动物粪便是从粮食、农作物秸秆、牧草等植物体转化而来的，数量也很大，我国动物粪便产生的主要来源是大牲畜和大型禽养殖场，其中集约化养殖所产生的畜禽粪便就有4亿t左右，主要分布在河南、山东、四川、河北、湖南等养殖业和畜牧业较为发达的地区，五省共占全国总量的40%左右。从构成上看，牛粪和主要来自于养殖场的猪粪各占全部畜禽粪便总量的1/3左右。

动物粪便发酵所释放的气体也是温室气体的主要来源之一。如果不能很好地处理这些排泄物，还会对水体造成污染。动物粪便的最重要的应用方式就是发酵产生沼气，在获取能量的同时，还可以解决环境污染问题。

总体上看，禽畜粪便大多用于还田作有机肥，用于能源（主要是沼气）的量并不太多。

随着科学技术的进步，传统上视为无用的垃圾弃物被开发为生物质新能源。就最近几年数据统计可以看出，我国的这种新能源比较丰富，尤其是城市垃圾和废水，其次是农业生物质和禽畜粪类，最后是林木生物质。由此可以说明，现阶段应该更加注重垃圾和废水此类生物质能源的利用，大力研发相关新技术，充分利用该类生物质能源。

4.1.3 生物质能及其特点

生物质能是地球上最古老的能源，也有可能成为未来最有希望的“绿色能源”。在当今世界能源消费结构中，生物质能所占的比例为14%左右，是仅次于煤炭、石油和天然气的“第四能源”。全世界人口中，约有25亿人的生活能源有90%以上是生物质能。事实上，目前被人类利用的生物能源还不到2%，而且利用效率也不高。尽管如此，生物质能在全球整个能源系统中仍然占有重要地位。作为热能的来源，生物质长期以来为人类提供了最基本的燃料。在不发达地区，生物质能在能源结构中占的比例较高，如我国生物质能约占总能耗的30％，而在非洲有些国家甚至高达60％以上。

地球上每年通过光合作用储存在植物的枝、茎、叶中的太阳能，能量达3×10^{21}J，每年生成的生物质总量达1400亿～1800亿t(干重)，所蕴含的生物质能相当于目前世界耗能总量的10倍左右。

生物质遍布世界各地，每个国家和地区都有某种形式的生物质。虽然生物质的密度和产量差异很大，但在很多国家和地区都受到了高度重视。

作为一种能源资源，生物质能具有以下特点：

(1)可循环再生

与传统的化石燃料相比，生物质能可以随着动植物的生长和繁衍而不断再生，而且生物质的数量巨大。只要有阳光照射，光合作用就不会停止。

(2)可存储和运输

与其他可再生能源相比，生物质能是唯一可以运输和储存的可再生能源，便于选择适当的时间和地点使用。

(3)资源分散，能量分散

自然存在的生物质，单位数量的含能量较低，需要大量的收集；种类繁杂，有的生物质是多种成分的混合体，如城市垃圾和有机污水，使用时需要分类或过滤；分布广泛，各国都有相当数量的生物质资源，没有进口或外购的依赖性。

(4)燃烧过程对环境污染小

生物质中有害物质含量低，灰分、氮、硫等有害物质都远远低于矿物质能源。生物质含硫一般不高于0.2％，燃烧过程中放出CO_2又被等量的生物质吸收，因而是CO_2零排放能源。

(5)易燃烧

挥发性组分高、活性炭高，容易着火。燃烧后灰渣少且不易黏结。

(6)大多来自废物

除了专门种植的能源作物以外，大多数生物质都是废弃之物，有的甚至会造成严重的环境污染(如污水和垃圾)。生物质能的利用，正是将这些废弃物变为有用之物。

4.1.4 生物质能资源的分布

中国生物质资源蕴藏量随地理分布而不同，决定其地理分布格局的主要因素是其所处的自然生态地带和区域气候条件。中国生物质能资源量的地区分布见表4-2，其中西南、东北及河南、山东等地是我国生物质能的主要分布区。

表 4-2 中国生物质能资源量的地区分布①

生物质能种类	排序	范围/10^4 t	包括省(市、区)
秸秆	前五位	>4500	河南、山东、黑龙江、吉林、四川
	后五位	<240	天津、青海、西藏、上海、北京
畜粪	前五位	>21500	河南、山东、四川、河北、湖南
	后五位	<3000	海南、宁夏、北京、天津、上海
林木	前五位	>21000	西藏、四川、云南、黑龙江、内蒙古
	后五位	<60	江苏、宁夏、重庆、天津、上海
垃圾	前五位	>800	广东、山东、黑龙江、湖北、江苏
	后五位	<181	天津、宁夏、海南、青海、西藏
废水	前五位	>250000	广东、江苏、浙江、山东、河南
	后五位	<45000	甘肃、海南、宁夏、青海、西藏

4.1.5 生物质能利用概述

1. 生物质能利用的历史

生物质资源是人类认识和利用最早、应用方式最直接的能源，一直是人类赖以生存的重要能源。

自原始农业社会(大约始于一万年以前)以来，秸秆和薪柴一直作为主要的燃料，这就是传统生物质能，有时统称为薪炭。直到1860年，薪炭在世界能源消耗中还占据首位，其比例高达73.8%。

18世纪60年代的工业革命，使世界能源结构发生重大转变。传统的生物质能利用方式，不仅热效率低而且劳动强度大。随着化石燃料的大量开发利用，薪炭能源的比例逐渐下降。例如，在1910年世界能源消费构成中，薪炭比例下降为31.7%。煤炭和石油相继占据世界能源结构的重要位置。

目前，在发展中国家的广大农村地区，薪炭仍然是人们日常使用的主要能源。国外的生物质能技术和装置多已实现了规模化产业经营。例如，美国、瑞典和奥地利在生物质转化为高品位能源利用方面都已具有相当可观的规模，分别占该国一次能源消耗量的4%、16%和10%。

① 莫松平，陈颖．新能源技术现状与应用前景[M].广州：广东经济出版社，2015.

2. 生物质能转化利用方式

生物质能的利用，主要是将生物质转换为可直接利用的热能、电能和可储存的燃料(常规的固态、液态和气态燃料)等。

由于生物质的组成与常规的化石燃料大体相同，其利用方式也与化石燃料类似。

生物质能的利用转化方式主要有三种：物理化学法、热化学法、生物化学法(图4-4)。

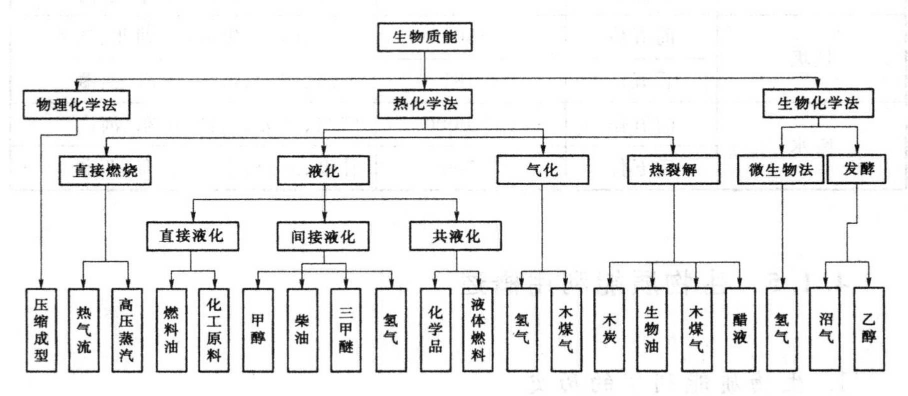

图4-4 生物质的转化技术

(1)物理化学法

物理化学法是指通过压缩成型将生物质进行利用的转换技术。

(2)热化学法

热化学法是指在高温下将生物质转化为其他形式能量的转化技术。主要包括四种方式：直接燃烧、汽化、热裂解和液化法。

①直接燃烧。

直接燃烧是将生物质完全燃烧，燃烧过程中产生的能量可用来产生电能或者供热。

②汽化。

生物质汽化是指在介质氧气、空气或者蒸汽等参与的情况下对生物质进行部分氧化而转化为气体燃料的过程，通过汽化，原先的固体生物质能被转化为更便于使用的气体燃料，可用来供热或者直接给燃气机以产生电能，其能量转化率比固态生物质的直接燃烧要高。

③热裂解。

热裂解是指在没有气体介质的条件下，将生物质中的有机质进行热分解而转化为高能量密度的气体、固体和液体产物的过程。

④液化。

液化的目的在于将生物质转化为高热值的液体产物，生物质液化的实质是将固态大分子有机聚合物转化为小分子有机物质。

4.2　生物质能发电原理

生物质能发电技术是目前生物质能利用中最成熟有效的途径之一。

生物质能发电是利用生物质直接燃烧或生物质转化为某种燃料后燃烧所产生的热量来发电的技术。

生物质能发电的流程，大致分为两个阶段：先把各种可利用的生物原料收集起来，通过一定程序的加工处理，转变为可以高效燃烧的燃料；然后把燃料送入锅炉中燃烧，产生高温高压蒸汽，驱动汽轮发电机组发电。

生物质能发电的发电环节与常规火力发电是一样的，所用的设备也没有本质区别。

生物质能发电的特殊性在于燃料的准备，因为松散、潮湿的生物质不便于作为燃料使用，而且往往热转换效率也不高，一般要对生物质进行一定的预处理，如烘干、压缩、成型等。对于不采用直接燃烧方式的生物质能发电系统，还需要通过特殊的工艺流程，实现生物质原料到气态或液态燃料的转换。

完整的生物质能发电技术主要涉及生物质原料的收集、打包、运输、储存、预处理、燃料制备、燃烧过程的控制、灰渣利用等诸多环节。

利用生物质能发电的同时，还常常可以实现资源的综合利用。例如，生物质燃烧所释放的热量除了送入锅炉产生驱动汽轮机工作的蒸汽外，还可以直接供给人们用于取暖、做饭，生物质原料燃烧后的灰渣还可以作为农田优质肥料等。

4.3　生物质能的转化与发电技术

4.3.1　生物质能转化技术

生物质转化技术多种多样，但它都有不同的主要目标并在某些特殊需要时使用，在分析采用这些技术时，要根据所利用生物质的特点和用户的要求来进行不同的选择。生物质转化技术可分为四大类，各类技术又包含了不同的子技术，各种技术的分类和子技术如图 4-5 所示。

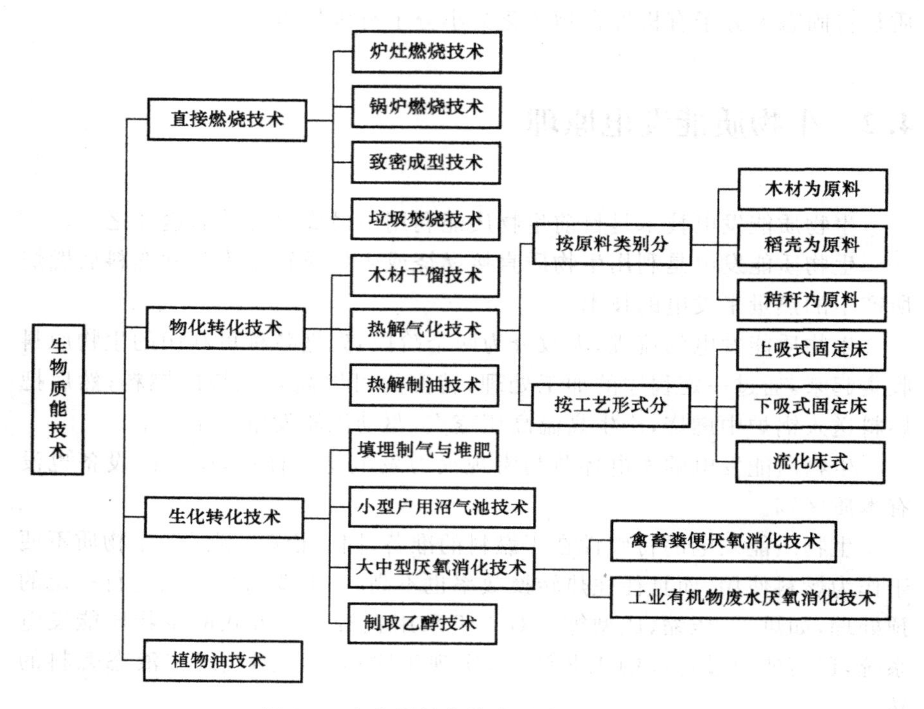

图 4-5　生物质转化技术分类和子技术

1. 直接燃烧技术

生物质直接燃烧技术是生物质能源转化中相当古老的技术，人类对能源的最初利用就是从木柴燃烧开始的。从能量转换观点来看，生物质直接燃烧技术就是通过燃烧将化学能转化为热能并加以利用的技术，是最普通生物质能转换技术。

(1)生物质燃料特性

研究生物质燃料的组成成分，掌握其燃烧特性，有利于进一步科学、合理地开发利用生物质能。从对生物质燃料特性的研究中可以发现，生物质燃料与化石燃料相比存在明显的差异，如生物质燃料与煤的燃料特性见表 4-3。

表 4-3　生物质燃料与煤的燃料特性①

燃料种类	工业分析成分/%				元素组成/%					低位发热量
	W^f	A^f	V^f	C^f_{gd}	H^f	C^f	S^f	N^f	K_2O^f	$Q_{net,ar}$ (kJ/kg)
豆秸	5.10	3.13	74.65	17.12	5.81	44.79	0.11	5.85	16.33	1616
稻草	4.97	13.86	65.11	16.06	5.06	38.32	0.11	0.63	11.28	1398
玉米秸	4.87	5.93	71.45	17.75	5.45	42.17	0.12	0.74	13.80	1555
麦秸	4.39	8.90	67.36	19.35	5.31	41.28	0.18	0.65	20.40	1537
牛粪	6.46	32.40	48.72	12.52	5.46	32.07	0.22	1.41	3.84	1163
烟煤	8.85	21.37	38.48	31.30	3.81	57.42	0.46	0.93		2430
无烟煤	8.00	19.02	7.85	65.13	2.64	65.65	0.51	0.99		2443

由表 4-3 可知，生物质燃料与煤相比具有下列特点：

①含碳量较少，含固定碳少，发热量低。

②含氧量多，含水量多。

③挥发分含量多。

④密度小。

⑤含硫量低。

(2)生物质直接燃烧技术的特点

生物质直接燃烧具有以下特点：

①生物质直接燃烧可以看作是 CO_2 的零排放过程，因为生物质燃烧所放出的 CO_2 与其通过光合作用吸收的 CO_2 相等。

②生物质燃烧产物用途广泛，燃烧后的灰渣可以进行二次利用。

③生物质燃料可与矿物质燃料混合燃烧，减少了 SO_x、NO_x 等有害气体的排放，提高了燃烧效率。

④生物质燃烧技术具有良好的经济性和开发潜力，生物质资源丰富，利用生物质燃烧设备可以实现各种生物质资源的最大化转化和利用，且成本较低。

生物质燃料的燃烧过程是强烈的化学反应过程，也是燃料和空气之间的传热、传质过程。燃烧除了需要燃料以外，还必须要有足够的热量供给和适当的空气供应，燃烧的过程可分为四个阶段：

① 杨圣春，李庆．新能源与可再生能源利用技术[M]．北京：中国电力出版社，2016.

①预热干燥。

②干燥阶段。

③挥发分的析出、燃烧与焦炭形成(干馏,释放热,占70%)。

④残余焦炭燃烧。

生物质燃料的燃烧过程如图4-6所示。

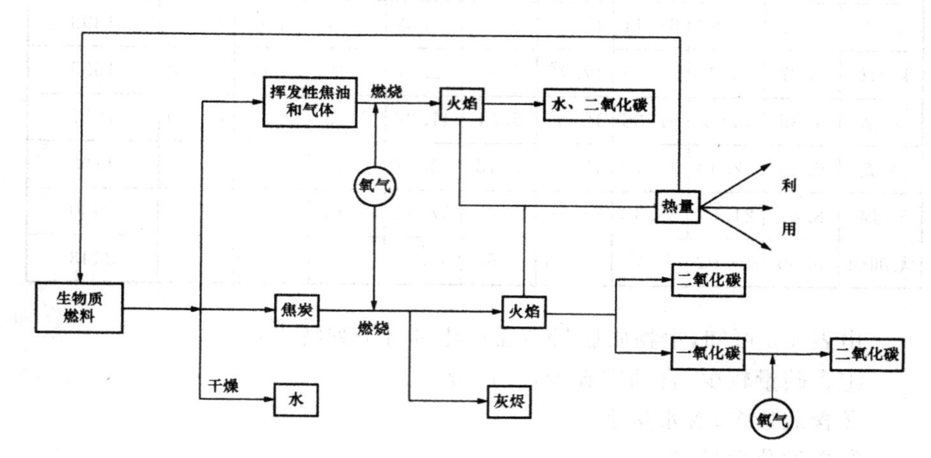

图4-6 生物质燃料的燃烧过程示意图

(3)生物质直接燃烧技术

直接燃烧大致可分为炉灶燃烧、锅炉燃烧、垃圾焚烧和固型燃料燃烧四种情况。

①炉灶燃烧。

炉灶燃烧是最原始的能量转化方式,此方法的缺点是能量利用率较低。

②锅炉燃烧。

锅炉燃烧是现代化锅炉技术,适用于大规模利用生物质,此方法的优点是效率相对较高,并可进行工业化生产;缺点是投资高,不适用于小规模能量转化。

③垃圾焚烧。

垃圾焚烧也是采用锅炉技术处理垃圾,但由于垃圾的发热量低,腐蚀性强,所以它的相关技术要求更高,投资更大。

④固型燃料燃烧。

固型燃料燃烧是把生物质固化成型,然后再采用传统的燃烧技术进行燃烧,此方法的主要优点是对燃烧设备的要求不高,缺点是运行成本较高,可以应用于家庭取暖、饭店烧烤等。直接燃烧技术中,目前重点关注的是生物质成型技术。

煤炭、石油价格持续上涨，使生物质成型技术有可能成为在燃煤锅炉和民用燃料方面替代煤炭的最简单直接的方式。这类技术的重点是开发生物质收获、储存和运输技术，降低生物质传输过程中的能耗，减少转运成本，提高生物质能利用效率。

2. 物化转换技术

物化转换技术包括以下三方面，一是干馏技术；二是汽化制生物质燃气；三是热解制生物质油。

(1)干馏技术

干馏技术可以生产炭和多种化工产品，它的优点是将能量密度低的生物质转化为能量较高的固定炭，生成的化工产品可以用于不同用途。缺点是此技术利用率较低，适用性较小。

(2)汽化制生物质燃气技术

生物质热解汽化技术是生物质转化为可燃气的技术，它的优点是将利用效率低的生物质转化成利用效率高的可燃气，可燃气用途广泛，既可用于家庭日用，也可直接发电。缺点是生成的燃气不便于储存和运输。

(3)热解制生物质油技术

热解制生物质油是通过热化学方法把生物质转化为液体燃料的技术，它的优点是可以将生物质制成油品燃料，用途更加广泛。缺点是技术复杂，成本较高。

3. 生化转换技术

生化转换技术主要是以厌氧消化和特种酶技术为主。目前比较有发展前景的是用木质素生物质制取燃料乙醇。该技术属第二代生物燃料技术，目标是开发木质纤维素生物质，生产便宜的能够用于制造燃料、化学制品和材料的糖，关键问题是如何降低酶的成本，基本路线是将木质素和半木质素通过酶转换成糖，然后发酵成乙醇。

4. 生物质燃料油转换技术

能源植物主要分为富含高糖、高淀粉两种，如木薯、甘蔗、玉米、高粱和甘薯等，利用这些植物采用生物技术转换所得到的最终产品是乙醇；富含类似石油成分的能源植物，可直接产生接近石油成分的植物，如麻疯树、油楠、续随子和绿玉树等。

4.3.2 生物质能发电技术

1. 生物质直接燃烧发电技术

(1)生物质直接燃烧发电原理

生物质直接燃烧发电的原理为：把生物质原料送入适合生物质燃烧的特定锅炉中直接燃烧，产生蒸汽，驱动蒸汽轮机，带动发电机发电。生物质燃烧发电的关键技术包括原料预处理技术、蒸汽锅炉的多种原料适用性、蒸汽锅炉的高效燃烧和蒸汽轮机的效率。

(2)生物质直接燃烧发电工艺流程

下面以秸秆锅炉为例介绍生物质直接燃烧发电的过程。

秸秆直接燃烧发电的工艺流程如下：

①秸秆的处理、输送和燃烧。

图 4-7 所示是以秸秆直接燃烧发电为例介绍生物质直接燃烧发电工艺流程。

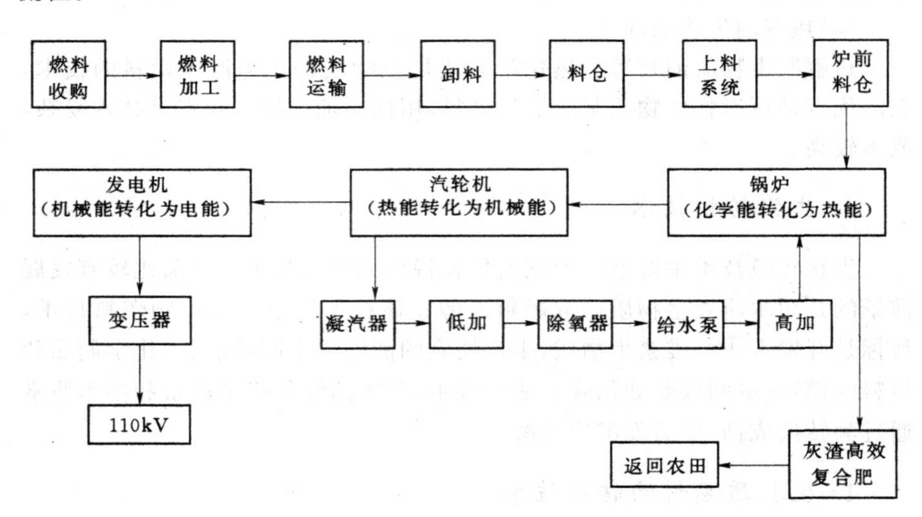

图 4-7 生物质直接燃烧发电工艺流程图

②锅炉系统。

锅炉采用自然循环的汽包锅炉，过热器分两级布置在烟道中，烟道尾部布置省煤器和空气预热器。

③汽轮机系统。

凝汽器的作用就是把汽轮机排出的蒸汽凝结成水，与真空抽气装置一起维持汽轮机排汽缸和凝汽器内的真空，并把凝结水回收作为锅炉的补给水。按冷却方式分类，凝汽器可以分为两大类，即水冷式凝汽器和空冷式凝汽器。空冷式凝汽器又可分为间接空冷式凝汽器和直接空冷式凝汽器。

直接空冷凝汽器系统的优势为：

a. 可以大量节水。采用直接空冷凝汽器系统的机组比水冷凝汽器发电机组节水约90%。

b. 通过优化设计，减少了空冷系统占地面积。

c. 由于省去了中间介质和二次换热，所以换热方式更简单，换热效率更高。

d. 运行方式方便可靠。

④副产物。

秸秆通常含有3%～5%的灰分，这种灰以锅炉飞灰和灰渣/炉底灰的形式被收集，这种灰分含有丰富的营养成分（如钾、镁、磷和钙等），可用作高效农业肥料。

影响生物质直接燃烧发电效率的关键因素是生物质燃烧效率的高低，而燃烧设备是影响生物质直接燃烧效率的关键因素。

2. 生物质汽化发电技术

生物质汽化发电技术的基本原理是把生物质转化为可燃气，再利用可燃气推动燃气发电设备进行发电。它一定程度解决了生物质难以燃烧而且分布分散的缺点，可以充分发挥燃气发电技术设备紧凑而污染小的优点，所以是生物质能有效和洁净的利用方法之一。

生物质汽化发电工艺流程如图4-8所示。

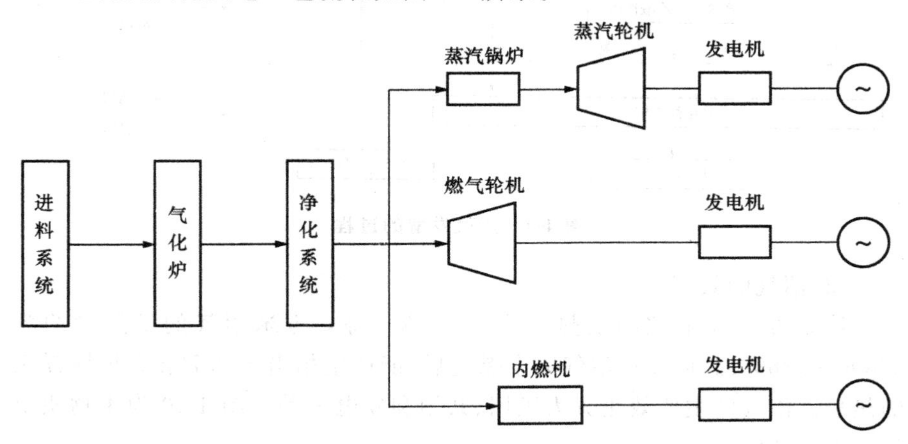

图4-8　生物质汽化发电工艺流程图

生物质汽化发电技术是生物质利用中有别于其他可再生能源的独特方式，具有以下三个特点。

①技术有充分的灵活性。

②具有较好的洁净性。

③经济性。

3. 沼气发电技术

(1)沼气发酵过程原理

沼气发酵过程比较复杂，一般参与沼气发酵的微生物分为三类：发酵细菌、产氢产乙酸菌、产甲烷菌，相应根据三类微生物的不同作用将沼气发酵的生化过程分为三个阶段：第一阶段是水解阶段；第二阶段是产酸阶段；第三阶段是产甲烷阶段。

事实上，在发酵过程中，上述三个阶段的界限和参与作用的沼气微生物都不是截然分开的，尤其是水解和产酸两个阶段，许多参与水解的微生物也会参与产酸过程，所以有的学者把沼气发酵基本过程分为产酸(含水解阶段)和产甲烷两个阶段。

沼气发酵的过程如图 4-9 所示。

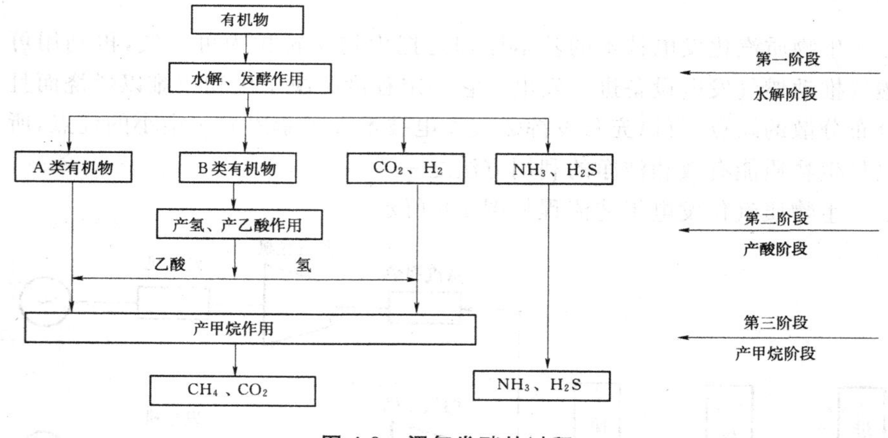

图 4-9　沼气发酵的过程

(2)沼气的效用

每立方米纯甲烷的发热量为 34000kJ，每立方米沼气的发热量约为 20800～23600kJ，即 $1m^3$ 沼气完全燃烧后，能产生相当于 0.7kg 无烟煤提供的热量。沼气的主要效用分为民用、共用和发电三种。图 4-10 为生物质沼气发电示意图。

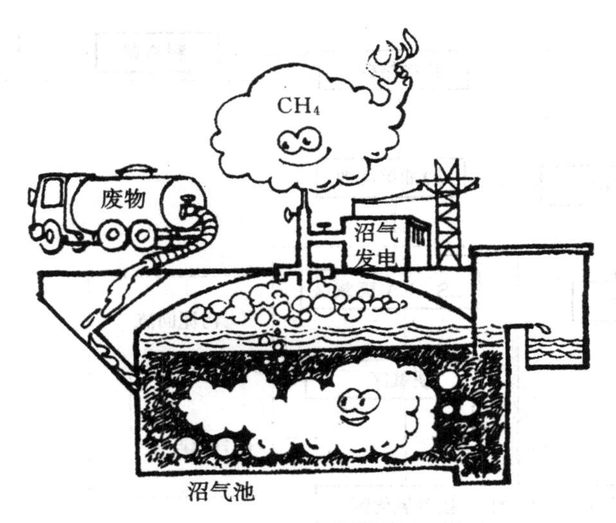

图 4-10　生物质沼气发电示意图

(3)沼气工程工艺流程

①沼气发酵基本工艺流程。

沼气发酵基本工艺流程如图 4-11 所示。

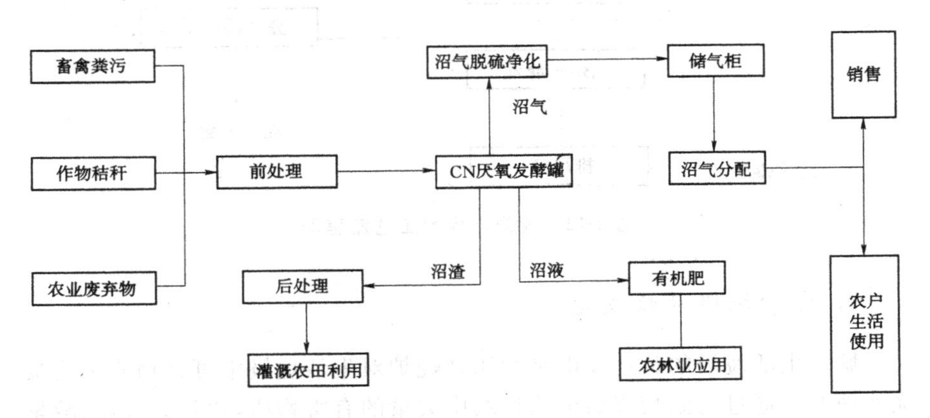

图 4-11　沼气发酵基本工艺流程图

②能源环保型工艺流程。

这种工艺流程的特点是畜禽场的畜禽污水处理后直接排入自然水体或以回收利用为最终目的。能源环保型工艺流程如图 4-12 所示。

③能源生态型工艺流程。

这种工艺流程的特点是畜禽场污水经厌氧无害化处理后不直接排入自然水体,而作为农作物有机肥料,能源生态型工艺流程如图 4-13 所示。

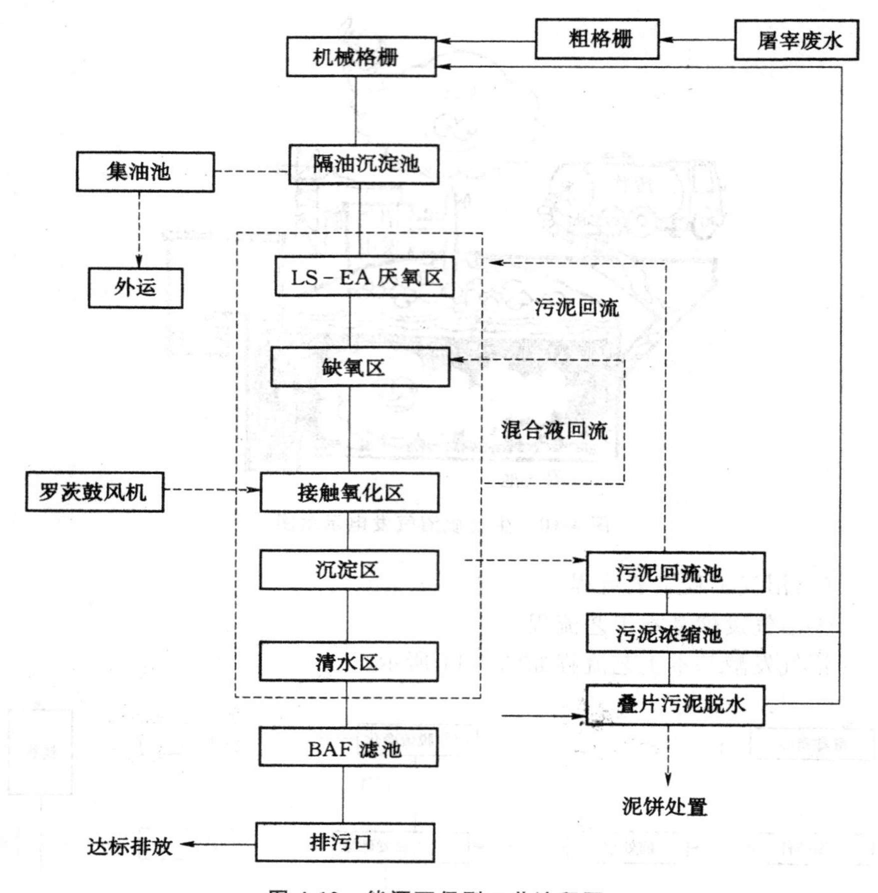

图 4-12 能源环保型工艺流程图

4. 生活垃圾焚烧发电

城市生活垃圾的焚烧发电是利用焚烧炉对生活垃圾中可燃物质进行焚烧处理的。通过高温焚烧后消除垃圾中大量的有害物质，达到无害化、减量化的目的，同时，利用回收到的热能进行供热、供电，达到资源化。垃圾焚烧发电可以减少垃圾量80%左右，解决对土地占用问题，并且对处理垃圾中的细菌、病毒而言，比其他处理方式更彻底，对周边环境造成二次污染的概率很小。目前，关注的问题是垃圾焚烧产生的有害气体和剧毒致癌物问题。处理二噁英的方法主要是捕集和分解技术。捕集技术主要有电集尘器、袋式除尘器和活性炭吸附法。分解技术有焚烧法、热分解法、化学分解法、臭氧分解法、超临界水分解法、生物分解法和催化氧化分解法等。

生活垃圾焚烧发电的典型工艺流程如图 4-14 所示。

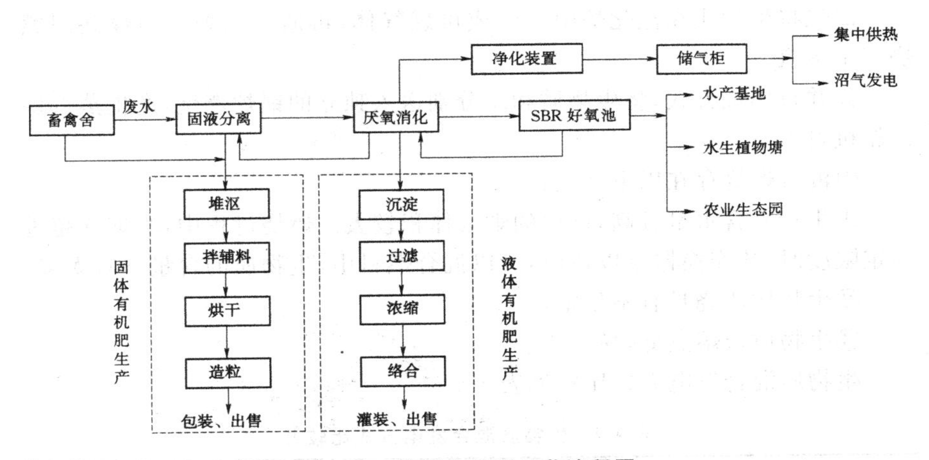

图4-13　能源生态型工艺流程图

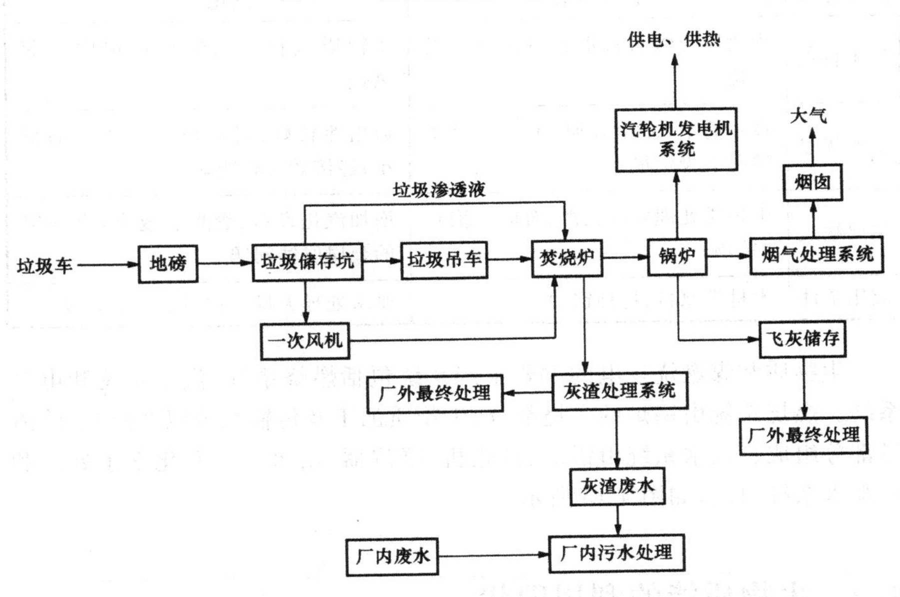

图4-14　生活垃圾焚烧发电主要工艺流程

5. 生物质混合燃烧发电技术

生物质混合燃烧发电是指将生物质原料和煤混合在一起，在燃煤厂中进行发电。

混合燃烧主要有以下三种方式：

①煤在锅炉中燃烧时加入生物质原料，使两种原料共同燃烧放出蒸汽，带动蒸汽轮机发电。

②先将生物质在汽化炉中汽化成可燃气体,再通入锅炉中与煤共同燃烧产生蒸汽。

③并行燃烧方式,将生物质和煤分别送入独立的锅炉燃烧,产生蒸汽供汽轮机发电。

但混合燃烧存在以下问题:

①生物质含水量较高,产生的烟气体积较大。燃烧过程中,当烟气超过一定限度时,热交换器难以适应,所以混合燃料中,生物质的含量不宜太多。

②生物质燃烧具有不稳定性。

③生物质灰熔点低,易结渣。

生物质混合发电方式比较见表 4-4。

表 4-4 生物质混合发电方式比较①

发电方式	直接混燃	汽化混燃
技术特点	生物质与煤直接混合后在锅炉里燃烧	生物质汽化后与煤在锅炉中一起燃烧
主要优点	技术简单、使用方便;不改造设备情况下投资最省	通用性较好、对原燃煤系统影响很小;经济效益较明显
主要缺点	生物质处理要求较严、对原系统有些影响	增加汽化设备、管理较复杂;有一定的金属腐蚀问题
应用条件	木材类原料、特种锅炉	要求处理大量生物质的发电系统

生物质和煤燃烧发电的主要生产系统包括燃烧系统、汽水系统和电气系统。燃烧系统由锅炉的燃烧部分、生物质加工及传输系统以及除灰、除渣等部分组成。汽水系统由锅炉、汽轮机、凝汽器、给水泵以及化学水处理和冷却水系统组成,如图 4-15 所示。

4.4 生物质能的利用现状

生物质是世界第四大能源,作为人类生活的主要能源,在人类历史上曾起过巨大的作用。自 20 世纪 90 年代开始,世界各国在积极减少能源消耗、发掘不可再生能源替代品的同时,把目光投向了可再生生物质能源,并纷纷制订国家战略和发展生物质新能源技术。

---

① 黄素逸,龙妍,林一歆. 新能源发电技术[M]. 北京:中国电力出版社,2017.

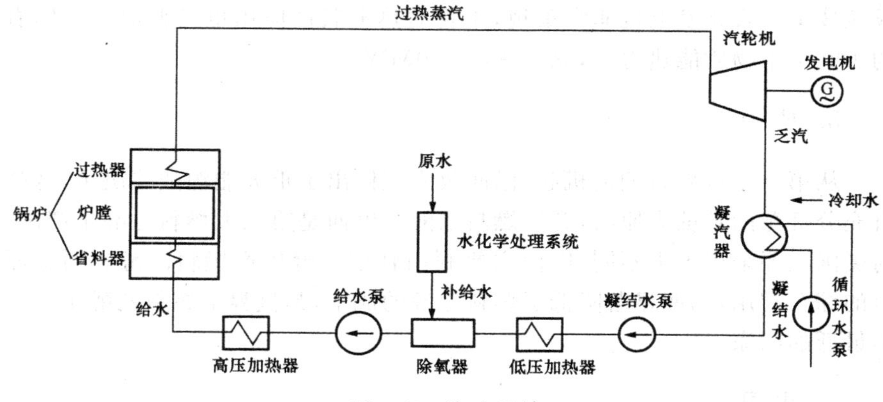

图 4-15　汽水系统

1. 美国

美国是目前世界上第一大能源生产国和消费国，美国能源部早在 1991 年就提出生物质发电计划。如今，在美国利用生物质发电已成为大量工业生产用电的选择，已被用于现存配电系统的基本发电量。

美国的可再生能源生产税为生物质发电提供了税收减免，同时，为地方性和农村地区建设的生物质发电提供税收优惠。美国计划 2020 年使生物质能源和生物质基产品较 2000 年增加 20 倍，达到能源总消费量的 25%，2050 年达到 50%，每年减少碳排放量 1 亿 t，增加农民收入 200 亿美元。

2. 欧盟

欧盟自 20 世纪 90 年代初开始，陆续出台了多项能源发展计划，将可再生能源研究列为欧盟第六框架计划中的一项重要内容。按照欧盟的要求，到 2020 年，生物质燃料在传统的燃料市场中占有 20%的比例。在欧盟，生物质颗粒成型技术和直燃发电技术应用已非常广泛。生物质能利用的第二大领域是利用生物质提取液体或气体燃料代替汽油或柴油。目前，欧盟现有生物燃料乙醇生产厂 58 家，此外，欧盟还从国外进口燃料乙醇。

在瑞典有生物颗粒加工工厂 10 多家，单个企业的年生产能力超过 20 万 t。生物质固体颗粒通过特殊运输工具定点供应发电和供热企业外，还通过袋装的方式销售给家庭作为生活用燃料。在生物质直燃发电技术方面，丹麦比较突出。芬兰的生物质发电也很成功，目前，生物质发电量占本国发电量的 11%。

德国政府近年来一直重视生物质能的开发和利用。德国对生物质固体颗粒技术和直燃发电也非常重视，生物质热电联产应用也很普遍。全国有约 100 个生物质能热力厂，总功率约 250MW。

3. 巴西

从第一次世界石油危机起，巴西政府就做出了重大能源战略决策，选择有充分资源的甘蔗为原料，开发燃料乙醇。巴西是第二大燃料乙醇生产国。与美国主要采用玉米不同，巴西主要利用甘蔗发酵生产燃料乙醇。通过原料的综合利用，巴西显著降低了燃料乙醇的成本，是世界上燃料乙醇生产成本最低的国家。

4. 中国

近年来，我国能源形势严峻，石油对外依存不断攀升，预计到 2020 年至少需要 4.5 亿 t 原油，而届时本土生产能将至多不超过 2 亿 t。我国有丰富的生物质资源，生物质能的利用方面也有了长远发展。我国陆续出台了相应的发展生物质能的配套设施，明确了可再生能源包括生物质能在现代能源中的地位，并在政策上给予优惠支持。我国已制订了《可再生能源中长期发展规划》，目标是到 2020 年，生物质发电达到 3000 万 kW，生物液体燃料达到 1000 万 t，沼气年利用量达到 440 亿 m^3，生物固体成型燃料达到 5000 万 t，生物质能源年利用量占到一次能源消费量的 4%。

4.5 生物质能发电的应用前景

4.5.1 局限性及分析

与其他形式的可再生能源相比，生物质资源的缺点，在于其存在较分散，不易收集，能源密度低；同时，由于生物质资源含水量大，大多是潮湿的，收集、干燥所需费用较高，从经济上不合算，限制了其开发利用。因此，现代生物质资源的开发受到必要投资额的制约，而必要投资额是各种条件的综合函数。

(1)地区不同，费用不同

作为可再生能源的生物质能是劳动密集型产品，这一点在发展中国家尤其明显。因此，随着投资的地区不同与产地的材料、劳动力之间经济性不同，费用会有很大差异。发达国家所需生物质能源主要用于发电、供热和运输，而发展中国家的主要需要是用于炊事和运输。用途不同，其投资数额也会明显不同，但发电的投资最大。

(2)发电设备使用目的不同

在中国，花不多的钱就可建起一个沼气池，专门用于提供能源。而在北欧，建设沼气池的目的是为环境保护考虑，沼气池所产生的能量只当作附带效益，它与其他控制污染方法相比比较经济。同样，对于城市固体废物的处理，在发达国家，社会上愿意支持焚烧这些废物所需的费用，同时回收一些能量；而发展中国家的主要取向是生物质能，由于具有充足的废物，可以很容易地从某一工业部门获得工业下脚料和城市垃圾。

(3)利用生物质能会对环境造成各种影响

生物质含有大量复杂的有机物，生物质在燃烧过程中会产生大量的固体、液体和气体废物。因此，生物质能生产过程也会产生大量的污染物，会将一种污染物转变成另一种完全不同的污染物。根据巴西实施乙醇计划和处理液体废物的经验，该问题是可以解决的。

伴随着生物质能的进一步发展，将会出现一些重要的环境问题和潜在的制约因素：

①需要保持生物的多样性。最明显的威胁是，不论是在热带还是在温带，原始森林已被单一的能源植物所取代，湿地也受到同样的威胁。如果通过间作套种、成林储植、生态恢复性的土地撂荒及其他可促进局部生物多样性发育的措施，那么，现代生物质便可以具有巨大的净化环境效益。为了制止以牺牲潜在的环境利益而无止境地提高产量和最大限度地获取利润，必须制定并有效地实施适当的环境生态准则。

②需要保持和进一步保护重要的天然景区、著名的自然风光、生态敏感区和重要地区的植物种类。

③需要机构与规章制度上的制约，进一步加强研究后的开发工作，促进研究人员、制造者和潜在用户之间的更好合作。例如，必须制定生物质开发利用的合理政策包括税收和补贴政策；能源价格必须反映出外部社会成本，例如空气污染影响和核泄漏危险等；公用电业部门保证购买过剩的电力；保证种植能源植物等。

4.5.2　发展前景分析

生物质能的开发利用得到迅速发展的条件，可从以下几个方面进行分析。

(1)成功的实例

在过去10年间美国利用生物质发电的能力从250MW扩大到9000MW,提高了36倍;巴西的乙醇产量在12年间扩大了20倍,仅在1983—1987年间就有90%以上的汽车利用乙醇燃料。这些例子说明,只要具有成功的经验,使用生物质能源从社会效益和经济上都有较大的优越性,就会逐渐得到社会和公众的承认。

(2)生物质能经济学方面的因素

制约生物质能发展的经济因素主要有:原料上的竞争,由于生物质原料在其他领域可能会创造出更高的价值,因而面临着与其他领域争夺原料的问题;外部环境不如常规能源优越;下脚料会越来越少,并投入到其他市场循环;缺乏有实效的鼓励政策,尤其是针对造林计划的鼓励政策;目前现有的技术还不完全成熟,对私人投资者来说要冒一定的风险;不可再生能源的价格趋于稳定,减慢了生物质能的发展速度。

总之,在当前的经济条件下特别是与常规能源价格相比,生物质能源的价格是关键。例如,生物质能源在发达国家是一种昂贵的能源,这就是生物质能在发达国家不能获得大规模发展的原因。在发展中国家,丰富的自然资源和廉价劳动力会大大降低生物质能的价格。同时,常规能源生产的高资金投入和管理费会严重影响到其成本,进口能源更加昂贵,从而使得在发展中国家大力发展可再生能源前景良好。发展生物质能的最有利环境毫无疑问是经济上的,如果生物质能比其他能源便宜,那么它的发展就会异常迅速。

4.5.3 发展措施

(1)加深对生物质能资源的了解

加深对可用资源情况的更全面的了解,包括对资源未来潜力的了解,同时掌握因土地用于其他目的而可能产生的不利因素。建立生物质能数据库、生物质能用户网络等,以掌握可利用的生物质能资源。

(2)制订发展计划

调查和研究现有的生物质能技术应用效果的真实程度,因地制宜地制订切实可行的发展计划。就全世界而言,生物质能源相当丰富。据估计,地球上海洋和陆地生态系统年净生产的干有机物总量为164×10^9 t,其中70%产生于陆地。这个数字相当于目前全世界每年总耗能量的好几倍。从长远来看,未来解决问题的方式为:直接燃烧生物质产生热能、蒸汽和电能;利用能源作物生产液体燃料;生产木炭和碳;生物质汽化后用于电力生产;

对农业废弃物、粪便、污水和城市固体废物进行厌氧消化生产沼气。

(3)正确认识生物质资源利用的经济性问题

经济性不仅取决于生物质能的可获取性和成本，还取决于平衡能源、社会、环境三种关系，以及把生物质能发展放在什么样的社会优先地位等关系。利用现代技术可以提高能源转换效率，有利于保护环境和降低生物质能的生产成本。从能源利用的角度看，生物质能属于能量分散性资源，宜小规模利用。另外，生物质能的具体利用预测和分析，只能局限在局部地区实现。

(4)重视生物质能源的开发和利用

生物质能是世界第4大能源，它对全世界一次能源的贡献约占14%；对于占全球人口总数75%的发展中国家来说，它是最重要的能源之一，占一次能源总量的35%。无论开发利用生物质能源有多少困难，我们在制定能源可持续发展的战略政策和科技发展规划时，都不能忽视对生物质能源的开发和利用。

(5)加强地区和国家的合作

进一步加强地区和国家间的合作，以便更好地将不同地区和国家所进行的生物质能研究、开发和示范工作汇集起来，有助于避免重复劳动和实现技术的快速转让。

第5章 海洋能发电技术

我国有18000km的海岸线，300多万km^2的管辖海域，海洋能源十分丰富，利用价值极高。大力发展海洋新能源，对于优化我国能源消费结构、支撑社会经济可持续发展具有重要意义。

5.1 海洋能概述

5.1.1 海洋与海洋环境

在浩瀚太阳系的盘状行星轨道上，有一颗毫不起眼却又与众不同的行星——就是我们的地球。说她毫不起眼，是因为如果论个头，它在太阳系的八位兄弟姐妹中仅排行倒数第四。但它的与众不同之处在于，地球的表面温度可以让水以液态、固态和气态三种形态存在。距离太阳比地球更远的一些星球，如木卫三和木卫四，主要是冰。木卫二的整个表面都被冰川所覆盖，而冰下可能有液态水，但其他所有外星球的表面上可能只有微不足道的水蒸气。据目前资料所知，地球是太阳系中唯一有着庞大海洋系统的星体，这些海洋汇聚了极大量的水，其外围便是大气圈。实际上，我们应该说地球上只有一个大洋，因为太平洋、大西洋、印度洋、北冰洋共同组成了一个相互连接的咸水体，而欧洲、亚洲、非洲大陆、美洲大陆以及一些较小的大陆如南极洲和大洋洲，都可以看成是其中的岛屿。这个大洋的统计数字相当惊人，它的总面积是3.63亿km^2，占地球表面面积的71%；它的体积，按平均深度3.75km计算，约为13.7亿km^3；它所含的H_2O占地球总含量的97.2%；它也是地球上淡水供应的源泉，因为每年有33万km^3的海水被蒸发后变成雨或雪降落下来。这种降水作用使大陆的地表下存积有大约83万km^3的淡水，还有大约12.5万km^3的淡水露天积存在湖、河中。从另一个角度来看，海洋并不那么惊人，它虽然很大，却仅占地球总质量的1/4000多一点。如果我们把地球设想成台球一样大小的话，那么海洋只不过是球面上一层不引人注目的水膜罢了。如果你能一直下到海洋的最深处，那么，你所走的这段路程仅仅是到地心距离的1/580，但剩下的那段距离首先是岩石，接着是金属。

然而，这貌似薄薄的一层水膜对生活在地球上的一切生物——包括我们人类来说，意义重大且不可或缺。但自从人类进入工业时代后，我们的发展史，几乎就是一部海洋的受难史。无论是海洋本身还是海洋生物，在这短短的上百年中，都遭受了几十亿年来从未遭受过的苦难。

如果人类自诩为地球的主人，那海洋，无疑是我们所拥有的许多宝贵财富中最灿烂伟大的一颗明珠。海洋不仅赋予人类食物、能源、矿物等财富，海洋更是地球上芸芸众生的生命之母。遗憾的是，在人类的智慧与成就迅速膨胀的今天，忘本的倾向像幽灵一般弥漫在这个星球上，如果我们贪婪地对待我们伟大的自然母亲，那等待人类的，必然是自然无情而又严厉的惩罚。

海洋环境根据划分的依据不同，类型不同，具体如图5-1所示。海洋环境类型划分的目的是为了实现海洋研究工作的统一，实际上它们之间的界限并不是十分清晰。

在图5-1的地理划分中，大陆架的环境适合多种鱼类生长，是近岸主要的渔业区域。深度超过4000m时，属于深海平原区域。大陆架、大陆坡、大陆基的具体范围如图5-2所示①。

依据海洋环境的主权划分，任何国家都可在公海内行动，各国在公海内享有的权利平等，不受约束。内水、领海、毗连区、专属经济区以及公海的距离范围如图5-3所示。

随着社会生产力的发展，人类对海洋的开发利用大多经历了由近岸、近海到远海，由内海、边缘海到大洋的发展过程。

我国海洋资源的开发利用至今主要集中于近岸海域，如养殖、滨海旅游、港口建设、挖砂、填海造地等，对近海和远海海域的利用大多为非专项的捕捞、航运等。由于对海洋的开发向深度、广度扩展，在近海、远海的建设项目，如海上工程、油气勘探开采、水产牧放增殖等，已有增多趋势。

近海带的水平距离是以海底倾斜缓急程度的不同而具有明显差异。如中国的渤海、黄海和东海海域的大部分浅海区一般都在200m等深线以内，所以面积相当广阔。有些海域，如日本的东海岸和南美西海岸离岸不远水深就超过200m，甚至达到数千米。这种情况浅海区的范围就相当小。而美国的东北部海域，海底坡度就很小，大陆架很宽，因此，浅海区的范围则比较大。

---

① 夏章英．海洋环境管理[M]．北京：海洋出版社，2014．

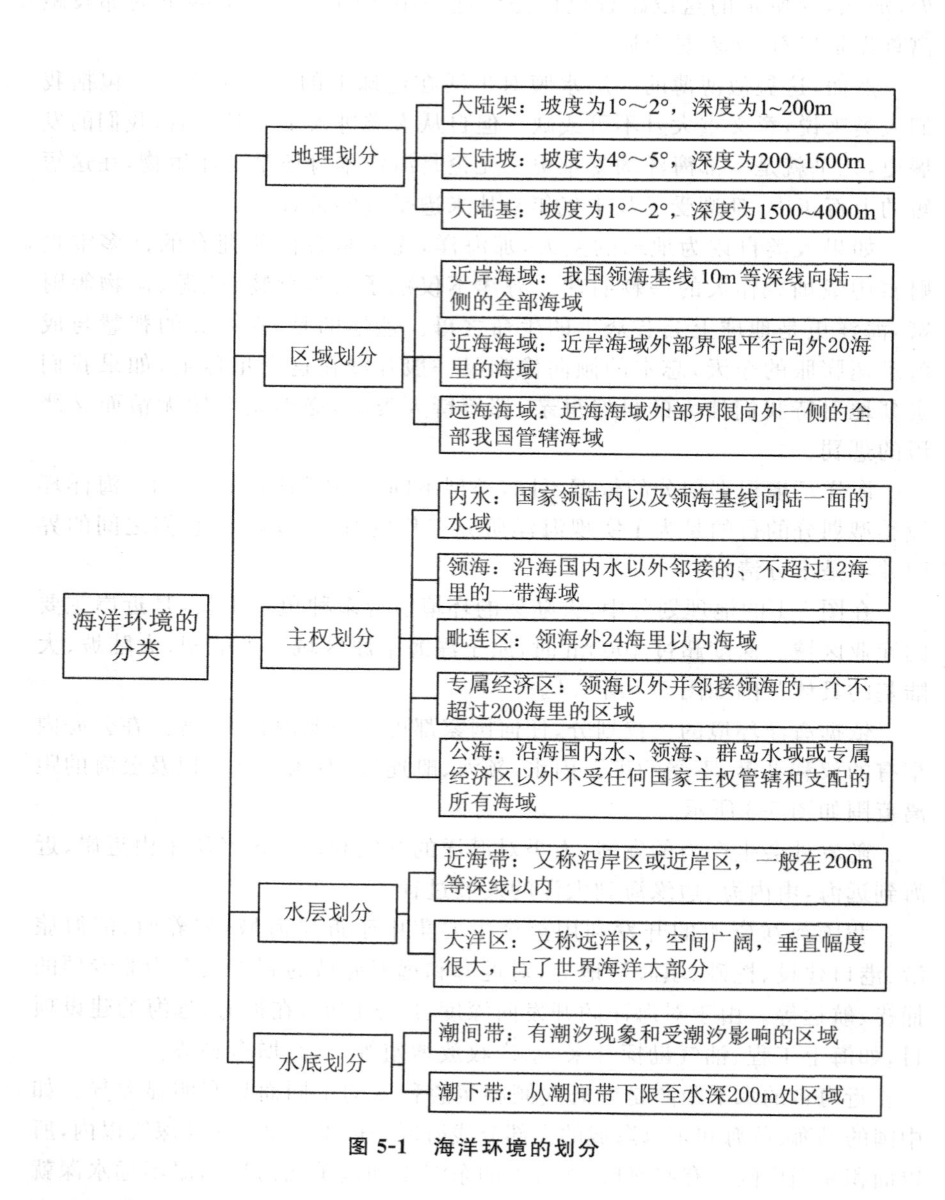
海洋环境的分类
地理划分
大陆架：坡度为1°～2°，深度为1~200m
大陆坡：坡度为4°～5°，深度为200~1500m
大陆基：坡度为1°～2°，深度为1500~4000m
区域划分
近岸海域：我国领海基线10m等深线向陆一侧的全部海域
近海海域：近岸海域外部界限平行向外20海里的海域
远海海域：近海海域外部界限向外一侧的全部我国管辖海域
主权划分
内水：国家领陆内以及领海基线向陆一面的水域
领海：沿海国内水以外邻接的、不超过12海里的一带海域
毗连区：领海外24海里以内海域
专属经济区：领海以外并邻接领海的一个不超过200海里的区域
公海：沿海国内水、领海、群岛水域或专属经济区以外不受任何国家主权管辖和支配的所有海域
水层划分
近海带：又称沿岸区或近岸区，一般在200m等深线以内
大洋区：又称远洋区，空间广阔，垂直幅度很大，占了世界海洋大部分
水底划分
潮间带：有潮汐现象和受潮汐影响的区域
潮下带：从潮间带下限至水深200m处区域

图 5-1　海洋环境的划分

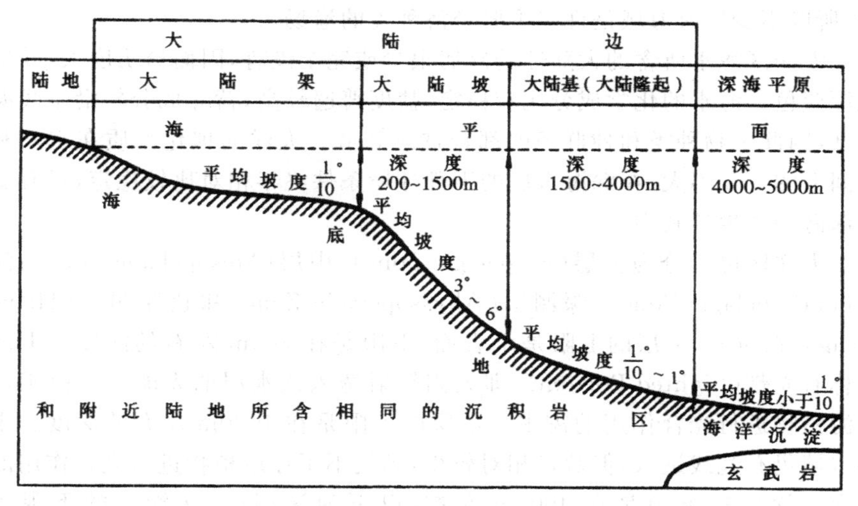

图 5-2 大陆架示意图

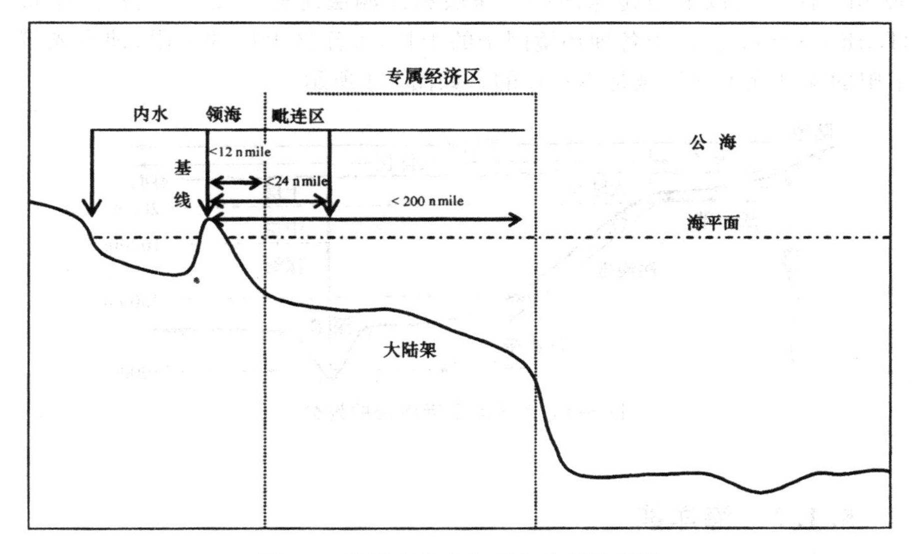

图 5-3 海洋环境主权划分范围示意图

近海带海水的盐度变化幅度较大,一般低于大洋,有时可能很低(如波罗的海和亚速海)。环境的理化因素具有季节性和突然性的变化。由于受大陆径流的影响,海水中的营养元素和有机物质很丰富。环境的这些特点使得近海带的生物种类十分丰富;浮游植物(主要是硅藻)的生产量很大。生活在近海带的生物有许多是属于广温性和广盐性的种类。与大洋区水域比较,近海带是底层鱼类的主要栖息索饵场所和一些经济鱼类的重要产卵场，所以不少浅海海域是许多重要经济种类的渔场。

大洋区海水所含的大陆性的碎屑很少或完全没有，因而透明度大，并呈现深蓝色。海水的化学成分比较稳定，盐度普遍较高，营养成分较沿岸浅海为低，因此生物种类和种群密度都较贫乏和低。大洋的理化性质在空间和时间上的变化不大，在深海水层的下部环境条件终年相对比较稳定，只有少量深海动物生活其中。

大洋区可以分为上层（Epipelagic Zone）、中层（Mesopelagic Zone）、深层（Bathypelagic Zone）、深渊层（Abyssopelagic Zone）和超深渊层（Hadal Pelagic Zone）。上层的上限是水表面，下限是在 200m 左右的深度。上层也称有光带（Lighted Portion），即太阳辐射透入该水层的光能量可以满足浮游植物进行光合作用的需求。中层的下限是在 1000m 左右的深度。中层水域仍有光线透入，但数量相对较少，满足不了浮游植物进行光合作用的需求。深层的下限是在 4000m 左右，以下为深渊层，深渊层的下限为 6000m，深渊层以下为超深渊层。深层和深渊层统称无光带，或称黑暗带（Dark Portion）。由于各种环境因子的干扰，大洋区上层的下限，即有光带下限的深度在不同海域是不一致的。如图 5-4 所示。

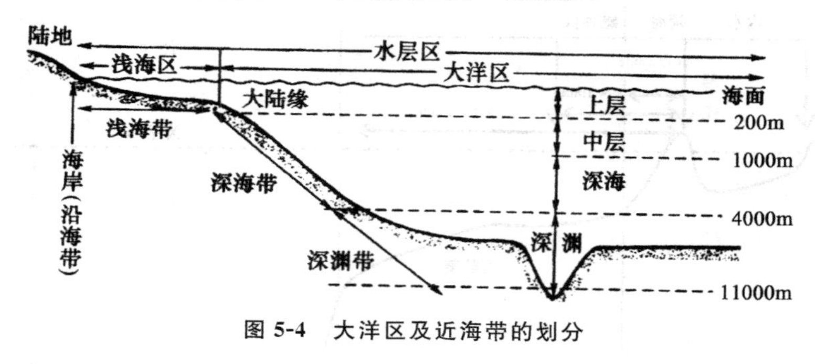

图 5-4　大洋区及近海带的划分

5.1.2　海洋能

1. 海洋能的分类

海洋中存在的最大能量莫过于占地球表面 71% 的广阔海水表面被太阳照射而生成的海洋热能。海水是热的非导体，由于受到太阳光不均匀的照射引起海水在全球范围内对流，并使海水表层和深层产生温差，利用这种温差可使海洋热转换成电能，这种发电方式就叫作海水温差发电。

被大气吸收的 0.2% 左右的太阳能可转换成风的运动能。风与海面相互作用产生波浪。利用这一力学能转换成电能称为波力发电。图 5-5 所示为一般波浪能转换发电系统的主要构造。

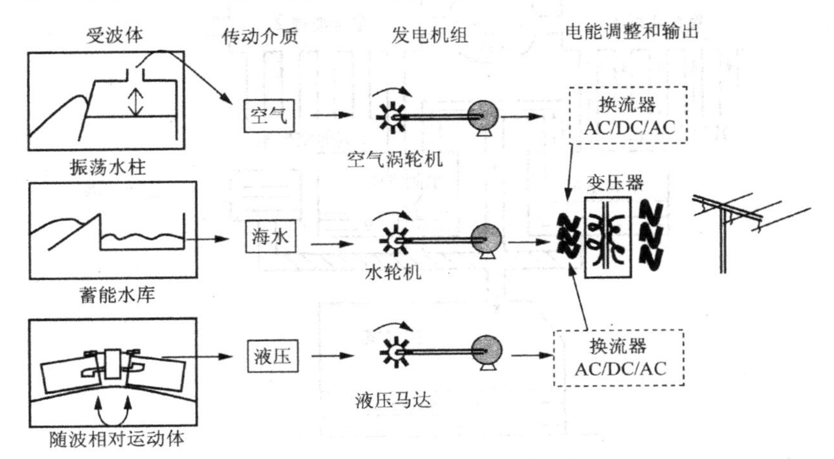

图 5-5　波浪能转换发电系统的主要构造

典型的波浪能发电装置主要包括：

①空气透平方式(振荡水柱式)波浪能发电。空气透平方式波浪发电的原理主要是将波力转换为压缩空气，通过气室将低速运动的波浪能转换成高速运动的气流来驱动空气透平发电机发电。图 5-6、图 5-7 为空气透平式(振荡水柱式)波浪能发电站波浪波峰时的发电原理图。机组根据波浪的“峰”“谷”分两个步骤进行发电。

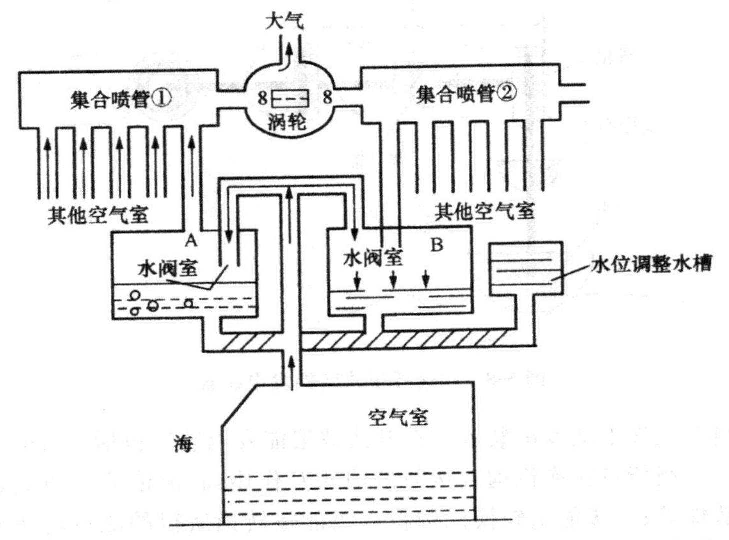

图 5-6　空气透平方式(振荡水柱式)波浪能发电站波浪波峰时的发电原理图

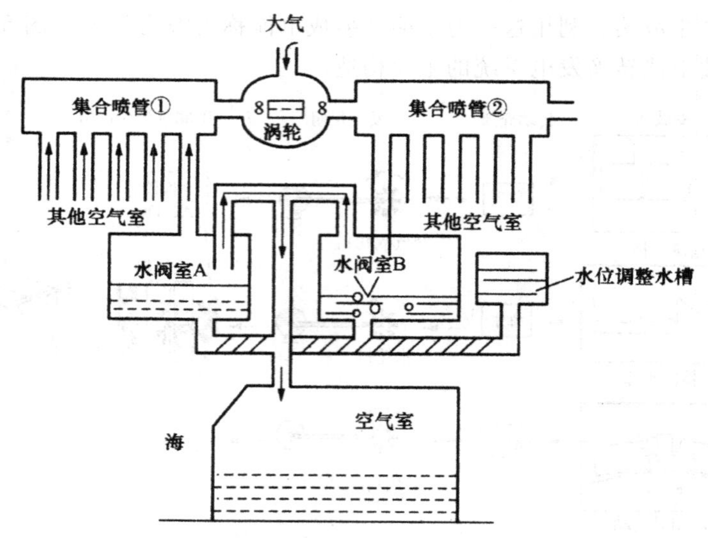

图 5-7　空气透平方式(振荡水柱式)波浪能发电站波浪波谷时发电原理

②振荡浮子式转换发电装置。振荡浮子式转换发电的原理是电磁转换器随浮子运动吸收能量,通过电磁转换器将波浪能转换成电能,其结构与原理如图 5-8 所示。振荡浮子式转换发电装置的优点是成本低且转化的效率较高,缺点是浮子受外界冲击容易损坏。振荡浮子式转换发电装置适用于一些提供电源的场合。

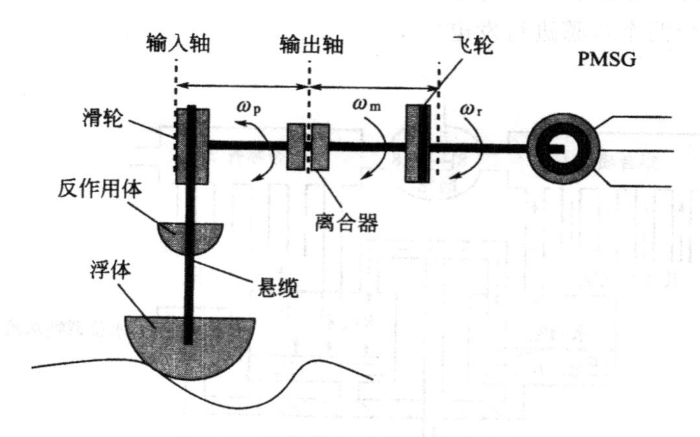

图 5-8　振荡浮子式转换发电装置

③自升式波浪能发电装置。自升式波浪能发电装置包括三级能量的转换系统。一级能量转换机构直接与波浪相互作用,将波浪能转换成装置的动能和势能等;二级能量转换机构将一级能量转换所得的能量转换成旋转

机械的液压能；三级能量转换将旋转机械的液压能通过发电机转换成电能。自升式波浪能发电装置包括浮筒、液压油缸、导向柱、自升式平台、液压油缸安装底座、蓄能器、液压控制系统和发电机系统，如图 5-9 所示。

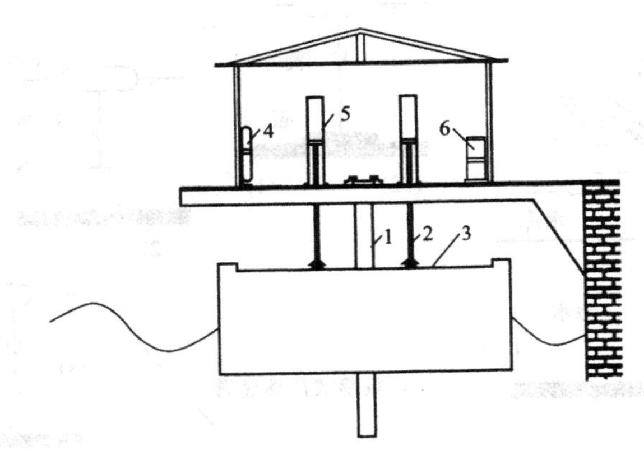

图 5-9　自升式波浪能发电装置组成

1—导向柱；2—液压油缸活塞杆；3—浮筒；4—蓄能器；5—液压油缸；6—发电机系统

自升式波浪能发电装置具有抗风抗浪、连续高效、性能稳定的特点。该装置在电力输出稳定性、装置可靠性、发电效率、管理和维护成本方面具有优势。

④软囊式波浪能收集装置。软囊式波浪能收集装置是由柔性软囊实现波浪能收集。波浪作用在柔性体上，导致柔性体内的液体运动，从而驱动能量转换装置发出电能。软囊式波浪能收集装置的典型代表是“水蟒”波浪能发电装置。

波浪能利用常被称为“发明家的乐园”，全球相关的发明专利数以千计，图 5-10 给出了各种利用波浪能装置的示意图。

波浪发电的应用之一是海上波力发电航标灯。波力发电的航标灯具有市场竞争力，目前波力航标灯价格已低于太阳能电池航标灯，很有发展前景。例如，波浪发电航标灯（图 5-11）是利用灯标的浮桶作为第一级转换的吸能装置，固定体就是中心管内的水柱。由于中心管伸入水下 4～5m，水下波动较小，中心管内的水位相对海面近乎于静止。当灯标浮桶随浪漂浮时产生上下升降，中心管内的空气就受到挤压，气流则推动汽轮机旋转，并带动发电机发电。发出的电不断输入蓄电池，蓄电池与浮桶上部的航标灯接通，并用光电开关控制航标灯的关启，以实现完全自动化，航标工只需适当巡回检查，使用非常简便。

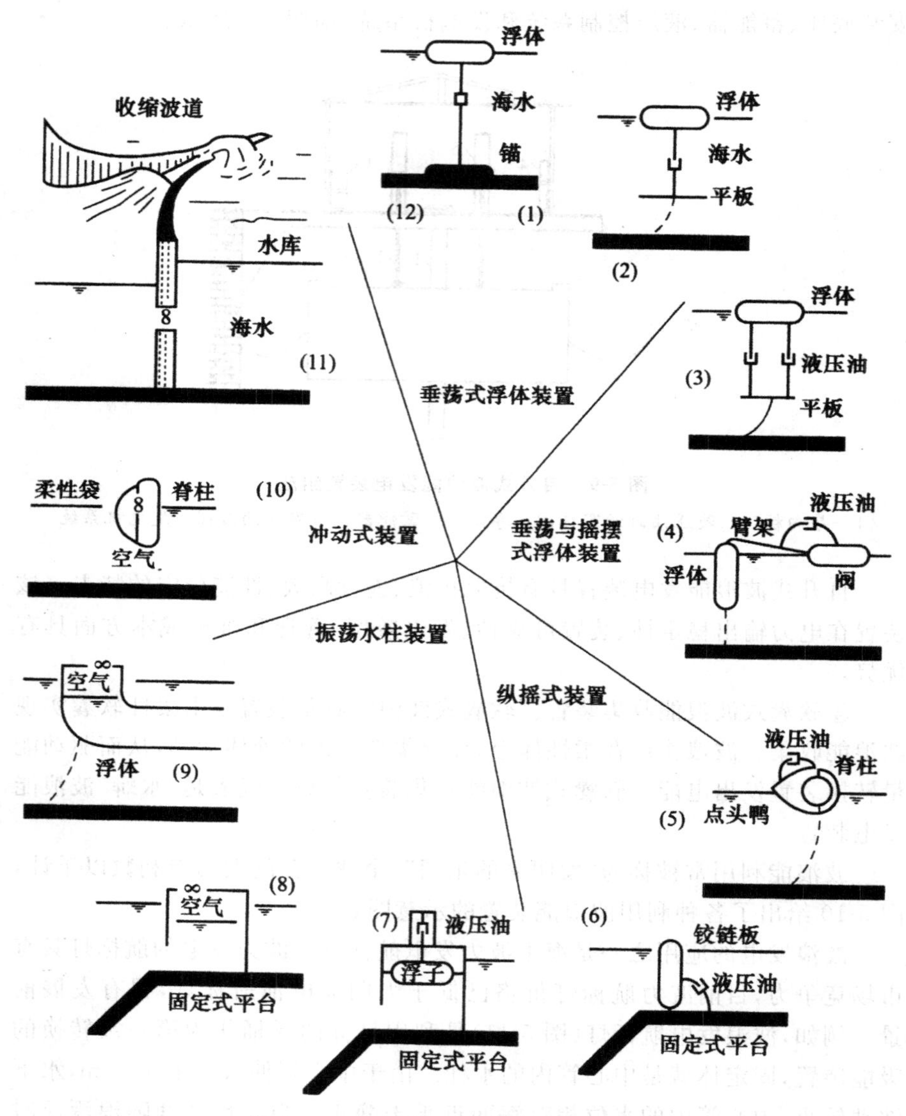

图 5-10　各种利用波浪能装置的示意图

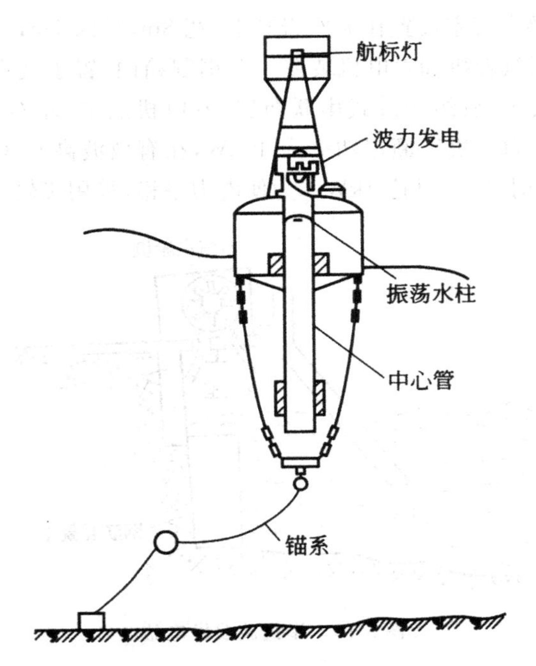

图 5-11　波浪发电航标灯

波浪发电的另一个应用是波浪发电船。它是一种利用海上波浪发电的大型装置，实际上是漂浮在海上的发电厂。它可以用海底电缆将发出的电输送到陆地并网，也可以直接为海上加工厂提供电力。图 5-12 所示的是日本研究出的冲浪式浮体波浪发电装置，该装置可以是并列的几个，形成一排波浪发电装置，以减轻强大波浪的冲击，因此也是一种消浪设施。

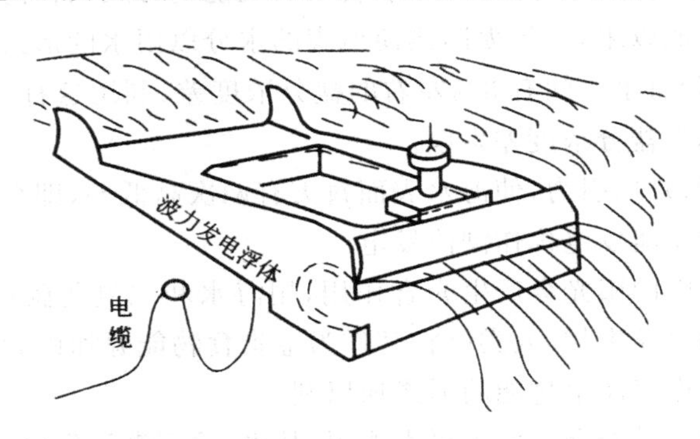

图 5-12　冲浪式浮体波浪发电装置

为避免采用海底电缆输电和减轻锚泊设施，一些国家正在研究岸式波浪发电站。日本建立的岸式波浪发电站(图 5-13)，采用空腔振荡水柱气动方式。电站的整个气室设置在天然岩基上，宽 8m，纵深 7m，高 5m，用钢筋混凝土制成。空气汽轮机和发电机装在一个钢制箱内，置于气室的顶部。汽轮机为对称翼形转子，机组为卧式串联布置，发电机居中，左右各一台汽轮机，借此消除轴向推力。机组额定功率为 40kW，在有效波高 0.8m 时开始发电，有效波高为 4m 时，电力可达 4kW。为使电力平稳，采用飞轮进行蓄能。

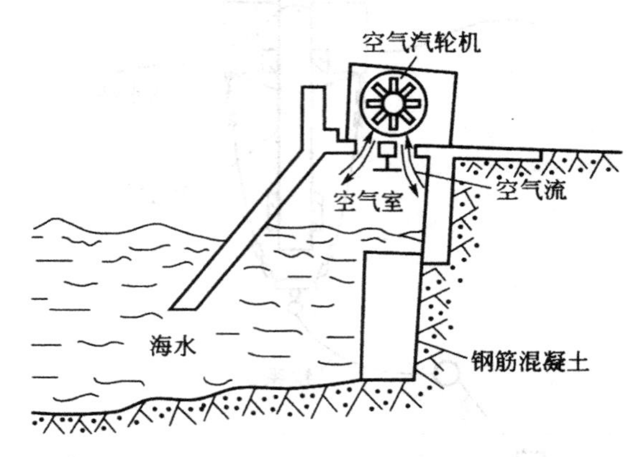

图 5-13　岸式波浪发电站

目前世界上第一座也是唯一的一座商用波浪能电站位于葡萄牙。该电站采用的即是英国的海蛇装置，它部分漂浮于海面，部分浸入海中，长约 150m，宽约 3.5m，像蛇一样蜿蜒曲折。

由于海水表层和深层的温差，海水从赤道向两极方向的流动，受到由地球自转产生的离心力、由风力而产生的海面高低差以及陆地对其运动的限制，从而形成了海流。将这种海流能转换成电能的方式叫作海流发电。

自地球生成以来，由于太阳热使地表的水分以雨水的形式反复蒸发、凝结，致使陆地和海水之间有 3%左右的盐分浓度差，利用这种化学能量实现电能的转换称为盐分浓度差发电。

由于太阳、月球引力，使海水表面每天有两次高低差，即存在潮汐现象，利用这种潮汐差能发电称作潮汐发电。

照在海洋内的阳光会产生光合作用，用海水和二氧化碳可培育出浮游生物及一系列海洋生物，人类已将其作为宝贵食物能源加以利用，最近又开始了另一种称作海洋生物能的形式加以利用。

上述六种海洋能全都属于再生能源，其中，除了潮汐发电业已实际应用以外，其他海洋能的利用尚处于技术开发或研究试验阶段。

此外，海洋中还蕴藏着海底石油或溶解铀等非再生能源，暂不包括在海洋能范围之内。

2. 海洋能的特点

蕴藏于海水中的海洋能不仅十分巨大，而且具有其他能源不具备的特点：

①可再生性。海洋能来源于太阳辐射能与天体间的万有引力，只要太阳、月球等天体与地球共存，海水的潮汐、海(潮)流和波浪等运动就周而复始；海水受太阳照射总要产生温差能；江河入海口处永远会形成盐度差能。

②能流分布不均、能流密度低。尽管在海洋总水体中，海洋能的蕴藏量丰富，但单位体积海水、单位面积海面、单位长度海面拥有的能量较小。

③能量不稳定。海水温差能、盐差能及海流能变化缓慢；潮汐能和海(潮)流能变化有一定的规律，而波浪能有明显的随机性。

④海洋能开发对环境无污染，属于洁净能源。

5.2 潮汐能发电

5.2.1 潮汐与潮汐能

潮汐是海水受太阳、月球和地球引力相互作用后所发生的周期性涨落现象。如图 5-14 所示。

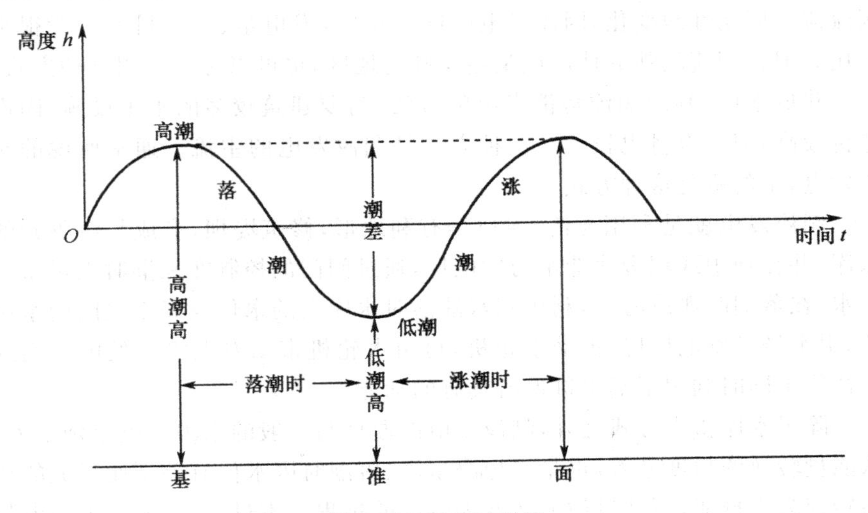

图 5-14　潮汐过程线

潮汐能是指海水潮涨和潮落形成的水的势能，是地球自转过程中海水受月球重力牵引产生的，还有一部分潮汐是受太阳牵引形成的，多为10m以下的低水头，平均潮差在3m以上就有实际应用价值。

潮汐能是指在潮汐过程中所产生的动能和势能。由于月亮和太阳的引潮力使海水发生位移，因而做功，转移到海洋潮汐中的能量高达$30\sim10^8$kW。潮汐能主要集中在窄浅的海湾、海峡和河口。

5.2.2 潮汐发电的原理

广义的潮汐发电，按能量利用的形式分为两种：一种是利用潮汐时流动的海水所具有的动能驱动水轮机再带动发电机发电，称为潮流发电；另一种是在河口、海湾处修筑堤坝形成水库，利用水库与海水之间的水位差所蓄积的势能来发电，称为潮位发电。

利用潮汐动能发电的方式，又有两种具体的实现方式：一种是将特殊设计的涡轮机置于接近浅海海底或深海的海水中，用水流直接推动涡轮机，有点类似风力发电，是一种海流发电；另一种是在港湾、河口或开挖的水道中水流较大的位置(一般要求流速大于1m/s)设置水闸，在水闸闸孔中安装水轮机来发电。

在水道闸口放置水轮机，利用潮流动能发电的方法，可利用原有建筑，结构简单，造价较低，若安装双向发电机，则涨、落潮时也都能发电。但由于潮流流速周期性地变化，因而发电时间不稳定，发电量也小，目前一般很少采用。但在潮流较强的地区或某些特殊的地区，也可以考虑采用这种方式。

建成水库，利用潮汐势能发电的方法，需要建筑较多的水工设施，因而造价较高，但发电量也较大。这种方式是潮汐发电的主流。通常所说的潮汐发电，指的就是这种方式。

潮汐发电就是利用海湾、河口等有利地形，修筑堤坝，形成与海隔开的水库，并在坝中或坝旁建造水力发电厂，通过闸门的控制在涨潮时大量蓄积海水，在落潮时泄放海水，利用潮水涨落时水库内的水位与海水之间的水位差，引水经过发电厂房，推动水轮机，再由水轮机带动发电机来发电。实际上往往也同时利用了潮水进退所具有的动能。

除了水库蓄水方式之外，潮汐发电的原理与一般的水力发电差别不大。从能量转换的角度来看，也是先把海水涨、落潮时因水位有差别而形成的势能转变为机械能，再把机械能转变为电能的过程。不过，一般的水力发电只能提供单方向的水流，而潮汐发电有可能提供两个方向的水流。

涨潮时，潮位高于水库中的水位，此时打开进水闸门，海水经闸门流入水库，冲击涡轮机带动发电机发电；落潮时，当海水的潮位低于水库中的水位时，关闭进水闸门，打开排水闸门，水从水库流向大海，又从相反的方向冲击涡轮机，带动发电机发电。

涨潮和落潮时，潮汐发电的原理如图 5-15 所示。

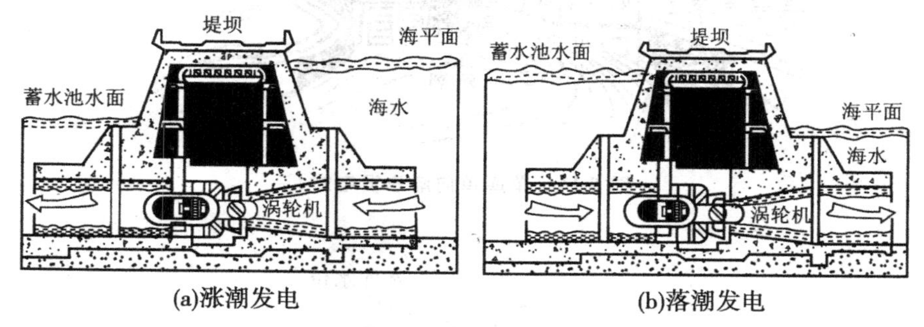

图 5-15　潮汐发电的原理图

潮汐电站在发电时，由于水库的水位和海洋的水位都是变化的(海洋水位因潮汐的作用而变化，水库的水位也会随着充水或排水过程而发生变化)。因此，潮汐电站是在变工况下工作的，水轮发电机组和电站系统的设计要考虑变工况、低水头、大流量以及防海水腐蚀等因素，远比常规的水电站复杂，效率也低于常规水电站。

5.2.3　潮汐电站的分类

1. 单库单向型潮汐电站

单库单向型潮汐电站(图 5-16、图 5-17)是在涨潮时将储水库闸门打开，向水库充水，平潮时关闸；落潮后，待储水库与外海有一定水位差时开闸，驱动水轮发电机组发电。单库单向发电方式的优点是设备结构简单，投资少；缺点是发电断续，1 天中约有 65%以上的时间处于储水和停机状态。

2. 单库双向型潮汐电站

单库双向型潮汐电站(图 5-18、图 5-19)有两种设计方案。第一种方案利用两套单向阀门控制两条向水轮机引水的管道。在涨潮和落潮时，海水分别从各自的引水管道进入水轮机，使水轮机单向旋转带动发电机。第二种方案是采用双向水轮机组。

图 5-16　单库单向潮汐发电站

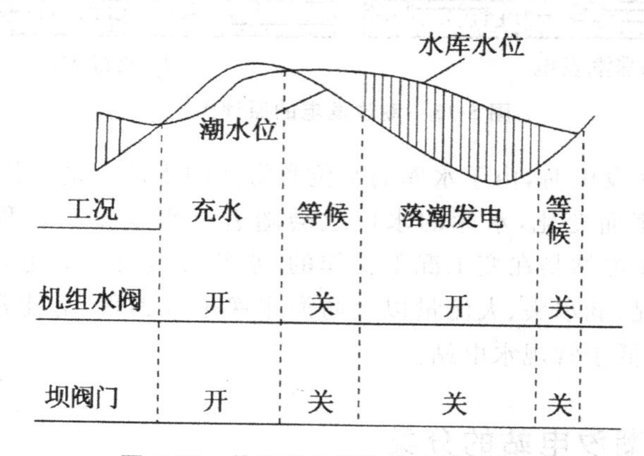

图 5-17　单库单向潮汐发电站运行工况

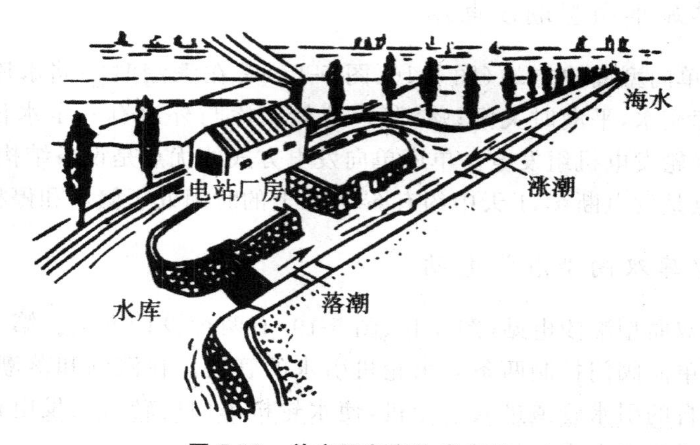

图 5-18　单库双向潮汐发电站

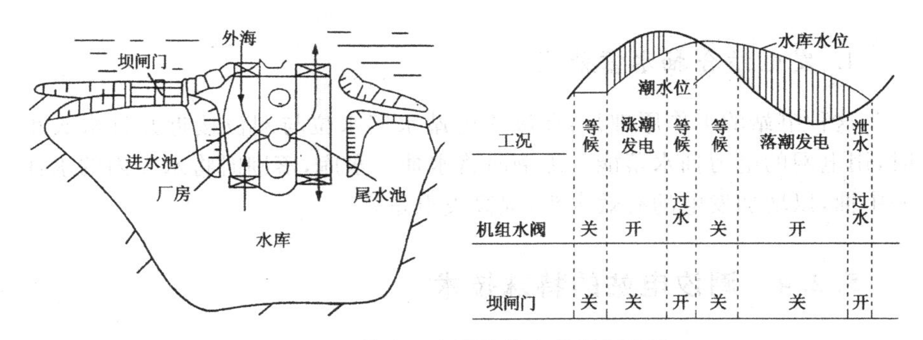

图 5-19　单库双向潮汐发电站运行工况

3．双库单向型潮汐电站

双库单向型潮汐电站(图 5-20、图 5-21)采用两个水力相连的水库,可实现潮汐能连续发电。涨潮时,向高储水库充水;落潮时,由低储水库排水,利用两水库间的水位差,使水轮发电机组连续单向旋转发电。其缺点是要建两个水库,投资大且工作水头降低。

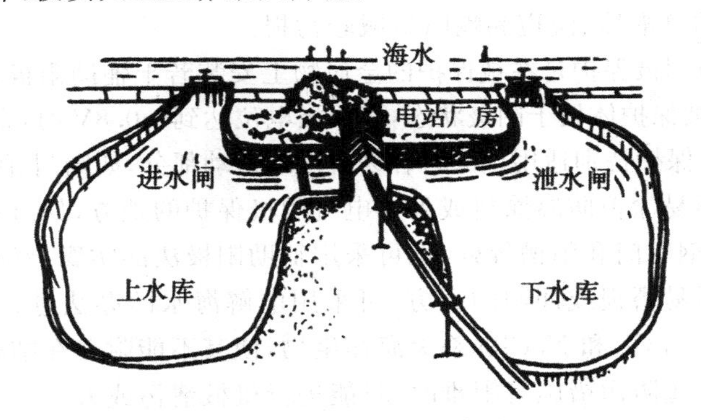

图 5-20　双库潮汐电站

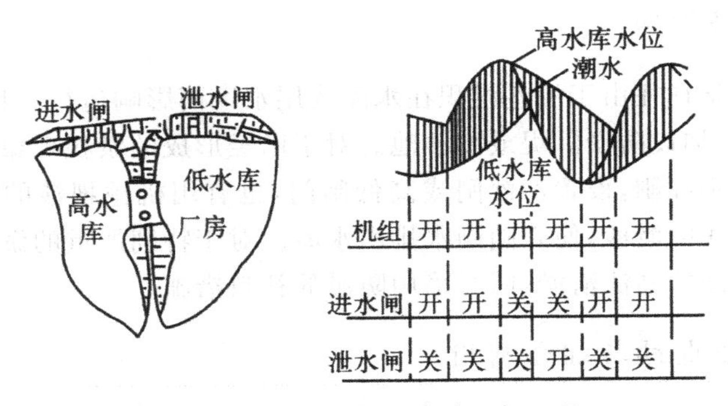

图 5-21　双库潮汐发电站运行工况

4．发电结合抽水蓄能式

这种电站的工作原理是：在潮汐电站水库水位与潮位接近并且水头小时，用电网的电力抽水蓄能。涨潮时将水抽入水库，落潮时将水库内的水往海中抽，以增加发电的有效水头，提高发电量。

5.2.4 潮汐电站的特殊技术

1．防腐防浊

潮汐电站在海洋环境中与一般内河水电站不同，由于海水盐浓度高，金属材料很容易被海水腐蚀，又有海生物附着在结构物上。为此，常采用防腐涂料和阴极保护措施，并选用耐腐蚀材料，有时还要采取人工清污。

实践证明，环氧沥青防腐涂料比较经济实用；以氧化亚铜为主的防污漆可避免海洋生物附着；用氯化橡胶涂覆在金属物构件和钢筋混凝土的表面，可使水轮机的灯泡体、流道和喇叭口减轻污损。

外加电流阴极保护是在被保护的金属物上安装若干辅助阳极，通过海水组成回路，使被保护体处于阴极状态，当阴极电位达到−0.8V时，金属物即得到保护。阴极保护特别适用于涂料容易脱落的活动部分，如闸门、闸槽等。

通常在不易涂覆防腐涂料或外加电流阴极保护的地方，如海水管路、水轮机的密封、钢闸门和闸槽等处，也可采用辅助阳极法的防腐措施。

对于涂料易磨损或冲刷的地方，可采用电解海水的办法进行防污。即利用电解液中的Cl_2和NaClO杀灭海洋生物，使其不能附着在结构件上。

当采用上述防污措施有困难时，只能进行机械清污或人工清污，并配以化学防污，这主要适用于钢筋混凝土闸门槽和某些结构件的死角处。

2．防淤排淤

潮汐电站往往由于泥沙淤积在水库或尾水区而影响运行。目前防淤的方法主要有：加设防淤海堤或沉沙池。对于已经形成的淤积现象，排淤的办法是集中水头冲刷，设置冲沙闸或高低闸门，也有用机械耙沙的办法，在落潮时耙起库底的淤沙，使它随潮水排出水库。对于特别严重的淤积现象，则只有采用挖沙的办法清淤，同时采用防淤的补救措施。

3．潮汐电站与综合利用

潮汐电站与其他形式的发电站的区别之一，就是综合利用条件较好。

一些潮汐能丰富的国家,都在进行潮汐能发电的研发工作,使潮汐电站的开发技术趋于成熟,建设投资有所降低。现已建成的国内外具有现代化水平的潮汐电站,大都采用单库双向型。

5.2.5 潮汐发电的若干技术问题

1. 潮汐能发电要进一步研究解决的技术问题

(1)泥沙淤积问题

潮汐能发电站建于海湾或河口。由于潮流和风浪的扰动,使海湾底部或外部的泥沙被翻起,并带到海湾的库区里,有的沉沙则由河流从上游夹带而来,注入河口库区。这些泥沙都会在库区内淤积起来。泥沙的淤积会使水库的容积逐渐缩小,通水渠道变窄,水库使用寿命缩短,发电量减少,并加速水轮机叶片的磨损,对于潮汐发电站十分不利。因此,必须很好地研究当地沉沙的运动规律,搞清水中沉沙的含量、来源、运动方向、颗粒大小和组成、沉降的速度等,据此研究防治泥沙淤积的有效措施。

(2)海工结构物的防腐蚀和防海洋生物附着问题

潮汐电站的海工结构物长期浸泡在海水中。海水对海工结构物中金属结构物部分的腐蚀是相当严重的,甚至连钢筋混凝土中的钢筋也会被海水腐蚀,最终导致结构物的损坏。同时,海水中的海生物如牡蛎等也都会附着在金属结构物、钢筋混凝土或砖石结构、木结构上,附着的厚度甚至可达10cm左右,并且难以被水流冲掉。海洋生物的附着会使结构物通流部分阻塞、转动部分失灵,难以发挥效用,严重时甚至会导致完全报废。因此,必须重视对于潮汐发电工程海工结构物防腐蚀和防海洋生物附着问题的研究和发展提高。关于金属结构物的防腐蚀问题,有的电站已成功地采取了外加电流阴极保护措施,效果显著。防止海洋生物附着问题,与各地附着的海洋生物的种类和其生活规律密切相关,应结合各地的实际,研究采取有针对性的防治措施。

(3)电力的补偿问题

关于电力的补偿问题,可以采用以下途径进行解决:

①采用双水库。上水库只在涨潮时进水,下水库仅在落潮时出水,使上、下水库终日保持水位差,这样就可保证电站全天不间断地发电。

②在潮汐能发电站附近另建一座抽水蓄能电站。当电站发电量多而用电量少时,可用多余的电把水库里的水抽到位于较高处的蓄能水库内,到用户需电时,再从蓄能电站内放水发电,以调节发电与用电之间的矛盾。

③在潮汐能发电站内另外配置相当容量的火力发电机组,当潮汐能发电站中断发电时,由火力发电机组发电。

④使潮汐能发电站与其他有相当容量的河川水电站联合运行,当潮汐电站中断发电时,由河川水电站多发电供应用户,当潮汐能发电站发电出力大时,则让河川水电站少发电,使潮汐电站充分发挥作用。

⑤使潮汐能发电站与较大的电力系统连通,当潮汐能发电站发电多时,系统中的其他电站少发电,以节约发电燃料并减少不利于环境保护的污染物的排放量,当潮汐电站中断发电时,则由其他电站多发电,以供应用户。

⑥调整某些可以适应间断性供电的用电负荷,以适应潮汐能发电的特性。

2. 确定建设潮汐能发电站应考虑的主要问题

(1)应从当地工农业生产和人民生活用电的需要出发

对于那些远离电网,无法由电网供电,并且常规能源短缺的沿海地区,如果潮汐能资源较为丰富,建造潮汐能发电站的技术经济性较好,可以考虑建设潮汐能发电站满足当地的用电需要。

(2)应从当地的自然条件出发

必须根据当地的自然条件,科学地、认真地分析是否具备建设潮汐能发电站的期观条件。

①潮汐条件,主要是潮差条件。潮差大,发电可利用的水头差就大,发电量也大;潮差小,发电可利用的水头差则小,发电量也就小。如果当地潮差太小,甚至还不到1m,发电条件较差,发电量太小,则不宜建设潮汐能发电站。潮差的大小会随时间做周期性的变化,所以要根据一段时间的最大、最小、平均潮差值来进行综合分析。这段时间,至少要有半个月到一个月,如果时间太短,则缺乏代表性,会导致错误的判断。

②地形条件。要选择海湾内或通海河口作为建站地址。这是因为建造潮汐能发电站要筑坝拦水,以形成水头差的缘故。筑坝比较理想的地形条件,是“肚子大,喉咙小”。在海湾内或河口段,有着较大的容水区,而同时在出口处却很浅狭,因而在这种地形条件处建坝,工程量最小,投资最省,可拦蓄的水量却最多,发电量也最多。

③地质条件。主要应搞清坝址的两岸和水底的地质情况,要求具有一定的承压强度、不漏水,并且经济性也好。具体地说:

- 当拦水坝建成之后,坝基的地质条件要足以承受坝体的质量,不致沉陷下去,特别是要注意,在整个坝基上,不要有的地方地基很坚硬，承压力强，而另一些地方却很松软，承压力弱，这样容易发生建筑物不均匀沉陷，导致坝体倾斜、破裂、甚至溃决。有的地方即使是均匀沉陷，但沉陷度过大，也可能造成坝顶浸水或崩溃。所以，坝址的地基承压力，必须满足坝体稳定、安全的要求。由于沿海地区的海湾和河口处多为软土地基，可采用打砂桩等人工加固地基的措施，以保证坝体的稳定和安全。在有的工程上，也可考虑采用土坝、堆石坝等相对比较适应软土地基沉陷条件的坝型。

- 坝基和两岸地带的地质条件，还应满足不漏水的要求。有的海湾或河口段，底部由砂卵石堆积而成；有的底部表层虽是黏土等不透水土壤，但在深层处却是由砂卵石等透水性很强的土壤构成的，形成了地下河流。在这种情况下，如在上面建造了拦水建筑物，其结果将是上部挡水、下部漏水，无法形成蓄水库，不能形成所需要的水头差发电。如果其他条件均适宜于在这里建设电站，则可考虑采用打板桩、灌水泥砂浆或用黏土等不透水土壤来替换地基中的透水性土壤等办法来解决渗漏问题。
- 在当前技术条件下，各种地基经过技术处理后，一般来说均可满足建设潮汐电站拦水建筑物的要求，问题在于经济上是否合理。一般情况下，在岩石基础上与在松软地基上建造拦水建筑物和电站厂房相比，工程量较小，投资较少，并且技术措施也较简单。因此，应尽量选择岩石基础作为坝址。在考虑经济性时，一方面要分析、比较不同地基上的不同工程量和投资额，另一方面也要分析、比较不同坝址电站的发电和农田水利、航运等综合用水方面的效益。简而言之，应把投资和效益进行综合分析、比较，从中选择出最为经济合理的方案。

(3)建筑材料条件

在工程建设之前，应认真调查研究当地的建筑材料情况，包括有哪些可用的建筑材料及其各自的技术性能、分布地点、可提供数量、采掘运输条件等内容。掌握了这些基本情况之后，即可比较、选择合适的水工建筑物形式和当地可供选用的建筑材料，以达到在确保质量的基础上减少工程量、节约投资、缩短建设时间的目标。

5.3　海流能发电

海流能是指海流的动能，主要是指海底水道和海峡中较为稳定的流动以及由于潮汐导致的有规律的海水流动所产生的能量。海流发电不必像潮汐发电那样，需要修筑大坝，担心泥沙淤积；也不必担心电力输出不稳定。

5.3.1 海流发电装置

1. 轮叶式海流发电

轮叶式海流发电装置利用海流推动轮叶，轮叶带动发电机发出电流。轮叶可以是螺旋桨式的，也可以是转轮式的，如图 5-22 所示。

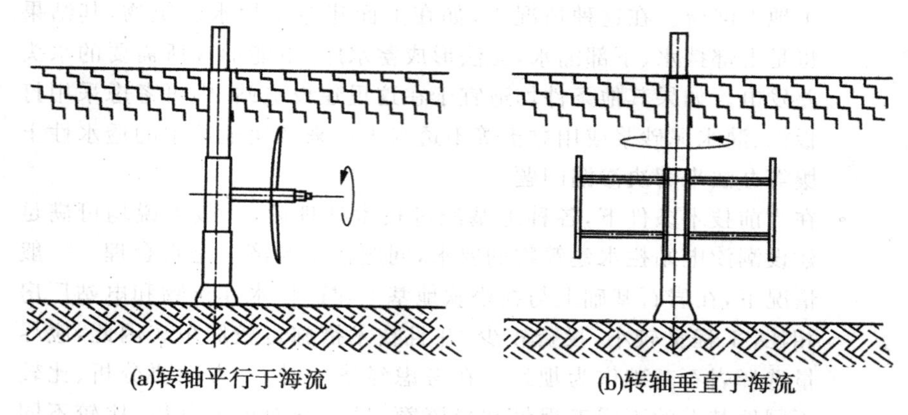

图 5-22 海流发电装置的涡轮机示意图

2.“花环式”的海流发电

有一种称为“花环式”的海流发电站，图 5-23 所示的一串螺旋桨的两端固定在浮筒上，浮筒里装有发电机。整个电站迎着海流的方向漂浮在海面上。这种发电站之所以用一串螺旋桨组成，主要是因为海流的流速小，单位体积内所具有的能量小的缘故。其发电能力通常较小，一般只能为灯塔和灯船提供电力，或为潜水艇上的蓄电池充电。

3.“降落伞”式海流发电

降落伞式海流发电装置由几十个串联在环形铰链绳上的“降落伞”组成。顺海流方向的“降落伞”靠海流的力量撑开，逆海流方向的降落伞靠海流的力量收拢，“降落伞”顺序张合，往复运动，带动铰链绳继而带动船上的铰盘转动，铰盘带动发电机发电(图 5-24)。

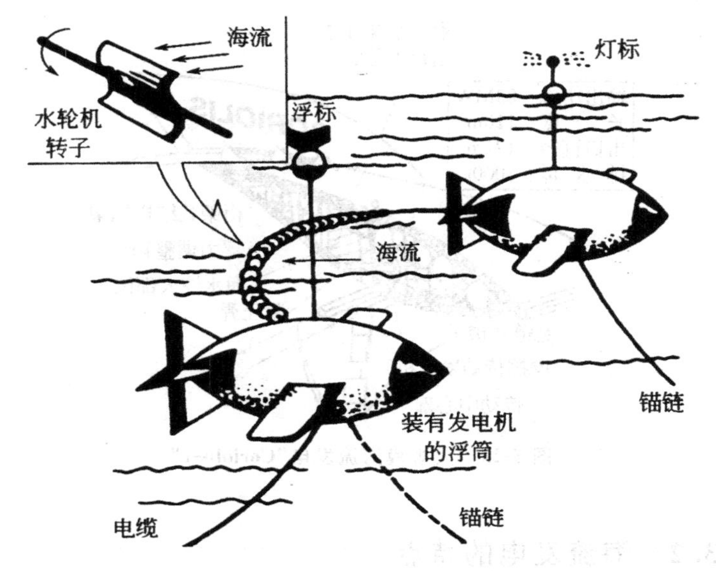

图 5-23 花环式海流发电站示意图

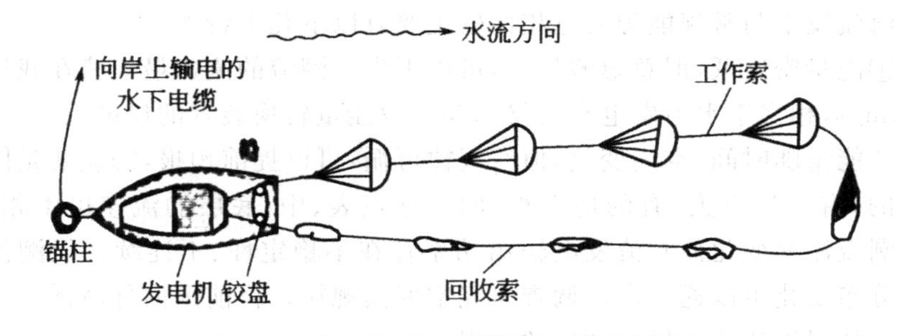

图 5-24 “降落伞”式海流发电装置示意图

4. 欧利斯(Coriolis)式海流发电

如图 5-25 所示为研究人员提出的科里欧利斯(Coriolis)式发电装置，它拥有一套外径为 171m、长 110m、重 6000t 大型管道的大规模海流发电系统①。该系统的设计能力是在海流流速为 2.3m/s 的条件下输出 83MW 的功率。其原理是在一个大型轮缘罩中装有若干个发电装置，中心大型叶片的轮缘在海流能的作用下缓慢转动，其轮缘通过摩擦力带动发电机驱动部分运动，经过增速传动装置后，驱动发电机旋转，以此将大型叶片的转动能变换成电能。

① 冯飞．新能源技术与应用概论[M].2版．北京：化学工业出版社，2016.

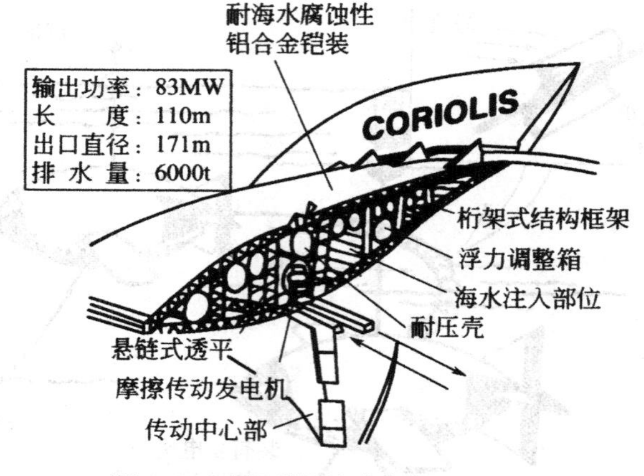

图 5-25　大规模海流发电“Coriolis-1”

5.3.2　海流发电的特点

海流发电与常规能源发电相比较主要有以下几个特点：

①能量密度低，但总蕴藏量大，可以再生。潮流的流速最大值在我国约为 40m/s，相当于水力发电水头仅 0.5m，故能量转换装置的尺度大。

②能量随时间、空间变化，但有规律可循，可以提前预报，海流能是因地而异的，有的地方大，有的地方小，同一地点表、中、底层的流速也不相同。由于潮流流速变化使潮流发电输出功率存在不稳定性、不连续。但潮流的地理分布变化可以通过海洋调查研究掌握其规律。目前国内外海洋科学研究已经能对潮流流速做出准确的预报。

③开发环境严酷、投资大、单位造价高，但是对环境无污染、不用农田、不需人口迁移。由于海洋环境中建造的潮流发电装置要抵御狂风、巨浪、暴潮的袭击，装置设备要经受海水的腐蚀、海生物附着破坏，加之潮流能量密度低，所以要求潮流发电装置设备庞大、材料强度高、防腐性能好，由于设计施工技术复杂，故一次性投资大，单位装机造价高。

5.3.3　海流能利用现状及前景

目前，世界海流潮流能逐步向实用化方向发展，目的是向海岛或是海面上的设施如浮标等供电。各国潮流发电的研究提出的方式主要有与河川水力发电类似的管道性海底固定式螺旋桨水轮机、与传统水平轴风力机类似的锚系式螺旋桨水轮机、与垂直轴风力机类似的立轴螺旋桨水轮机、与风速计类似的萨涡纽斯转子、漂流伞式、与磁流体发电类似的海流电磁发电等。

未来海流能的发展将主要集中在：设计高效率叶片以提高获能效率；改进功率控制方式以提高获能效率；改进自对流技术以提高获能效率；改进传动方式以提高获能效率；改进安装、锚定与维修技术以减少开发成本；提高装置运行的可靠性。

潮流能资源开发利用还要解决一系列复杂的技术问题，除了能量转换装置本身的特殊性技术外，还有海洋能资源的开发利用共同面临的技术问题，包括要调查拟开发海域的潮流状况及潮汐、风况、波浪、地形、地质等自然条件，通过计算分析确定装置的形式、规模、结构、强度等设计参数；大力发展在海底或漂浮、潜浮在海水中的系泊锚锭技术，以及部件的防海水腐蚀，防海生物附着的技术；电力向岸边输送，蓄电、转换、其他形式储能的技术。

5.4　海洋温差能发电

5.4.1　海水温差发电原理

海洋表层(0～50m)水的温度为 24～28℃，而 500～1000m 深处的海水温度为 4～7℃。利用表层和深层海水 200℃左右的温差能进行发电就叫作海水温差发电。其发电原理如图 5-26 所示。

用水浆将氨或氟利昂等低沸点工作介质打入蒸发器内，利用表层的温海水将蒸发器中的工质加热蒸发，被蒸发的液体作为工质，加压打入汽轮机，驱动汽轮发电机发电，利用深层的冷海水将从汽轮机排出的工质蒸汽冷凝，之后进入蒸发器再蒸发，如此反复循环。工质是在闭合的系统中循环的，所以称作闭式循环。海水温差发电功率的表达式如下：

$$P = \eta_c c G \Delta T$$

式中，η_c 为卡诺循环热效率；c 为海水比热；G 为流量；ΔT 为发电霉备韵进口温度与出口温度的差值。这种发电方式的原理很简单，与火电或核电的循环大体相同，只是不需要任何燃料，是一种无任何公害的可再生的能源。可以在海边建厂，也可以设在驳船上或悬浮在海中。

1. 备有采铀设施的温差发电装置

现在温差发电成本比以石油作能源的发电方式高 10～20 倍，尚未达到

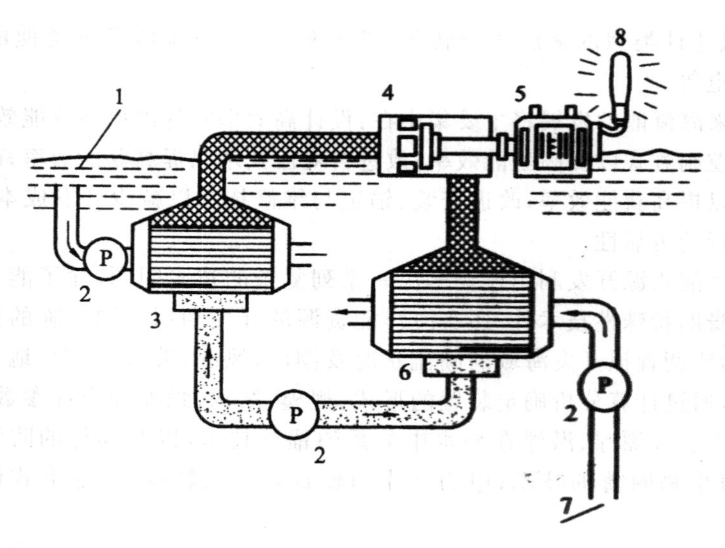

图 5-26　海水温差发电原理

1—表层海水；2—水泵；3—蒸发器；4—汽轮机；
5—发电机；6—凝汽器；7—深层海水；8—负荷

实用的程度。

本方案在将海水中的能源转换成电能的同时，从转换时所使用的海水中有效地提取铀，借此降低温差发电成本（图 5-27）

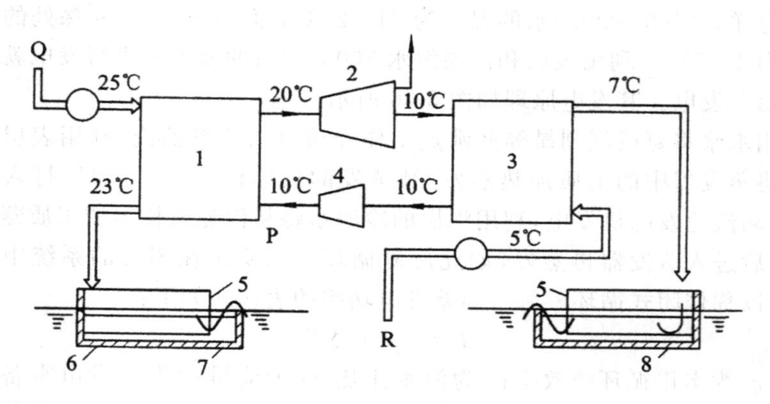

图 5-27　备有采铀设备设施的温差发电装置

1—蒸发器；2—汽轮发电机；3—凝聚器；4—压缩机；5—隔板；
6—方铅矿；7—蒸发器侧的采铀装置；8—凝聚器侧的采铀装置

温差发电装置将氨液等低沸点工质用海面高温水加热，汽化产生高压蒸汽，驱动汽轮发电机发电，然后利用深层低温海水将蒸汽冷凝，再利用压缩机使转换后的低压工质变成高压，之后再度送入蒸发器。

采铀装置是由凝聚器侧的采铀装置和沸水器侧的采铀装置两部分组成的。两种采铀装置构造相同，在水箱内部插入隔板，分隔成只有底部连通的两个小室，在各小室中放入铀吸着剂（如方铅矿等）。凝聚器侧采铀装置利用冷却用海水，此海水依次通过隔板形成的两个小室，最后返回到海面附近。在通过各小室的过程中，海水中所含的铀被方铅矿吸收。蒸发器侧的采铀装置也同样从蒸发器使用的海水中采铀。

2. 通过气液分离器将饱和蒸汽加热以获取热焓较大的过热蒸汽

以往利用海水温差发电都是利用蒸发器产生的工作流体蒸汽直接导入汽轮机发电的，因此上层海水温度一发生变化就会导致发电量的变化。由于蒸汽温度为饱和温度，因此在汽轮机内绝热膨胀时会产生液滴，对叶片工作不利。

本方案利用汽液分离器将饱和蒸汽分离，使其变为干燥的饱和蒸汽，再通过过热器加热蒸汽，即能获得热焓值较高的过热蒸汽，增大热降，以提高热循环的效率（图 5-28）。

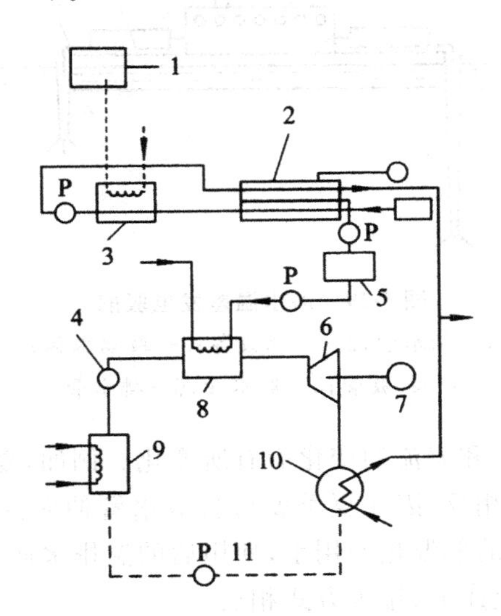

图 5-28　海水温差过热蒸汽发电系统

1—高温废气；2—海水淡化装置；3—加热器；4—汽液分离器；5—储水箱；6—汽轮机；7—发电机；8—过热器；9—蒸发器；10—凝聚器；11—水泵

该系统将高温的表层海水导入蒸发器，将低温深层海水导入凝聚器，使氟利昂等工作流体汽化或液化，在工作流体循环中配置汽轮机，在蒸发器和汽轮机之间配置汽液分离器。

通过这一系统,蒸发器中所产生的饱和蒸汽由汽液分离器分离干燥,变成水和蒸汽,蒸汽再经过加热器加热,即成为热焓值较大的过热蒸汽。由于创造的热降较大,实际上就提高了热力循环的效率,同时由于在过热区就发生了绝热膨胀,因此,在汽轮机内不会产生液滴,不致损伤叶片。

从凝聚器排出的深层海水,通过海水淡化装置后,经加热器,再通过海水淡化装置,使部分海水淡化,进而将高纯淡水通过储水箱导入过热器。

3. 备有开口露出水面、可伸缩的排水管道的海水温差发电驳船

本方案设计的供海水温差发电用的取排水机构在适当的深度抽取低温热源用的海水,并在不影响取水位置的适当深度排水。

如图 5-29 所示,装载发电设备的驳船本体一侧舷板上装有棒形天线状可伸缩取水管,在另一侧舷板上装有可伸缩的排水管,取水管的上部开口露出水面,在开口处伸出一抽水管用来抽取海水,此海水用于冷却发电设备,使用后的热水从放水管打入排水管内。

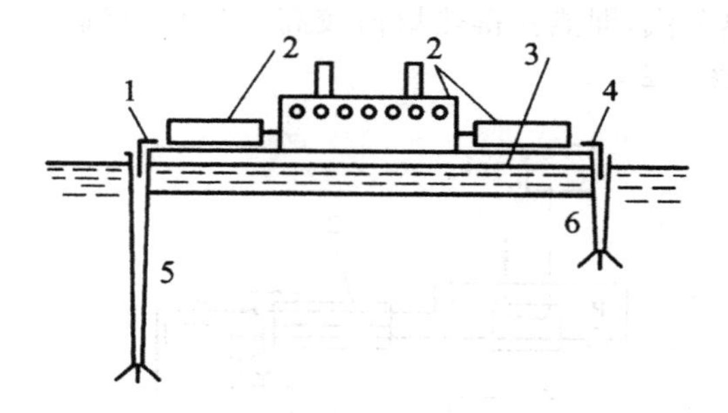

图 5-29 海水温差发电驳船

1—抽水管;2—发电设备;3—驳船本体;
4—排放管;5—取水管;6—排水管

海水温度随季节和海流的变化而有所变化。例如,夏季,深层水就比表层水温度低,冬季则相反,因此夏季就可将取水管伸向深层,抽取较冷的深层水,作为发电设备的低温热源用水,使用后的温排水通过缩短排水管排放到表层。冬季则与上述取、排水方式相反。

4. 利用海水发泡热焓发电的装置

以往的温差发电都需要大型低压汽轮机,经济性很差。本方案利用周围温度造成海水发泡的物理性能、热力学性能和机械性能实现发电。

如图 5-30 所示的穹形汽室具有 0.58m 的壁厚和 183m 的半径,由包藏蒸汽的浮置结构支持,保持着足够的浮力。

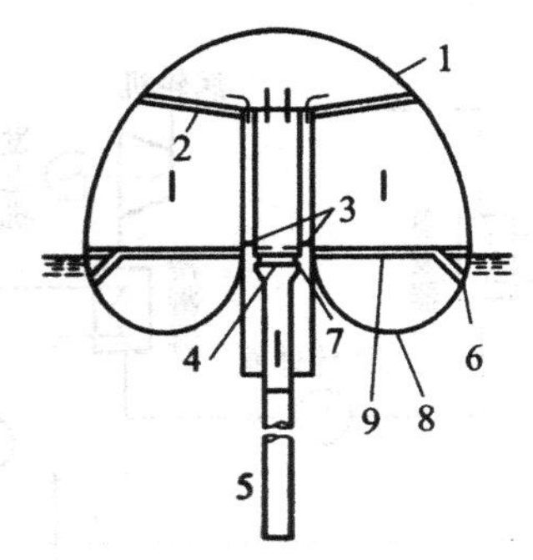

图 5-30　海水发泡发电装置

1—穹形壳体；2—气泡分离装置；3—汽轮机；4—凝聚器；5—深层海水取水管；6—表层水取水口；7—排水口；8—浮置结构；9—气泡发生器材

表面温水通过取水口进入穹形汽室内的发泡器材的上部，通过管子导入凝聚器，在密闭汽室内存在高温水和低温水，给汽室内带来了压力梯度，将温水压力值降低到了饱和蒸汽压力以下。结果是温水蒸发，蒸汽通过发泡器材经若干小孔导入温水内，产生气泡。

在穹形汽室内压力梯度气泡上升，与气泡分离装置接触。气泡分离装置由涡轮风扇构成，以离心方式分离气浪蒸汽和液体。经气泡分离装置分离的液体在下降导管中下降的同时，驱动汽轮机，然后排入海内，经分离的蒸汽被送至凝聚器由深层冷海水冷凝。

汽轮机的旋转能通过发电机转换成电能。

热焓势能若以运动能的形态加以利用，则上升的气泡可不进行分离，直接导入汽轮机，接着气相被凝缩成液相排出。

5.4.2　海洋温差发电的方式

1. 封闭式系统

封闭式循环海洋温差发电系统利用低沸点的工作流体作为工质。其主要组件包括蒸发器、冷凝器、涡轮机、工作流体泵、温海水泵与冷海水泵，如图 5-31 所示。因为工作流体在封闭系统中循环，故称为封闭式循环系统。封闭式循环系统的能源转换效率在 3.3%～3.5%，若扣除泵的能源消耗，则净效率在 2.1%～2.3%。

2. 开放式系统

开放式循环海洋温差发电系统并不利用其他工质的工作流体，而是直

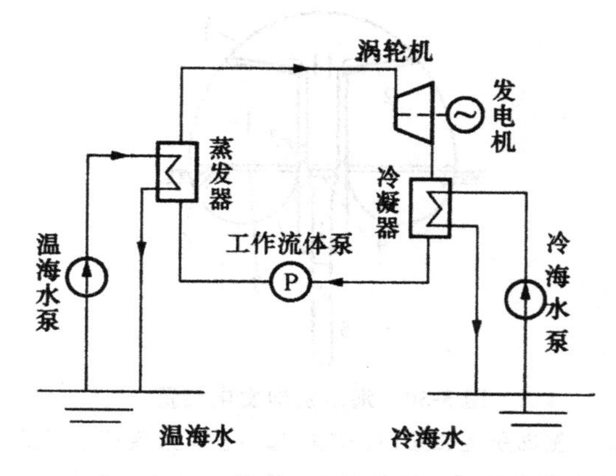

图 5-31 封闭式循环海洋温差发电系统

接使用温海水(图 5-32)。首先将温海水导入真空状态的蒸发器,使其部分蒸发,其蒸汽压力约为 3kPa(25℃),相当于 0.03 倍大气压力。水蒸气在低压涡轮机内进行绝热膨胀,做完功之后引入冷凝器,水蒸气被冷海水冷却成液体。冷凝的方法有两种:一种是水蒸气直接混入冷海水中,称为直接接触冷凝;另一种是使用表面冷凝器,水蒸气不直接与冷海水接触。后者即是附带制造淡水的方法。

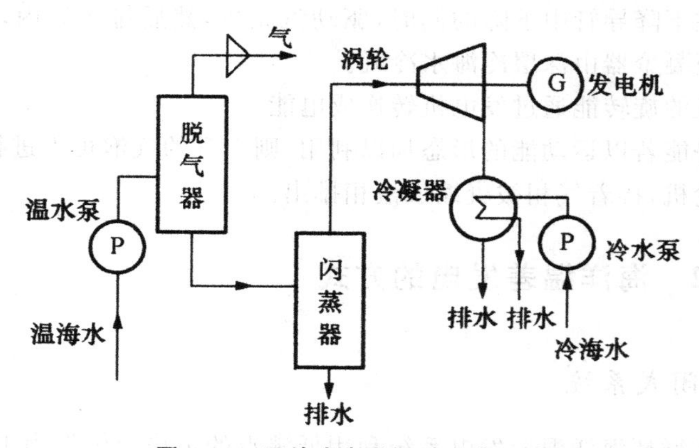

图 5-32 开放式海洋温差发电系统

3. 混合式系统

混合式海洋温差发电系统与封闭式循环系统有些类似,唯一不同的是蒸发器部分。混合式系统的温海水先经过一个闪蒸器(Flash Evaporator,一种使流体急速压缩,然后急速解压而产生沸腾蒸发的设备),使其中一部分温海水转变为水蒸气;随即将水蒸气导入第二个蒸发器(一种蒸发器与冷凝器的组合设备)，如图5-33所示。水蒸气在此被冷却，并释放热能；此热能再将低沸点的工作流体蒸发。工作流体经过循环而构成一个封闭式系统。

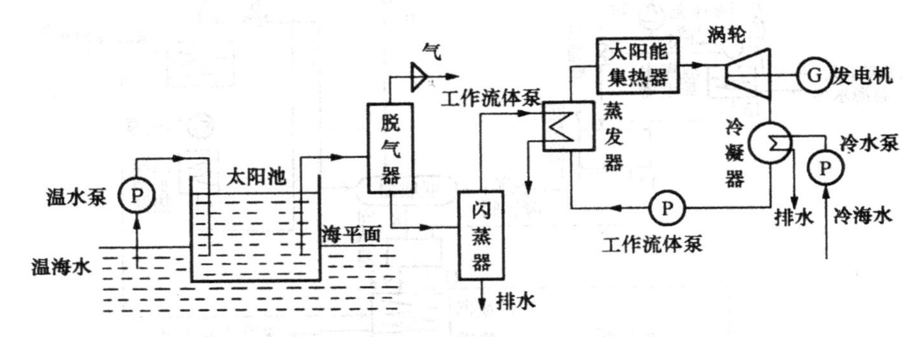

图5-33　混合式海洋温差发电系统

5.4.3　海洋温差能—太阳能联合热发电的方式

海洋温差能—太阳能联合热发电系统相当于引入新的热源，但需要考虑太阳能的不稳定性及昼夜交叉太阳能的不连续性。目前提出了有光照条件工作系统和无光照条件工作系统，有以下三种发电形式。

1. 闭式温差能—太阳能联合热发电循环系统

以氨—水非共沸混合液为循环工质，利用太阳能进行再加热，同时加装回热器，如图5-34所示[①]。

2. 有光照条件工作系统

采用非共沸混合工质氨—水作为循环工质，如图5-35为有光照条件的温差能—太阳能联合热发电循环示意图。其中数字代表系统循环工质在所处热力设备位置点处的状态。

① 翟秀静，刘奎仁，韩庆．新能源技术[M]．3版．北京：化学工业出版社，2017.

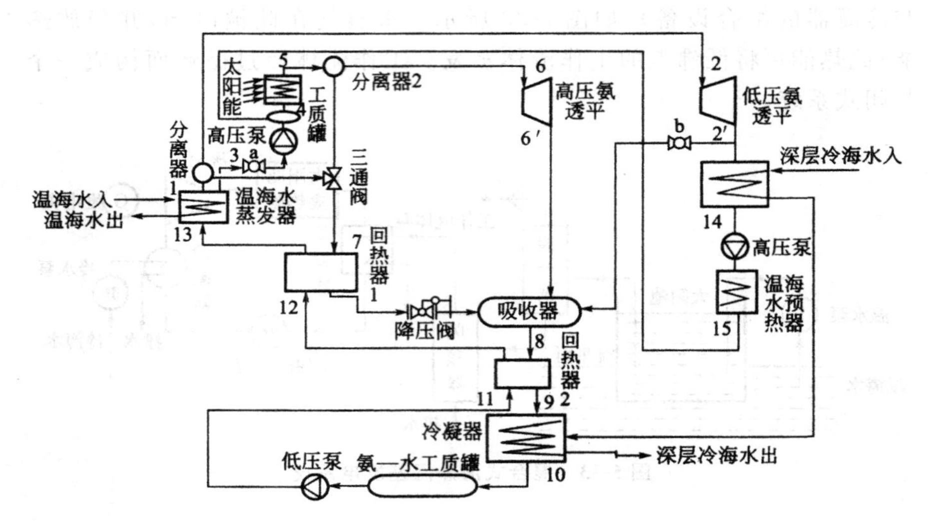

图 5-34 温差能—太阳能联合热发电循环系统示意图

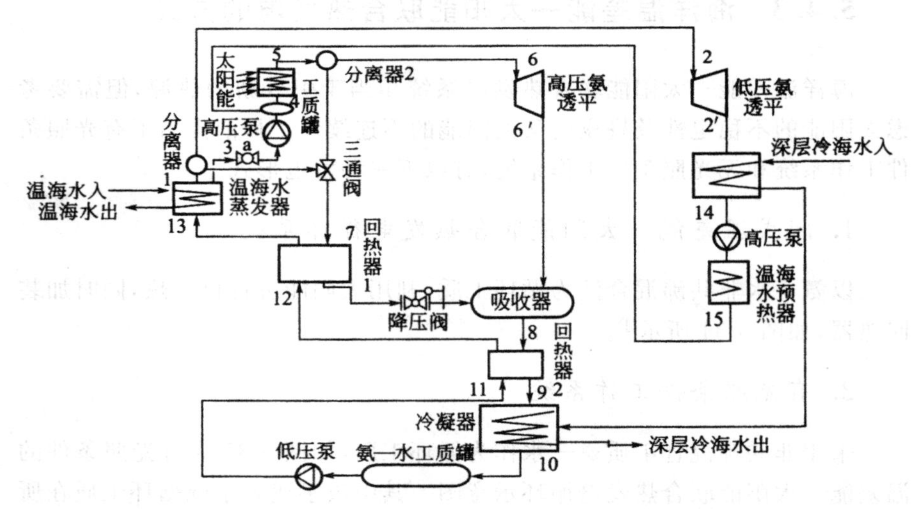

图 5-35 有光照条件的温差能—太阳能联合热发电循环示意图

3. 无光照条件工作系统

采用非共沸混合工质氨—水作为循环工质，图 5-36 所示为无光照条件海洋温差能—太阳能联合热发电示意图。其中数字代表系统循环工质在所处热力设备位置点处的状态。

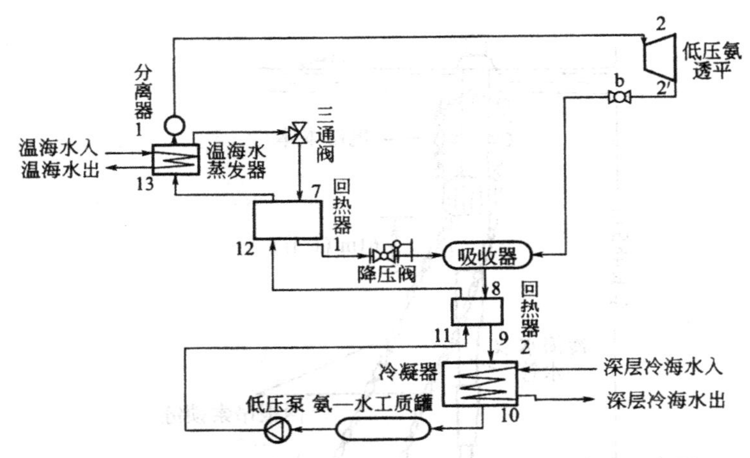

图 5-36 无光照条件海洋温差能—太阳能联合热发电示意图

5.4.4 海洋温差发电站

如图 5-37 所示为海洋温差发电示意图。目前世界上最具有代表性的海洋温差发电装置是美国夏威夷建立的海洋温差发电试验装置。该电站采用朗肯闭式循环系统，安装在一艘重 268t 的驳船上。发电机组的额定功率为 53.6kW，实际输出功率为 50kW，采用聚乙烯制成的冷水管深入海底，长达 663m，管径 0.6m，冷水温度 7℃，表层海水温度 28℃。所发出的电可用来供给岛上的车站、码头和居民照明。

5.4.5 发展趋势

目前，人们已经实现了大型海洋温差能电站建设的技术可行性，阻碍其发展的关键在于，低温差 20～27℃时系统的转换效率仅有 6.8%～9%，加上发出的电大部分用于抽水，冷水管的直径又大又长，例如，建造一座 40 万 kW 的温差发电站，其中仅冷水管就是一个直径为 30m，长 900m 的庞然大物，宛如一座建筑面积为 21 万 m^2，高 300 层的摩天大楼。冷水管内的冷水抽取量将是 3000m^3/s，相当于长江入海流量的十分之一。工程难度大，每千瓦投资成本约 1 万美元，因此其经济性令人质疑。

从以下两方面着手可促进海洋温差能发电的发展。

①利用沿海电厂的高温废水，特别是冷凝器的排出水，提高表层和深层海水的温差，提高海洋温差能发电的效率。

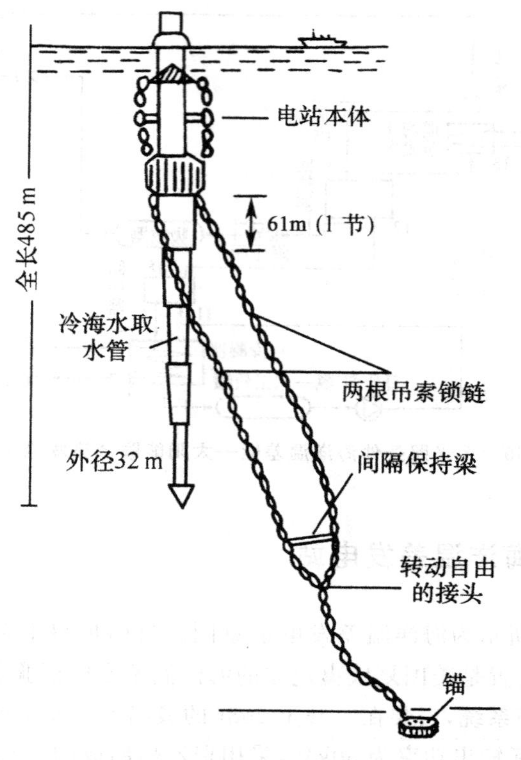

图 5-37　海洋温差发电示意图

②与开发深海矿藏或天然气水合物相结合，并在海上建大型化工厂、生物制品厂、海洋食品厂等就地提供和消费电能。

5.5　海洋盐差能发电

盐差能是指海水和淡水之间或两种含盐浓度不同的海水之间的化学电位差能，主要存在于河海交接处。同时，淡水丰富地区的盐湖和地下盐矿也可以利用盐差能。盐差能是海洋能中能量密度最大的一种可再生能源。通常，海水(3.5%盐度)和河水之间的化学电位差有相当于240m水头差的能量密度，这种位差可以利用半渗透膜(水能通过，盐不能通过)在盐水和淡水交接处实现。利用这一水位差就可以直接由水轮发电机发电。

5.5.1 盐差能发电的方法

1. 渗透压法

渗透压法可以分为强力渗压发电(图 5-38)、水压塔渗压发电(图 5-39)、压力延滞渗透发电(图 5-40)三种形式。渗透压发电大致的工作原理和过程:淡水和海水用半透膜隔开,淡水通过半透膜渗透到海水中,使海水在水压塔内升高,上升到一定高度,由海水导出管流出,这样具有一定势能的海水就推动水轮机转动,水轮机带动发电机发电。为了保持水压塔内的海水有较高的盐度,用海水补充泵补充海水,海水补充泵由水轮机带动。淡水导出管用来调节淡水量,将过剩的淡水排出,使淡水保持在一定的水位高度上。

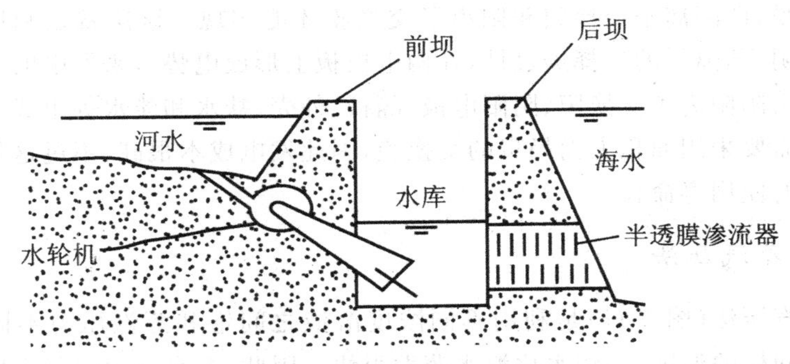

图 5-38 强力渗压发电系统

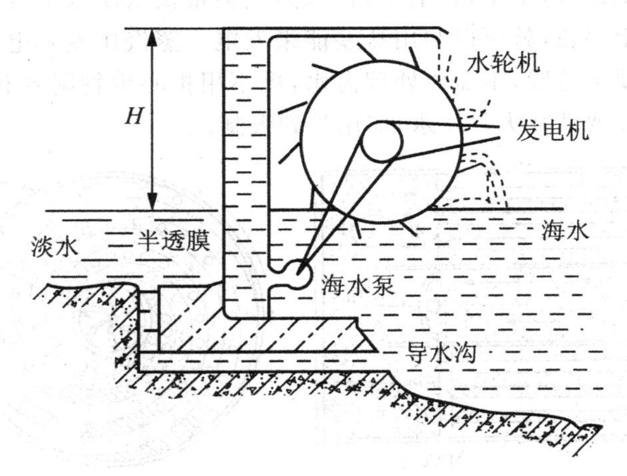

图 5-39 水压塔渗压系统

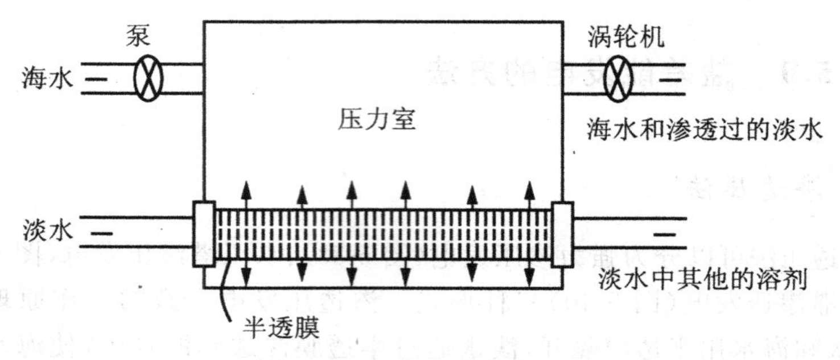

图 5-40　压力延滞渗压系统

2. 渗析电池法

渗析是一种以浓度差为推动力的膜分离技术。这种方法必须使用两种不同的膜,即阴离子交换膜和阳离子交换膜才能实现。该法就是利用膜对海水中阴、阳离子的选择透过性,在两电极板上形成电势差来发电的。该发电系统由阴阳离子交换膜、阴阳电极、隔板、外壳、盐水和淡水等组成。由于该系统需要采用面积大而昂贵的交换膜,因此发电成本很高,不过这种离子交换膜的使用寿命长。

3. 蒸汽压法

蒸汽压法(图 5-41)是利用不同浓度溶液之间饱和蒸汽压力不同来发电。在同样的温度下,淡水比海水蒸发得快。因此,海水一边的蒸汽压力要比淡水一边低得多,于是,在空室内,水蒸气会很快从淡水上方流向海水上方。只要装上涡轮,就可以利用盐差能来发电。蒸汽压差发电的最显著的优点是不需要半透膜,不需要处理海水,也不用担心生物附着和污染,但是发电过程中需要消耗大量淡水,应用受到限制。

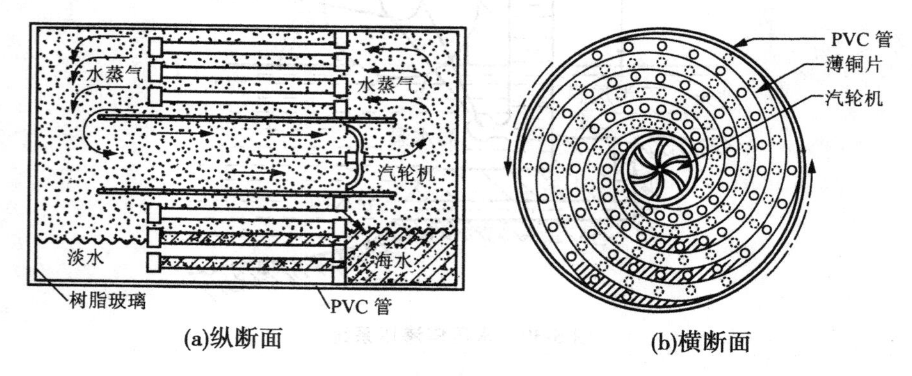

(a)纵断面　(b)横断面

图 5-41　蒸汽压法发电装置示意图

4. 浓差电池法

浓差电池法，是化学能直接转换成电能的形式。浓差电池，也称渗透式电池、反电渗析电池。有人认为，这是将来盐差能利用中最有希望的技术。一般要选择两种不同的半透膜，一种只允许带正电荷的钠离子（Na^+）自由进出，另一种则只允许带负电荷的氯离子（Cl^-）自由出入。浓差电池由阴阳离子交换膜、阴阳电极、隔板、外壳、浓溶液和稀溶液等组成，如图5-42所示，图中C代表阳离子交换膜、A代表阴离子交换膜。

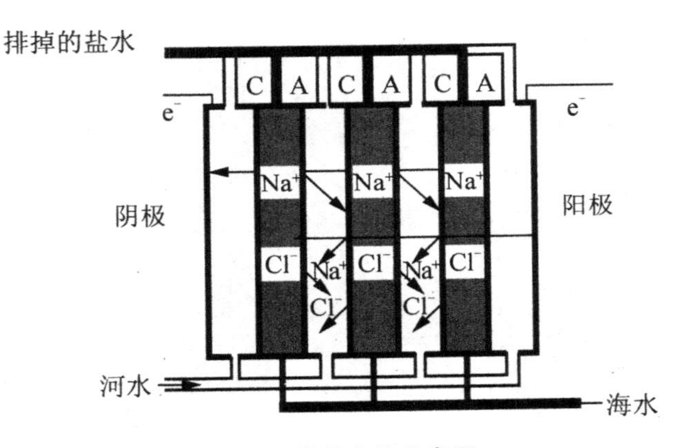

图5-42　浓差电池示意图

5.5.2　盐差能技术的应用与发展

海洋盐差能发电的设想是1939年由美国人首先提出来的。1973年发表了第一份关于利用渗透压差能发电的报告。

1975年以色列的洛布建造并试验了一套渗透法装置，证明了其利用的可行性。目前以色列已经建立了一座150kW盐差能发电试验装置。

最先引起科学家浓厚兴趣的试验地点是位于以色列和约旦边界的死海。目前，一座沟通地中海和死海间的经水工程及建在死海边的试验性的盐差能发电站工程已经开展，一旦投入运行，该电站将能发出60万kW的电力。

当然，相对于传统发电厂，盐差能发电厂的建设成本较高。据估计，建造一个200MW的盐差能发电厂大约需要投入6亿美元，发电的零售成本约为每度电9美分。相比之下，一个现代化石燃料电厂其发电成本最多为每度电5美分。

但是，盐差能发电技术一旦被证实可行，其成本将会显著降低。荷兰科学家认为，和风能相比，盐差能发电更加可靠。例如，一个典型的风力发电机平均每年只能发电 3500h，而一个盐差能发电厂则可以每年满负荷运行至少 7000h。

盐差能开发的技术关键是膜技术。除非半透膜的渗透流量能在目前水平的基础再提高一个数量级，并且海水可以不经预处理。否则，盐差能的利用还难以实现商业化。

第 6 章　燃料电池发电技术

燃料电池最常用的燃料是氢气，产物主要为水，几乎不排放氮氧化合物和硫氧化合物，所以其对减少环境污染是十分有利的。燃料电池按照电化学原理工作，运行时噪声小。同时燃料电池具有可靠性强、用途广等优点，使其越来越受到关注和研究。

6.1　燃料电池的发电原理

6.1.1　燃料电池工作原理

1. 电池电动势与 Nernst 方程

化学反应与电子的运动如图 6-1 所示。在能量水平高的氢与氧结合产生水时，首先氢气放出电子，具有正电荷；同时，氧气从氢气中得到电子，具有负电荷，两者结合成为中性的水。在氢与氧进行化学反应中，发生电子的移动，把电子的移动取出，加到外部连接的负载上面，这种结构即为燃料电池。

燃料电池作为能量转化装置，其工作方式接近汽油或柴油发电机。然而较传统发电机相比，需要将化学能转化为热能，从而进一步变为机械能，最后转化为电能。燃料电池可以直接转化化学能为电能，这样大大地减少了能量损耗，提高发电效率。

不同类型的燃料电池电极反应各有不同，但是都是由阴极、阳极、电解质这几个基本单元组成的且都遵循电化学原理，燃料气（氢气等）在阳极催化剂的作用下发生氧化反应，生成阳离子给出自由电子。氧化物在阴极催化剂的作用下发生还原反应，得到电子并产生阴离子，阳极产生的阳离子或阴极产生的阴离子通过质子导电而电子绝缘的电解质传递到另一个电极上，生成反应产物，而自由电子由外电路导出为用电器提供电能。

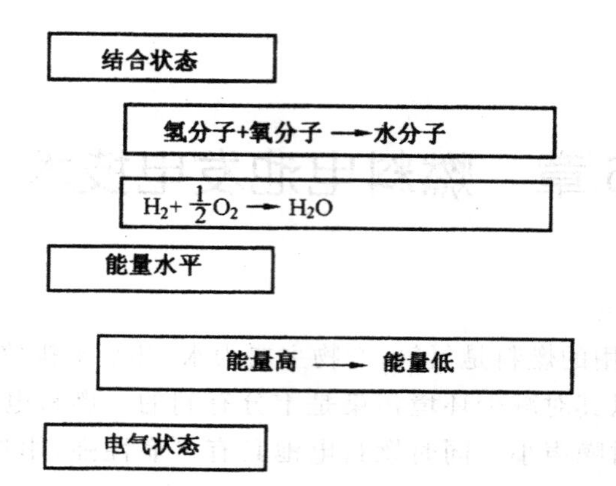

图 6-1 化学反应与电子的运动

对于一个氧化还原反应，如式(6-1)所示

$$[O]+[R] \longrightarrow P \tag{6-1}$$

式中，[O]是氧化剂，[R]是还原剂，P 为反应产物；对于半反应则可写为式(6-2)和式(6-3)

$$[R] \longrightarrow [R]^{+}+e^{-} \tag{6-2}$$

$$[R]^{+}+[O]+e^{-} \longrightarrow P \tag{6-3}$$

对于一个氧化还原反应，由化学热力学可知，该过程的可逆电功为

$$\Delta G=-nFE=\Delta H-T\Delta S \tag{6-4}$$

式中，E 为电池电动势；ΔG 为反应的吉布斯(Gibbs)自由能变化；F 为法拉第常数($F=96493C$)；n 为反应转移的电子数；ΔH 为反应的焓变，ΔS 为反应的熵变；T 为反应温度。式(6-4)是电化学和热力学联系的桥梁。

以氢氧反应为例：

阳极：

$$H_2 \longrightarrow 2H^{+}+2e^{-} \tag{6-5}$$

阴极：

$$H^{+}+\frac{1}{2}O_2+2e^{-} \longrightarrow H_2O \tag{6-6}$$

整体反应：

$$H_2+\frac{1}{2}O_2 \longrightarrow H_2O \tag{6-7}$$

反应过程中转移的质子数为2。如反应在室温(25℃),1个标准大气压下,由表6-1可算出Gibbs自由能。若反应生成液态水,则反应Gibbs自由能变化为−273.2kJ。若反应生成气态水,则为−228.6kJ。根据式(6-4),电池的可逆电动势分别为1.229V和1.190V。

表6-1　在25℃,1个标准大气压下燃料电池反应的电化学热力学数据

项目	ΔH/(kJ/mol)	ΔS/[kJ/(mol·k)]
H_2	0	0.13066
O_2	0	0.20517
液态水	−286.02	0.06996
水蒸气	−241.98	0.18884

由化学热力学可知,Gibbs自由能ΔG是随温度改变的,如式(6-8)所示

$$\left(\frac{\partial \Delta G}{\partial T}\right)_{\mathrm{P}} = -\Delta S \tag{6-8}$$

代入方程式(6-4),可得

$$\left(\frac{\partial F}{\partial T}\right)_{\mathrm{P}} = \frac{\Delta S}{nF} \tag{6-9}$$

$\dfrac{\Delta S}{nF}$被称为电池电动势的温度系数。当$T\Delta S>0$时,电池在等压可逆工作时为吸热反应,电池电动势随温度升高而增加;当$T\Delta S=0$时,电池在等压可逆工作时为绝热反应,电池电动势不随温度变化;当$T\Delta S<0$时,电池在等压可逆工作时为放热反应,对于电池反应$H_2+\frac{1}{2}O_2 \longrightarrow H_2O$而言,电动势的温度系数小于0,电池电动势随温度升高而降低。

由电化学热力学可知,当反应过程随温度变化时,并且反应物与产物在变化范围内均无相变,则有

$$\Delta S = \int \frac{\Delta c_{\mathrm{p}}}{T}\mathrm{d}T \tag{6-10}$$

$$\Delta H = \int \Delta c_{\mathrm{p}}\mathrm{d}T \tag{6-11}$$

式中,c_{p}为反应的定压热容,其与温度T的函数关系式可写为

$$c_{\mathrm{p}} = a + bT + cT^2 \quad 或 \quad c_{\mathrm{p}} = a + bT + cT^{-2} \tag{6-12}$$

从而可以求出任一温度下的电池电动势,热力学效率等参数。

对于任一化学反应

$$kA + lB \longrightarrow mC + nD \tag{6-13}$$

Gibbs自由能可写为

$$\Delta G=\Delta G_0+RT\ln\left(\frac{a_C^m a_D^n}{a_A^k a_B^l}\right) \tag{6-14}$$

式中，ΔG_0 为标准 Gibbs 自由能变化，即反应各物质浓度或压力均为 1 时 Gibbs 自由能变化，a_A^k 表示 A 物质活度，其中上标为化学反应数。对于理想气体，其活度可以用该气体分压（P_i）除以标准压力（P，即 1 个大气压）表示

$$a=\frac{P_i}{P} \tag{6-15}$$

对于氢氧燃料电池，将式(6-14)和式(6-15)代入式(6-4)中，可得

$$E=E_0+\frac{RT}{nF}\ln\left[\frac{a_{H_2}a_{O_2}^{0.5}}{a_{H_2O}}\right] \tag{6-16}$$

$$E=-\left(\frac{\Delta H}{nF}-\frac{T\Delta S}{nF}\right)+\frac{RT}{nF}\ln\left[\frac{P_{H_2}P_{O_2}^{0.5}}{P_{H_2O}}\right] \tag{6-17}$$

式(6-17)即为反应电池电动势与反应物，产物活度或压力关系的 Nernst 方程。式中 E_0 称为电池标准电动势，其仅是温度的函数，与反应物浓度，压力无关。各种燃料电池的 Nernst 方程式如表 6-2 所示。

表 6-2　各种燃料电池的电化学反应式的 Nernst 方程式

燃料电池反应式	Nernst 反应式
$H_2+\frac{1}{2}O_2\longrightarrow H_2O$	$E=E_0+\frac{RT}{nF}\ln\left[\frac{P_{H_2}P_{O_2}^{0.5}}{P_{H_2O}}\right]$
$CO+\frac{1}{2}O_2\longrightarrow CO_2$	$E=E_0+\frac{RT}{nF}\ln\left[\frac{P_{CO}P_{O_2}^{0.5}}{P_{H_2O}}\right]$
$CH_4+2O_2\longrightarrow 2H_2O+CO_2$	$E=E_0+\frac{RT}{nF}\ln\left[\frac{P_{CH_4}P_{O_2}^{2}}{P_{CO_2}}\right]$

2. 燃料电池动力学

燃料电池输出电量的定量关系服从法拉第定律，即燃料和氧化剂在电池内的消耗量 Δm 与电池输出的电量 Q 成正比，即

$$\Delta m=k\cdot Q=k\cdot I\cdot t \tag{6-18}$$

式中，I 为电流强度；t 为时间；k 为比例系数，表示产生单位电量所需的化学物质量，称为电化当量。

燃料电池的电池反应遵循化学动力学的定律，其电化学反应速率 v 定义为单位时间内物质的转化量：

$$v=\frac{\mathrm{d}(\Delta m)}{\mathrm{d}t}=k\frac{\mathrm{d}o}{\mathrm{d}t}=k\cdot I \tag{6-19}$$

电流强度 I 可用来代表电化学反应速率。电化学反应速率与电极和电解质的界面面积有关，所以通常考察单位面积上的电化学反应速率 $i=I/$界面面积，称为电流密度。

燃料电池的开路电压为电流为零时的电压，处于平衡状态，其电压等于平衡电压即能斯特电压。当电流通过燃料电池时，电极上会发生一系列物理与化学变化过程。例如，气体扩散、吸附、溶解、脱离、析出等，而每一个过程都存在阻力。为使电极上的反应持续不断进行，必须消耗自身能量去克服这些阻力。因此，电极电位就会出现偏离可逆电位的现象，这种现象被称为极化。

燃料气体和氧化剂在燃料电池的反应过程可以归纳为：反应气体移动至催化剂表面；反应气体在催化剂表面进行电化学反应；离子在电解质中迁移；反应产物从电极表面离开。在这四个步骤中，任一过程受到阻碍都将影响电极反应速率。

如图 6-2 所示，根据极化产生的原因，整个极化曲线可以分为二段。第一段主要由于电极表面刚启动电化学反应时，呈现速率迟钝的现象，通常为燃料未及时被催化。活化极化与电化学反应速率相关，因此又被称为电化学极化，影响这个阶段电压下降的主要原因是来自催化剂吸附与脱附动力学。第二段欧姆电阻主要来自离子在电解质内传递以及电子在电极移动时的电阻。影响此时电池性能的关键因素为燃料电池的内电阻，包括电解质膜的离子交换电阻及电极与电解质的接触电阻等。当燃料电池处于高电流状态时，燃料气体与氧化剂须及时移动至催化剂表面，一旦来不及供应，电极表面无法维持适当反应浓度时，就会发生浓差极化。因此，燃料电池的输出电压为 $V=E_{开路电压}-\eta_{活化过电位}-\eta_{欧姆过电位}-\eta_{浓差过电位}$。

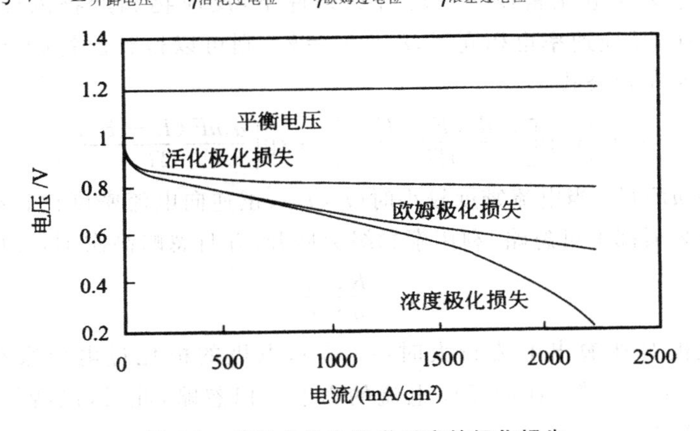

图 6-2　燃料电池电化学反应的极化损失

电化学反应遵循化学反应动力学，现考虑单一物体反应如式(6-20)所示。

$$A \underset{k_b}{\overset{k_f}{\rightleftharpoons}} B \tag{6-20}$$

则反应速率可表示为

$$v_f = k_f C_A \text{ 或 } v_b = k_b C_B$$

$$v_{net} = v_f - v_b = k_f C_A - k_b C_B \tag{6-21}$$

式中，v_f 和 v_b 分别是正向和逆向反应速率；k_f 和 k_b 是反应常数；C_A 和 C_B 分别代表物质 A 和 B 的浓度。

根据阿仑尼乌斯方程，反应速率式可表达为

$$k = A e^{-E_a/RT} \tag{6-22}$$

式中，E_a 为反应的活化能；A 为频率因子；T 为温度。

当电池电动势变化 ΔE 变化到一个新值 E，则吉布斯自由能 ΔG^* 达到一个新的自由能 $\Delta G - F\Delta E = -F(E - E_r)$，假设为单电子反应。因此，燃料电池中还原反应和氧化反应的吉布斯自由能变化可以表示为

还原反应：$\Delta G = \Delta G^* + \alpha_a F\Delta E$

氧化反应：$\Delta G = \Delta G^* - \alpha_c F\Delta E$ (6-23)

式中，α_a 和 α_c 分别是还原反应和氧化反应的传递常数，$\alpha_c = 1 - \alpha_a$，将式(6-23)代入式(6-22)中，则可以得到

还原反应：$k_f = k_{f,0} e^{-\alpha_a F\Delta E/RT}$

氧化反应：$k_b = k_{b,0} e^{-\alpha_c F\Delta E/RT}$ (6-24)

当处于平衡反应时，则有

$$i_0 = nFC_A k_{f,0} e^{-\alpha_a F\Delta E/RT} = nFC_B k_{b,0} e^{-\alpha_c F\Delta E/RT} \tag{6-25}$$

式中，i_0 为交换电流密度。考虑特殊条件下，反应物和产物浓度相同时 $C_A = C_B = C$，反应速率也相同时，$k_f = k_b = k$。则可以得到巴特勒—沃尔玛(ButlerVolmer)公式

$$i = i_0 \left\{ \exp\left[\frac{\alpha_a nF(E - E_r)}{RT} \right] - \exp\left[\frac{\alpha_c nF(E - E_r)}{RT} \right] \right\} \tag{6-26}$$

式中，$i_0 = nFkC$。当电流密度较小时($i \ll i_0$)，正逆向电流密度比较接近，式(6-26)中 2 项都不可忽略，利用泰勒级数展开，并且忽略高次项，可得：

$$\eta = \frac{RT}{nF} \frac{i}{i_0} \tag{6-27}$$

当电极对外输出电流较大时($i \gg i_0$)，电极的极化过电位很小，则有 $e^{-\alpha_a F\Delta E/RT} \gg e^{-\alpha_c F\Delta E/RT}$，逆向反应电流的影响可以忽略，此时，巴特勒—沃尔玛公式可简写为

$$\eta = E - E_r = \frac{RT}{\alpha_a F}\ln\left(\frac{i}{i_0}\right)$$

$$\eta = a + b\log i \tag{6-28}$$

式中，$a = -\frac{RT}{\alpha nF}\log i_0$；$b = \frac{RT}{\alpha nF}$，$b$ 即是塔菲尔斜率。塔菲尔在 1905 年经过一系列试验，从结果中归纳出电极表面过程与电流密度之间的经验公式存在与式(6-27)相同的关系，因此，这个公式也被称为塔菲尔方程式(6-28)。通过对过电位和电流密度对数作图(图 6-3)，可以获得交换电流密度 i_0 和塔菲尔斜率 b 从而计算出传递常数 α。

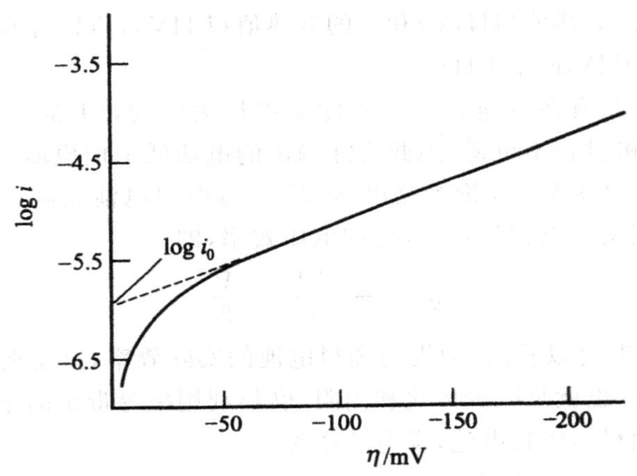

图 6-3　活化过电位与电流密度函数关系

3. 燃料电池的效率

燃料电池作为能量转化装置，在转化过程中必然伴随能量损失，因此转化效率是考察燃料电池性能的一个重要指标。能量转化效率是指装置输出的能量和输入能量的百分比，即

$$\eta = \frac{\text{输出的可用能量}}{\text{输入的能量}} \tag{6-29}$$

根据热力学第二定律，理想的热机效率是由热机工作所处的高温 T_H 和低温 T_C 之比决定的，所以工作温度越高，效率越高，这就是所谓的卡诺机效率。

$$\eta = 1 - \frac{T_C}{T_H} \tag{6-30}$$

燃料电池进行可逆电化学反应时，自由能可以完全转化为输出的电能，假设燃料电池与热机具有相同的效率，燃料电池不必像热机一样受到温度的限制。在此情况下，燃料电池具有不必在高温下就能够达到高效率的优势，也即是人们通常所说的燃料电池不受卡诺循环的限制。

$$\eta=\frac{\Delta G}{\Delta H} \tag{6-31}$$

对于燃料电池的氢氧反应，假设 Gibbs 自由能全部转化为电能，最终产物为液态水，即可得到最大转化率为

$$\eta=\frac{\Delta G}{\Delta H}=\frac{237.34}{285.8}\times 100\%=83\% \tag{6-32}$$

由于生成的产物是水，可以为液态水或者水蒸气，这两种状态下水的吉布斯自由能分别为 285.8kJ/mol 和 241.8kJ/mol。差别在于水的汽化潜热，被称为水的高热值(HHV)和水的低热值(LHV)，所以计算热力学效率时要注明是 HHV 还是 LHV。

燃料电池只有在可逆状态下才能输出最大电功，即 ΔG。当燃料电池有负载时，电极过程不可逆，因此实际输出的电功低于理想输出的电功。其实际工作电压(V)低于理论开路电压(E)。将燃料电池实际输出的电功与可用能之比定义为电化学效率，也称电压效率，即

$$\eta_e=\frac{-nEV}{\Delta G}=\frac{V}{E} \tag{6-33}$$

由式(6-33)可以看出，为提高燃料电池的实际效率，就是要提高燃料电池的工作电压，也就是减少极化和内阻、燃料利用率等带来的电压损失。对于纯氢气为燃料的燃料电池，发电效率为

$$\eta_e=\begin{cases}V/1.48, \text{HHV}\\ V/1.25, \text{LHV}\end{cases} \tag{6-34}$$

6.1.2 燃料电池系统

燃料电池发电装置除了燃料电池本体之外，还必须和以下周边装置共同构成一个系统。燃料电池系统与燃料电池本体的形式及使用燃料的不同和用途的不同而有区别，主要有燃料重整系统、空气供应系统、直流—交流逆变系统、余热回收系统以及控制系统等周边装置。在高温燃料电池中还有剩余气体循环系统。燃料电池发电装置的系统构成如图 6-4 所示。

6.1.3 燃料电池的特点

1. 与其他电池的区别

燃料电池不同于常见的干电池与蓄电池，它不是能量储存装置，而是一

个能量转化装置。

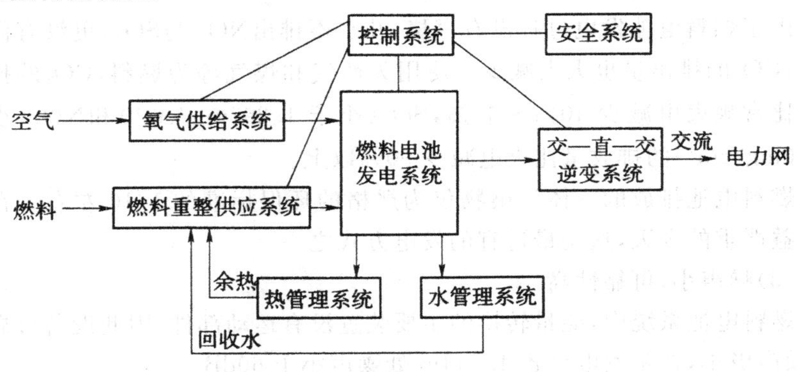

图 6-4　燃料电池系统的构成

一方面，干电池与蓄电池没有反应物质的输入与生成物的排出，在其“电量用光”之前，可以将其存储的电能持续提供出来；而燃料电池需要不断地向其供应燃料和氧化剂，才能维持持续的电能输出，供应中断，发电过程就结束。

另一方面，干电池与蓄电池工作寿命有限，一旦“电量用光”也就不能再用了；而燃料电池可以连续地对自身供给反应物（燃料）并不断排出生成物（水等），因此只要供应不断，就可以连续地输出电力。

2. 与其他发电方式的区别

燃料电池被认为是21世纪全新的高效、节能、环保的发电方式之一。与其他发电方式相比，燃料电池具有很多独特的优点。

(1)能量转换效率高

燃料电池发电过程不涉及燃烧，不受卡诺循环限制，又没有过多的中间转换环节（例如火电厂需要锅炉燃烧释放热量产生蒸汽、汽轮机将高温高压蒸汽的能量转换为机械能，发电机将机械能转换为电能），也就没有中间转换损失，因而能量转换效率高。无论大小，燃料电池本体的发电效率均可达40%～60%。

组成的联合循环发电系统在10～50MW规模即可达70%以上，若进一步将化学反应产生的热能加以利用，燃料电池的总效率可达到80%以上。实际使用效率是普通内燃机的2～3倍。

此外，燃料电池的发电效率受负荷和容量的影响较小，不论装置的规模大小，在满负荷或低负荷下运行，均能保持高发电效率。

(2)污染少,清洁友好

由于燃料电池发电过程没有燃烧,几乎不排出NO_x与SO_x,更没有固体粉尘,CO_2的排出量也大大减少。使用天然气和煤气等为燃料,CO_2的排出量也比常规火电减少40%～60%,SO_x(小于1.293mg/cm^3)和NO_x(小于2.586mg/cm^3)的排放量比火电减少90%以上。

燃料电池排放的气体污染物仅为严格的环保标准的1/10左右。在污染日益严重的今天,这是最适宜的发电方式之一。

(3)噪声小,可靠性高

燃料电池系统中,能量转换的主要装置没有运动部件,因此设备可靠性高,噪声极小,在距发电设备1.044m处噪声小于60dB。

(4)燃料多,资源广泛

可用于燃料电池发电的燃料种类众多,有氢气、甲醇、煤气、沼气、天然气、轻油、柴油、含氢废气等,资源广泛。

(5)限制少,建设灵活

采用组件化设计、模块化结构,建设灵活,扩容和增容容易,电站建设工期短(平均仅需2个月左右);无须大量的冷却水,占地面积小(小于1m^2/kW);选址几乎没有限制。很适合于内陆及城市地下应用,并可按需要装配成发电系统安装在海岛、边疆、沙漠等地区。

(6)负荷适应性强

燃料电池对负荷的适应能力强,过载或欠载都能承受而效率基本不变,负荷变化的范围为20%～120%。

负荷响应速度很快,每分钟可变化8%～10%,用于电网调峰优于其他发电方式。

发电出力由电池堆的出力和组数决定,机组容量的自由度大;自动程度高,可实现无人操作。

总之,燃料电池是一种高效、洁净、方便的发电装置,既适合于做分布式电源,又可在将来组成大容量中心发电站,对电力工业具有极大的吸引力。

6.1.4 氢的特点

氢位于元素周期表之首,它的原子序数为1,以符号H表示。氢的相对原子质量是1.008,是已知元素中最轻的元素。它在常温常压下为气态,在超低温高压下又可成为液态,沸点是-252.87℃,凝固点是-259.14℃。氢能的特点如图6-5所示。

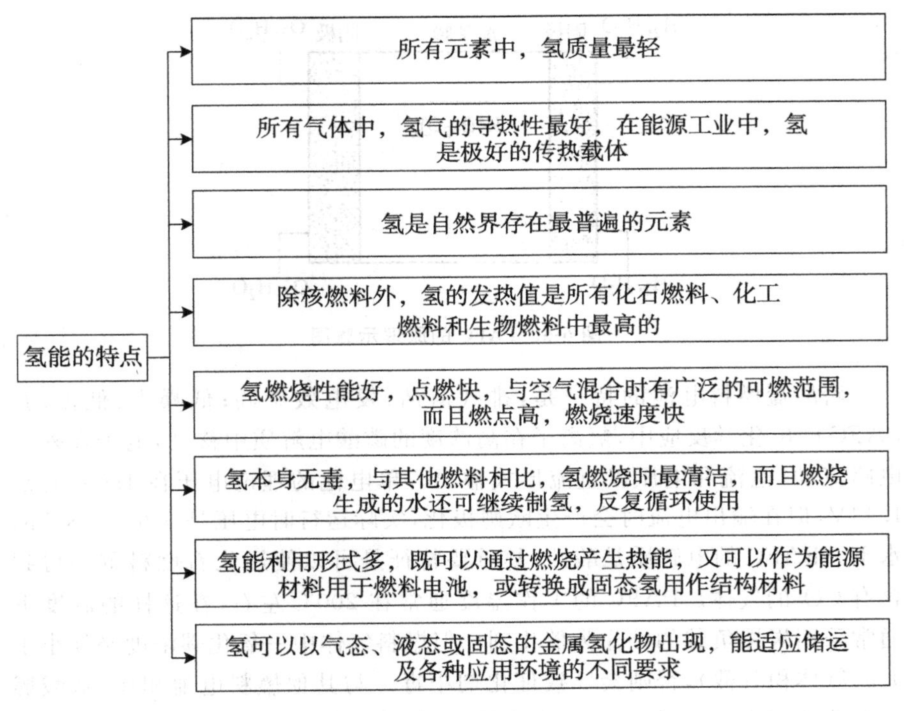

图 6-5　氢能的特点

6.2　磷酸型燃料电池

6.2.1　工作原理

磷酸型燃料电池 PAFC(Phosphorous Acid Fuel Cell)以磷酸水溶液为电解质,重整气为燃料,空气为氧化剂。它对燃料气和空气中的 CO_2 具有耐受力,因此,它能适应各种工作环境。

如果考虑以氢为燃料,氧为氧化剂,PAFC 的反应如下。

阳极反应：　$H_2 \longrightarrow 2H^+ + 2e^-$

阴极反应：　$\frac{1}{2}O_2 + 2H^+ + 2e^- \longrightarrow H_2O$

电池反应：　$\frac{1}{2}O_2 + H_2 \longrightarrow H_2O$

PAFC 的工作原理如图 6-6 所示。

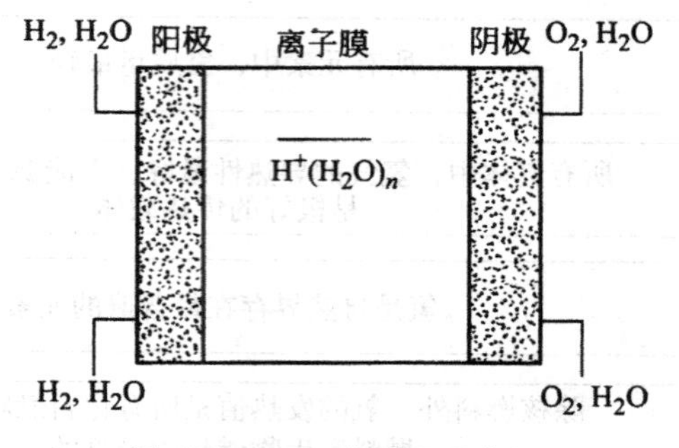

图 6-6　PAFC 的原理示意图

磷酸盐燃料电池的特征是：排气清洁；发电效率高；低噪声、低振动。PAFC 的电化学反应中，氢离子在高浓度的磷酸电解质中移动，电子在外部电路流动，电流和电压以直流形式输出。单电池的理论电压在 190℃时是 1.14V，但在输出电流时会产生欧姆极化，实际运行时电压是 0.6～0.8V 的水平。PAFC 的电解质是酸性，其重要特征是可以使用化石燃料重整得到含有 CO_2 的气体。PAFC 的工作温度通常在 200℃左右，在这样的温度下通常采用炭黑负载的铂作为催化剂。但燃料气体中一氧化碳浓度必须小于 0.5%(体积分数)，否则会导致催化剂中毒。与其他燃料电池相比，磷酸燃料电池的制作成本低，发展较为成熟，目前已经实现商品化。但由于磷酸的腐蚀作用，使其寿命较低，用于电网发电的价格较高，还无法取得优势。

6.2.2　PAFC 的结构

PAFC 由多节单电池按压滤机方式组装构成电池组。PAFC 的工作温度一般为 200℃左右，能量转化率约在 40%，为保证电池工作稳定，必须连续地排除废热。PAFC 电池组在组装时每 2～5 节电池间就加入一片冷却板，通过水冷、气冷或油冷的方式实施冷却。如图 6-7 所示。

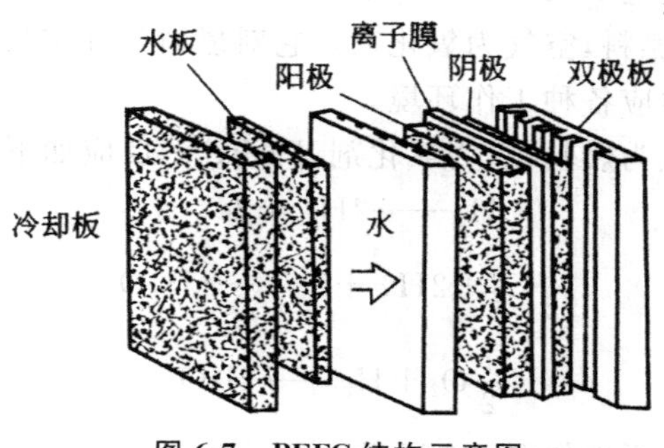

图 6-7　PEFC 结构示意图

(1)水冷排热

水冷可采用沸水冷却和加压冷却。沸水冷却时,水的用量较少,而加压冷却则要求水的流量较大。水冷系统对水质要求高,以防止水对冷却板材料的腐蚀。水中的重金属含量要低于百万分之一,氧含量要低于十亿分之一。

(2)空气冷却

采用空气强制对流冷却系统简单、操作稳定。但气体热容低,造成空气循环量大,消耗动力过大。所以气冷仅适用于中小功率的电池组。

(3)绝缘油冷却

采用绝缘油作冷却剂的结构与加压式水冷相似,油冷系统可以避免对水质高的要求,但由于油的比热容小,流量远大于水的流量。

6.2.3 燃料重整反应

当燃料电池用化石燃料为燃料时,必须要把碳氢混合物变为氢气。氢气制造的方法,主要有水蒸气重整法和部分氧化法两种。

水蒸气重整法是一种常见的制氢方法,需要利用催化剂来进行,其反应式为

$$C_nH_n + nH_2O \longrightarrow nCO + \left(\frac{m}{2} + n\right)H_2 + O \tag{6-35}$$

$$CO + H_2O \longrightarrow CO_2 + H_2 + 9.83\text{kcal} \tag{6-36}$$

在利用甲烷时,式(6-35)为

$$CH_4 + H_2O \longrightarrow CO_2 + 3H_2 - 49.27\text{kcal} \tag{6-37}$$

一般在进行式(6-35)、式(6-37)的反应时,催化层温度为700~950℃,压力为常压40kN/cm^2。式(6-36)的反应在200~450℃范围内进行。而在利用甲醇时,反应式如式(6-38)所示的反应,重整催化剂一般用铜作为催化剂,反应温度为200~300℃,在10kN/cm^{2}压力以下进行。

$$CO_2 + H_2O \longrightarrow CO_3 + H_2 + 9.83\text{kcal/mol} \tag{6-38}$$

$$CH_3OH \longrightarrow CO + 2H_2 - 21.7\text{kcal/mol} \tag{6-39}$$

部分氧化法是把碳氢元素的一部分在氧气中或者空气中燃烧,再把燃烧中生成的水和碳酸气与残余的碳氧元素通过燃烧再进行反应的方法。这一方法常应用于使用碳氢元素大规模制造氢气的情况。

6.2.4 PAFC的制备工艺

1. PAFC的电解质

PAFC的电解质是浓磷酸,浓磷酸浸泡在SiC和聚四氟乙烯制备的电

绝缘的微孔结构隔膜里。设计隔膜的孔径远小于PAFC采用的氢电极和氧电极(采用多孔气体扩散电极)的孔径,这样可以保证浓磷酸容纳在电解质隔膜内,起到离子导电和分隔氢、氧气体的作用。当饱吸浓磷酸的隔膜与氢、氧电极组合成电池的时候,部分磷酸电解液会在电池阻力的作用下进入氢、氧多孔气体扩散电极,形成稳定的三相界面。

PAFC的电催化剂是铂,目前采用炭黑做铂的担体,降低了铂的用量,同时提高了铂的利用率。炭黑目前多采用X-72型炭,它具有导电、耐腐蚀、高比表面积和低密度的优点,同时它的廉价也降低了成本。

2. PAFC的氢、氧电极

PAFC的氢、氧电极要求是多孔气体扩散型,为保障性能要求,氢、氧电极的结构经过多年改进,目前采用三层结构电极,如图6-8所示。

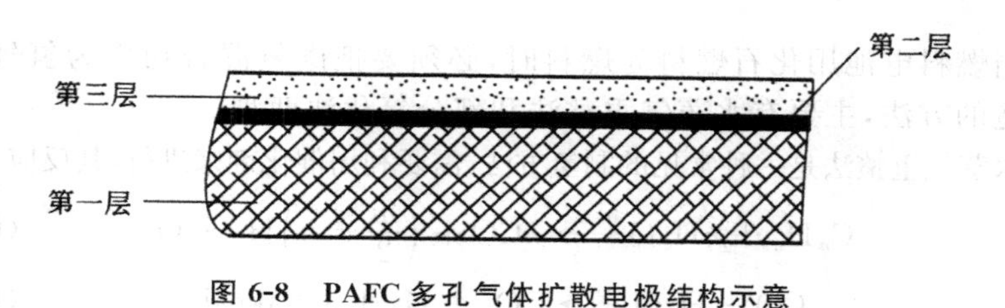

图6-8 PAFC多孔气体扩散电极结构示意

第一层是支撑层,材料常采用碳纸,碳纸的孔隙率高达90%,浸入40%~50%的聚四氟乙烯乳液后,孔隙率降至60%左右,平均孔径为12.5μm。支撑层的厚度为0.2~0.4mm,它的作用是支撑催化层,同时起到收集和传导电流的作用;第二层是扩散层,在支撑层表面覆盖由X-72型炭和50%聚四氟乙烯乳液组成的混合物,厚度为1~2μm;第三层是催化层,在扩散层上覆盖由铂/炭电催化剂+聚四氟乙烯乳液(30%~50%)的催化层,厚度约50μm。

3. PAFC的双极板

PAFC的双极板材料采用复合碳板。复合碳板分三层,中间为无孔薄板,两侧为多孔碳板。

6.2.5 PAFC的应用

1976年以来,美国实施了一系列计划,开展了PAFC试验电站的运作,其中代表性的有Target计划、GRI-DOE计划和FCG-1计划。

1. Target 计划

美国的国际燃料电池公司(当时名称是普拉特—惠特尼航空公司)联合 28 家公司组合,共同开展 PAFC 的开发,命名为 Target 计划。Target 计划获得了成功,研制开发成功 12.5kW 的 PAFC 系统,命名为 PC11A,如图 6-9 所示。

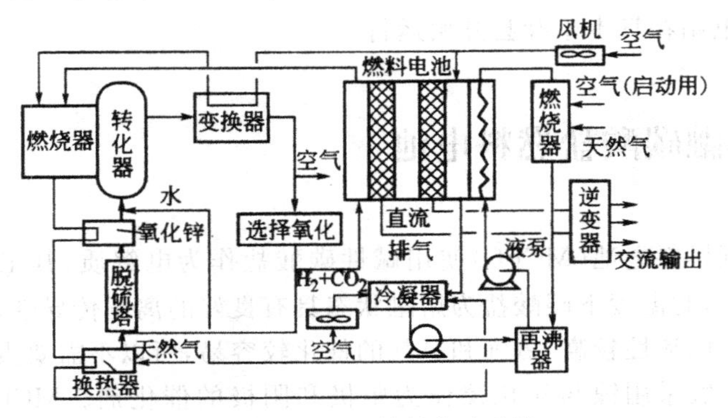

图 6-9 PC11A 燃料电池系统

PC11A 系统由四个电池组构成,每个电池组由 50 节单电池构成。电池组采用水冷排热系统。Targer 计划共产生了 64 台 PC11A 电站,分别安放于美国、加拿大和日本的工厂、公寓和宾馆等场所进行应用试验。结果表明,PAFC 电站是高效可行和环境友好的分散电站。

2. GRI-DOE 计划

GRI-DOE 计划分别开发了 40kW 和 200kW 的 PAFC 电站,在美国和日本进行了现场应用试验。200kW 的 PAFC 电站采用水冷和空冷排热系统,其中空冷的 PAFC 电站流程如图 6-10 所示。

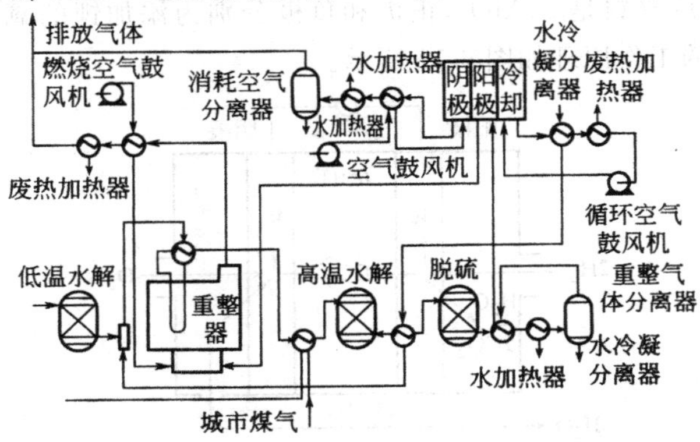

图 6-10 GRI-DOE 燃料电池系统流程

GRI-DOE 计划证明 PAFC 电池组进行的可靠性，但也提出需降低成本。

3. FCG-1 计划

FCG-1 计划的目标是建立大型的 PAFC 发电站，由美国能源部组织实施。FCG-1 计划开发了 4.5MW 和 11MW 的 PAFC 电站。1991 年，11MW 的 PAFC 电站在日本千叶县开始运行。

6.3 熔融碳酸盐燃料电池

熔融碳燃料电池（MCFC）使用碱性碳酸盐作为电解质，其工作温度为 600～800℃，此温度下碳酸盐为熔融状态具有良好的离子传导性，且由于高温下化学反应活性较高，氢气和氧气的催化较容易，所以不需要贵金属作为催化剂。一般采用镍与氧化镍作为阳极和阴极的催化剂。MCFC 可以使用化石燃料，可以内重整，系统比较简单。一氧化碳、甲烷等对低温燃料电池有毒的气体都可以作为燃料。其转化效率比较高，反应过程中不需要水作为介质，所以避免了采用复杂的水管理系统。

MCFC 适用于建立高效、环境友好的电站，它的特点是电池材料价廉，电池堆易于组装，效率为 40％以上，同时具有噪声低、无污染和余热利用价值高的优点。

6.3.1 MCFC 的工作原理

MCFC 的电解质为熔融碳酸盐，一般为碱金属 Li、K、Na 及 Cs 的碳酸盐混合物，隔膜材料是 $LiAlO_2$，正极和负极分别为添加锂的氧化镍和多孔镍。MCFC 的工作原理如图 6-11 所示。

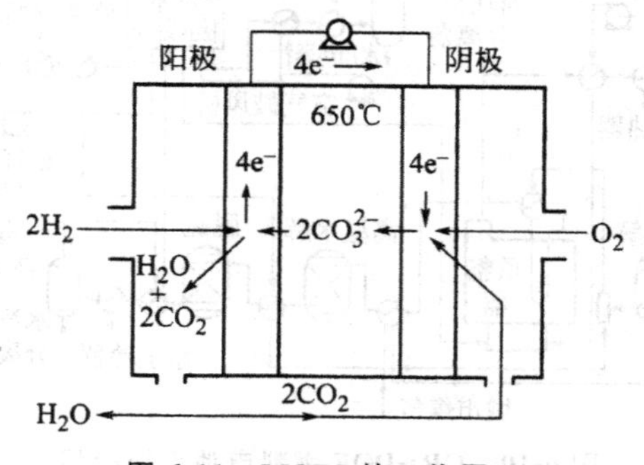

图 6-11　MCFC 的工作原理

MCFC 电池的反应如下：

阴极反应：　$O_2 + 2CO_2 + 4e^- \longrightarrow 2CO_3^{2-}$

阳极反应：　$2H_2 + 2CO_3^{2-} \longrightarrow 2H_2O + 2CO_2 + 4e^-$

总反应：　$O_2 + 2H_2 \longrightarrow 2H_2O$

由上述反应可知，MCFC 的导电离子为CO_3^{2-}，CO_2在阴极为反应物，而在阳极为产物。实际上电池工作过程中 CO_2 在循环，即阳极产生的 CO_2 返回到阴极，以确保电池连续地工作。通常采用的方法是将阳极室排出来的尾气经燃烧消除其中的 H_2 和 CO，再分离除水，然后将 CO_2 返回到阴极循环使用。

6.3.2　MCFC 的结构

MCFC 的结构示意图如图 6-12 所示。MCFC 组装方式是：隔膜两侧分别是阴极和阳极，再分别放上集流板和双极板。

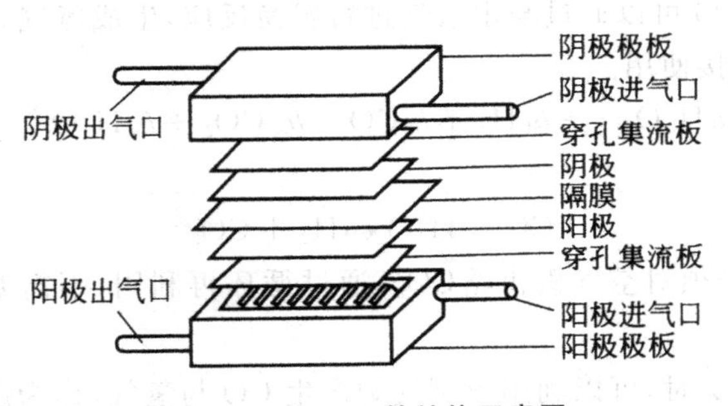

图 6-12　MCFC 的结构示意图

MCFC 电池组的结构如图 6-13 所示。按气体分布方式可分为内气体分布管式和外气体分布管式。外气体分布管式电池组装好后，在电池组与进气管间要加入由 $LiAlO_2$ 和 ZrO_2 制成的密封垫。由于电池组在工作时会发生形变，这种结构导致漏气，同时在密封垫内还会发生电解质的迁移。鉴于它的缺点，内气体分布管式逐渐取代了外气体分布管式，它克服了上述的缺点，但却要牺牲极板的有效使用面积。

在电池组内氧化气体和还原气体的相互流动有三种方式：并流、对流和错流。目前采用错流方式。

6.3.3　使用的燃料

碳酸盐型燃料电池所使用的燃料范围广泛，以天然气为主的碳氢化合物均可，如碳氢气、甲烷、甲醇、煤炭、粗制油等。但不能直接使用这些作为

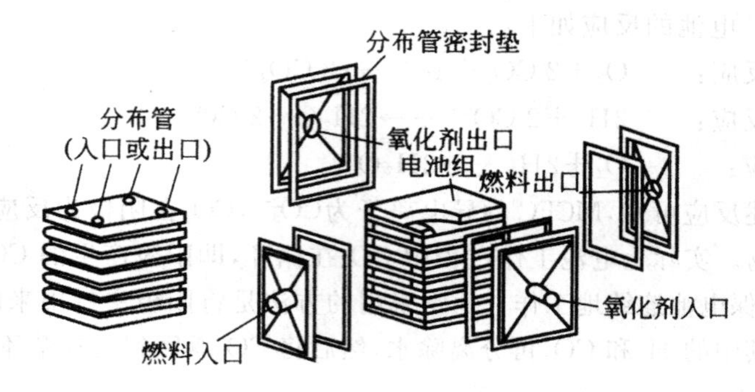

图 6-13 MCFC 电池组气体分布管结构

燃料，而要把它们通过化学反应转换成氢气与 CO。例如，以天然气为主要成分的甲烷要利用如式(6-40)所示反应进行重整，成为以氢气与 CO 为主要成分的气体(这里的 $b_1 \sim b_5$ 是指投入 $a$mol 的水蒸气时，生成各成分的 mol 数)。而 CO 可以通过与水蒸气进行置换反应，生成氢气。因此，CO 可以作为燃料直接使用。

$$CH_4 + aH_2O \longrightarrow b_1 H_2 + b_2 CO + b_3 CO_2 + b_4 H_2O + b_5 CH_4 \quad (6\text{-}40)$$

$$CO + H_2O \leftrightarrow H_2 + CO_2 \quad (6\text{-}41)$$

发电时，必须对空气极供给CO_2，通过循环再利用，不需要从外部供给新的CO_2。

在使用煤炭时，可以利用煤制气炉产生 CO 与氢气，作为燃料使用。

熔融碳酸盐型燃料电池的工作温度与燃料如图 6-14 所示。

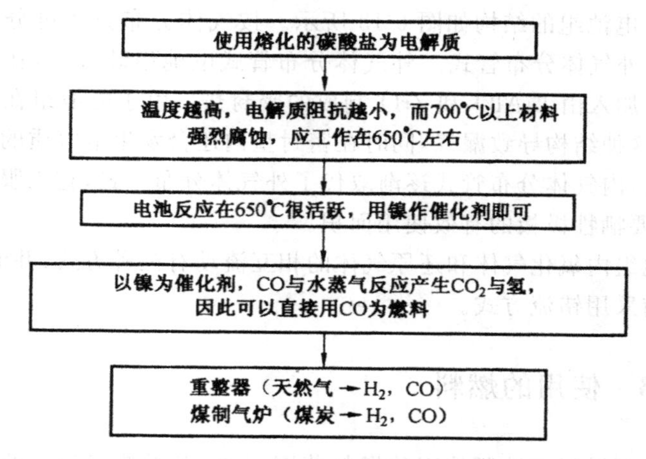

图 6-14 熔融碳酸盐型燃料电池的工作温度及燃料

在燃料重整方面，常采用外重整与内重整两种方法，内部重整又分为直接内部重整和间接内部重整。MCFC 燃料重整的三种方式如图 6-15 所示。外重整方法已如上述，利用以上反应获得所需燃料；而内重整的方法则是在燃料极设置甲烷重整催化剂，在工作温度 650℃左右，进行如式(6-40)所示的反应。这种方式的转换效率不是很高，但由于燃料极的电池不断反应，产生热量，利用这个热量，可以得到较高的转换效率。这样，内部重整时既可以利用化学反应产生的热量，又可利用电池反应所得到的水，可以减少电池冷却时的动力。因此，内部重整比外部重整有更高的效率。而外部重整为防止重整时碳的析出，必须提供较多的水；同时，为提供重整时的热量，还须提供燃料以燃烧(可以用电池中未反应掉的燃料)；这样，外部重整效率就要下降。不过，外部重整结构上单纯，适合于大型化应用。在使用煤制气时，没有重整的必要，因此可用外部重整方式。

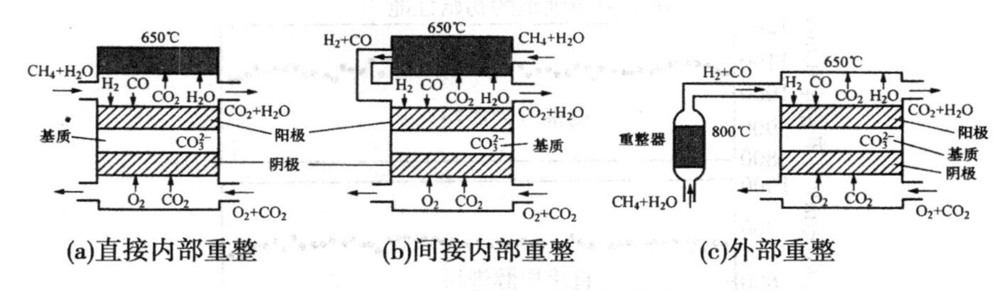

图 6-15　MCFC 不同类型重整方式

6.3.4　MCFC 的性能

1. 单电池的结构与性能

图 6-16 为 MCFC 单电池的电流—电压曲线。由图 6-16 可知，以 $LiCoO_2$ 为阴极、Ni－Cr 合金为阳极的 MCFC 单电池在 $200mA/cm^2$ 和 $300mA/cm^2$ 的电流密度下放电时，输出电压分别是 0.944V 和 0.781V，功率密度接近 $300mW/cm^2$。

2. 电池组性能

图 6-17 是美国能源研究公司制备的 54 节单电池组成的 20kW 的 MCFC 电池组的性能测试结果。

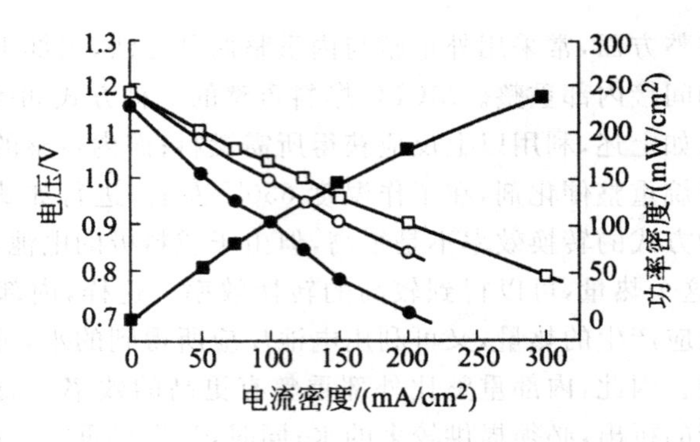

图 6-16 MCFC 的电流一电压曲线①

($LiCoO_2$ 为阴极，Ni—Cr 合金为阳极，燃料气和催化剂的利用率均为 20%)

功能密度：●0.9MPa；○0.9MPa；■0.1MPa；□0.5MPa

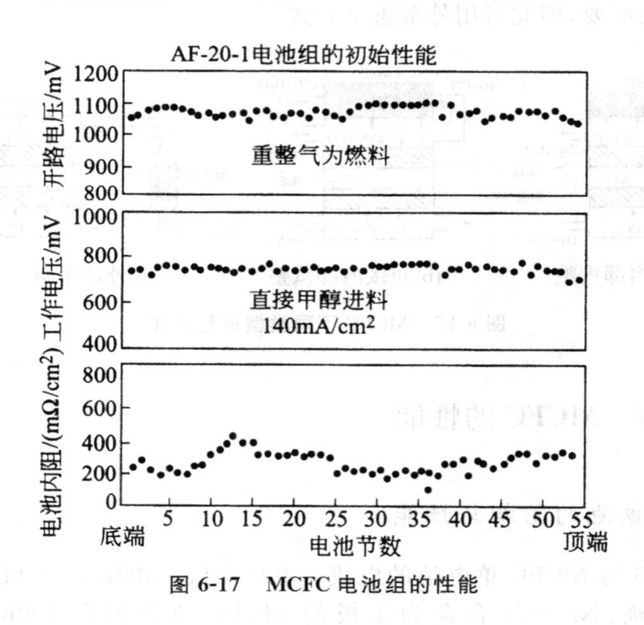

图 6-17 MCFC 电池组的性能

6.3.5 熔融碳酸盐燃料电池材料

1. 电池隔膜

MCFC 由阴极、阳极和隔膜构成。隔膜是 MCFC 的核心部件，要求强度高、耐高温熔盐腐蚀、浸入熔盐电解质后能阻气并具有良好的离子导电性

① 吴其胜．新能源材料[M]．上海：华东理工大学出版社，2012.

能。早期的 MCFC 隔膜用 MgO 制备，然而 MgO 在熔盐中有微弱溶解并易开裂。研究结果表明，$LiAlO_2$ 具有很强的抗碳酸熔盐腐蚀的能力，目前普遍采用其制备 MCFC 隔膜。

(1)$LiAlO_2$ 粉料的制备

$LiAlO_2$ 有 α、β、γ 三种晶型，分别属于六方、单斜和四方晶系。它们的密度分别为 $3.4g/cm^3$、$2.610g/cm^3$、$2.615g/cm^3$，外形分别为球状、针状和片状。

已知电解质 $62\%Li_2CO_3+38\%K_2CO_3$（物质的量，490℃）在 $LiAlO_2$ 中完全浸润，$LiAlO_2$ 隔膜要耐 0.1MPa 的压差，隔膜孔径最大不得超过 $3.96\mu m$。由于在电池工作温度为 650℃时，$LiAlO_2$ 粉体不发生烧结，隔膜使用的 $LiAlO_2$ 粉体的粒度应尽量小须严格控制在一定的范围内。

$LiAlO_2$ 由 Al_2O_3 和 Li_2CO_3 混合（物质的量之比为 1∶1），去离子水为介质，长时间充分球磨后经 600～700℃高温焙、烘、烧、投制得，其化学反应式为

$$Al_2O_3+Li_2CO_3 \longrightarrow 2LiAlO_2+CO_2\uparrow$$

当温度为 450℃时，虽然反应混合物中大部分是 Al_2O_3 和 Li_2CO_3，但反应已经开始。当温度为 600℃时，反应混合物中大部分是 α 型 $LiAlO_2$，另外有少量 Al_2O_3 和 Li_2CO_3，还有少量 γ 型 $LiAlO_2$ 产生。当温度升至 700℃时，反应混合物中 Al_2O_3 和 Li_2CO_3 消失，只剩下大部分 α 型 $LiAlO_2$ 和少量 γ 型 $LiAlO_2$ 产物。

图 6-18 是 α-$LiAlO_2$ 的粒度分布图，由图 6-18 可知，生成的 α-$LiAlO_2$ 粒度绝大部分为 $2.89\mu m$，实测 BET 比表面积为 $4.4m^2/g$。

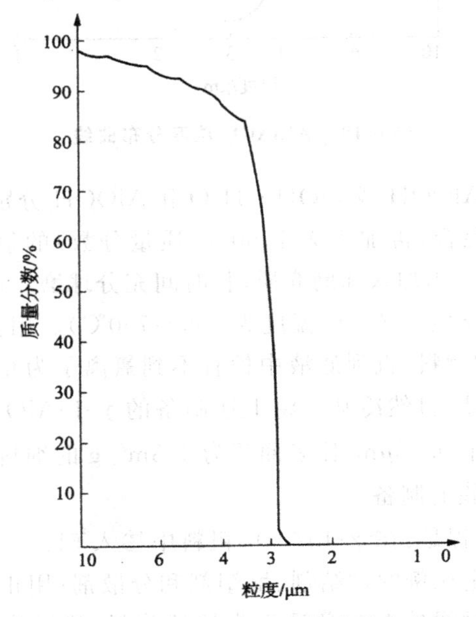

图 6-18 α-$LiAlO_2$ 粗料的粒度分布曲线

上述制备的 α-$LiAlO_2$，经 900℃几十小时的焙烧，中间至少球磨两次，则 α-$LiAlO_2$ 全部转化为 γ-$LiAlO_2$。

图 6-19 为 γ-$LiAlO_2$ 粒度分布图。由图 6-19 可知，γ-$LiAlO_2$ 平均粒度为 4.0μm，实测 BET 比表面积为 4.9m^2/g。

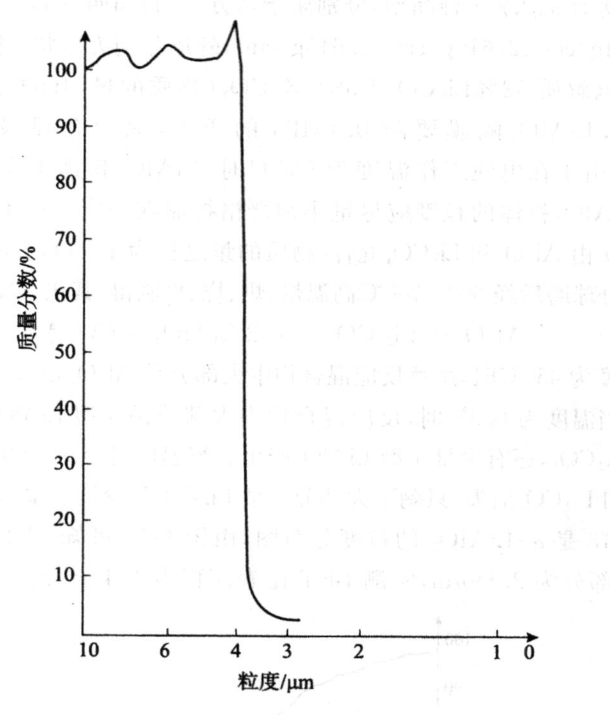

图 6-19　γ-$LiAlO_2$ 粒度分布曲线

将 Li_2CO_3 和 AlOOH 或 LiOH·H_2O 和 AlOOH 分别按物质的量之比为 1∶2 和 1∶1 混合，再加入大于 50%（质量分数）的氯化物[n(KCl)∶n(NaCl)＝1∶1]，适当加入球磨介质，长时间充分球磨。球磨物料干燥后，在 550℃和 650℃反应 1h（反应温度为 450～750℃）。用去离子水浸泡、煮沸和洗涤反应过的物料，直到滤液中检查不到氯离子为止。把滤饼烘干粉碎，在 550℃焙烧 1h，自然冷却。将上述制备的 γ-$LiAlO_2$ 细料在 900℃焙烧，可制备粒度小于 0.18μm、比表面积为 4.3m^2/g 的细料。

（2）$LiAlO_2$ 隔膜的制备

带铸法制膜过程是：在 γ-$LiAlO_2$ 粗料中掺入 5%～15%的 γ-$LiAlO_2$ 细料，同时加入一定比例的黏结剂、增塑剂和分散剂；用正丁醇和乙醇的混合物作溶剂，经长时间球磨制备适于带铸的浆料，然后将浆料用带铸机铸膜，在制膜过程中要控制溶剂挥发速度，使膜快速干燥；将制得的膜数张叠合，热压成厚度为0.5～0.6mm、堆密度为1.75～1.85g/cm^3的电池用隔膜。

国内开发了流铸法制膜技术。用该技术制膜时，浆料配方与带铸法类似，但加入溶剂量大，配成浆料具有很大的流动性。将制备好的浆料脱气至无气泡，均匀铺摊于一定面积的水平玻璃板上，在饱和溶剂蒸汽中控制膜中溶剂挥发速度，让膜快速干燥。将数张这种膜叠合热压成厚度为0.5～1.0nm的电池用膜。热压压力为9.0～15.0MPa，温度为100～150℃，膜的堆密度为1.75～1.85g/cm^3。

2. MCFC的电极

(1)电催化剂

MCFC最早采用的阳极催化剂为Ag和Pt。为了降低电池成本而使用导电性与电催化性能良好的Ni；为防止在MCFC工作温度与电池组装力作用下镍发生蠕变，又采用Ni－Cr、Ni－Al合金阳极电催化剂。

MCFC阴极电催化剂普遍采用NiO。它是多孔Ni在电池升温过程中氧化而成，而且部分锂化。但NiO电极在MCFC工作中缓慢溶解，被经电池隔膜渗透过来的氢还原而沉积于隔膜中，严重时导致电池短路。为此正在开发如$LiCoO_2$、$LiMnO_2$、CuO、CeO_2等新的阴极电催化剂。

(2)电极制备

电极用带铸法制备，制备工艺与$LiAlO_2$隔膜制备工艺相同。将一定粒度分布的电催化剂粉料(如羰基镍粉)、用高温反应制备的$LiCoO_2$粉料或用高温还原法制备的Ni－Cr(Cr含量为8%)合金粉料与一定比例的黏结剂、增塑剂和分散剂混合，并用正丁醇和乙醇的混合物作溶剂酿成浆料，用带铸法制膜，在电池程序升温过程中去除有机物，最终制成多孔气体扩散电极。

用上述方法制备的0.4mm的Ni电极，平均孔径为5μm，孔隙率为70%。制备的0.4～0.5mmNi－Cr(Cr含量为8%)的阳极，平均孔径约5μm，孔隙率为70%。制备的$LiCoO_2$阴极厚0.40～0.60mm，孔隙率为50%～70%，平均孔径为10μm。

(3)隔膜与电极的孔匹配

MCFC属高温电池，多孔气体扩散电极中并无憎水剂，电解质(熔盐)在隔膜、电极间分配靠毛细力实现平衡。首先要确保电解质隔膜中充满电解液，所以它的平均孔半径应最小；为减少阴极极化，促进阴极内氧的传质，防止阴极被电解液“淹死”，阴极的孔半径应最大；阳极的孔半径居中。图6-20是MCFC的电极与膜孔匹配关系。

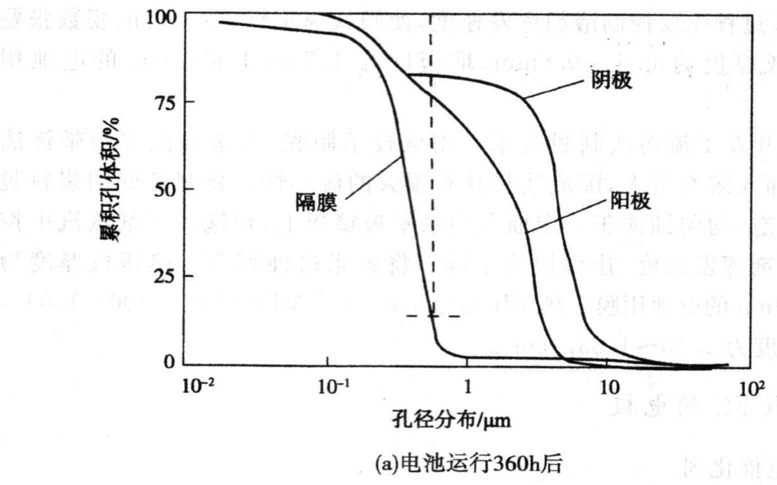

(a)电池运行360h后

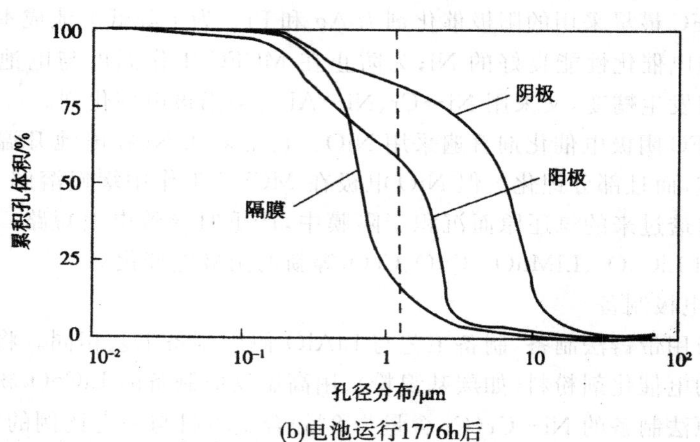

(b)电池运行1776h后

图 6-20 MCFC 的电极与膜孔匹配关系

3. 双极板

双极板的作用是：分隔氧化剂（如空气）和还原剂（如重整气），并提供气体流动通道，同时起集流导电作用。双极板通常由不锈钢或各种镍基合金钢制成，至今使用最多的为 310＃或 316＃不锈钢。在 MCFC 工作条件下，310＃或 316＃不锈钢腐蚀的主要产物为 $LiCrO_2$ 和 $LiFeO_2$，在开始 2000h，腐蚀速度高达 8μm/kh，以后降到 2μm/kh，腐蚀层厚度（γ）与时间（t）的关系一般服从以下方程：

$$\gamma = ct^{0.5}$$

上式表明，腐蚀层厚度与时间的 0.5 次方成正比。常数 c 与材料组成及运行条件有关。一般而言，阳极侧的腐蚀速度高于阴极侧。目前，为减缓双极板腐蚀速度，抑制由于腐蚀层增厚而导致接触电阻增加，可采取加大电池的欧姆极化，在双极板阳极侧采用镀镍的措施。MCFC靠浸入熔盐的$LiAlO_2$隔膜密封，通称湿密封。为防止在湿密封处形成腐蚀电池，双极板的湿密封处一般采用铝涂层保护。在电池工作条件下，生成致密的$LiAlO_2$绝缘层。

对试验用的小电池，双极板可采用机加工，其流场与PEMFC类似。而对大功率电池，为降低双极板加工费用和提高电池组比功率，通常采用冲压技术加工双极板。

6.3.6 熔融碳酸盐燃料电池需要解决的关键技术问题

提高MCFC电池的性能和可靠性，延长其工作寿命以及降低成本是人们需要努力的目标，主要涉及以下几个方面的工作①。

1. 阴极溶解

NiO溶解是影响MCFC寿命的主要原因之一，随着电极的长期工作运行，阴极溶解产生的Ni^{2+}扩散进入到电池隔膜中，被渗透的H_2还原为金属Ni，沉积在隔膜中，导致其短路，其机理如下：

$$NiO + CO_2 \longrightarrow Ni^{2+} + CO_3^{2-}$$

$$Ni^{2+} + CO_3^{2-} ? + H_2 \longrightarrow Ni + CO_2 + H_2O \tag{6-44}$$

在62%的Li_2CO_3和38%的K_2CO_3电解质中，0.1MPa下NiO溶解速率为2～20μg/(cm^2·h)，因此电极每工作1000h，NiO质量和厚度损失3%，电池寿命为25000h。当压力达到0.7MPa时，寿命只有3500h。为解决这个问题，需要寻找新的、可替代的阳极材料如$LiCoO_2$，$LiMnO_3$等或降低气体压力。其中采用$LiCoO_2$作为阴极材料的，其使用寿命在0.1MPa和0.7MPa下分别可达150000h和90000h。

2. 阳极蠕变

在MCFC工作温度下，Ni容易发生蠕变，从而影响电池性能和电池密封。为了提高其抗蠕变性能和力学强度，通常向Ni阳极中加入Al、Cr等元素形成合金或非金属氧化物。也可以对镍电极进行表面修饰，如镀钨、钇等。

3. 电解质组分的选择

解决NiO溶解问题的另一个途径是在电解质中添加碱土金属(Mg、

① 朱继平．新能源材料技术[M]．北京：化学工业出版社，2014．

Ca、Ba)氧化物或碱土金属碳酸盐。在碳酸锂—碳酸钾体系中,加入5%(摩尔分数)的$BaCO_3$,NiO的溶解度可以下降30%以上。

4. 电池耐腐蚀性能

腐蚀和电解质损失是影响MCFC寿命的又一个主要因素。熔融电解质流失主要是由于阴阳极腐蚀、双极板的腐蚀以及壳体、隔板和其他组成部分的腐蚀。另外,熔融电解质蒸发和迁移也会导致流失。目前采用双极性集流板的双金属复合板,阳极一侧为纯镍,抗腐蚀性能较好。但阴极一侧为不锈钢,在高温熔盐和氧化气氛中不能长期耐腐蚀。腐蚀不仅使电解液损失,并且在不锈钢表面上生成电阻很大的氧化膜。双极板的腐蚀导致电解质损失,使电池内阻增加,电极极化升高。因此,除了研制更加耐腐蚀的合金材料,也可在不锈钢表面进行预先氧化,以获得较高的导电性及延缓腐蚀速率的表面氧化层。

5. 膜和电极制备工艺

膜和电极的制备方法影响了膜和电极的接触电阻和电池性能。现在普遍采用的带铸法,厚度较薄,易于工业化生产,但在工艺过程中使用的有机毒性溶剂会造成污染,所以目前正在研究水溶剂体系。

6. 其他

MCFC需要进行研究的问题还包括如长寿命耐热循环的电解质载体,多孔电极在负载下的润湿性和毛细管行为与气体组成的关系,密封引起的旁路电流及电解质迁移,管道与电池组之间的密封技术,电池组变形和热膨胀引起的气体泄漏,杂质对电池性能与寿命的影响等。

6.4 其他类型的燃料电池

6.4.1 质子交换膜型燃料电池

1. 原理

质子交换膜型燃料电池(PEMFC)以全氟磺酸型固体聚合物为电解质,以Pt/C或Pt-Ru/C为电催化剂,以氢或净化重整气为燃料,以空气或纯氧为氧化剂,并以带有气体流动通道的石墨或表面改性金属板为双极板。

PEMFC的工作原理如图6-21所示，阳极催化层中的氢气在催化剂作用下发生电极反应。

$$H_2 \longrightarrow 2H^+ + 2e^-$$

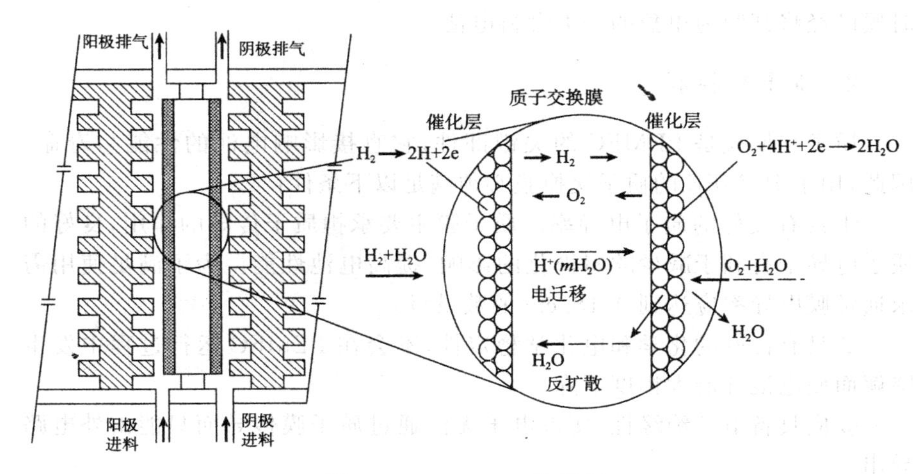

图6-21 PEMFC工作原理

产生的电子经外电路到达阴极，氢离子经电解质膜到达阴极。氧气下氢离子及电子在阴极发生反应生成水，即

$$\frac{1}{2}O_2 + 2H^+ + 2e^- \longrightarrow H_2O$$

生成的水不稀释电解质，而是通过电极随反应尾气排出。

质子交换膜燃料电池（PEMFC）采用能够传导质子的固态高分子作为电解质。目前最通用的为全氟化磺酸膜，由于电解质为固体聚合物，所以避免了液态的操作复杂性，又可以使电解质的厚度很薄，从而提高传导效率和能量密度。电池中唯一的液体是水，所以腐蚀性问题很小。燃料气体和氧气通过双极板上的气体通道分别到达电池的阳极和阴极，通过膜电极组件（MEA）扩散到催化层上。氢气在阳极上被催化为氢质子和电子，氢质子通过质子交换膜传导到阴极，与氧分子和外电路传导过来的电子一起生成水分子，水分子从阴极排出。质子膜的湿润度对其质子传导性有很大影响，所以通常需要对反应气体加湿。而生成的水也为液态，所以水管理系统是影响PEMFC的重要因素之一，相关水管理系统和控温系统较为复杂。PEMFC使用寿命长，运行可靠，但是其成本较高，可以用于移动电源、汽车动力等方面。通过提高电池工作温度至160～200℃，以简化水管理和对一氧化碳的忍受力，提高转化效率，将是PEMFC未来发展的一个方向。直接醇类燃料电池是质子交换膜燃料电池的一种，其膜电极组件MEA与PEMFC

基本一致，只是采用的燃料是液态甲醇或乙醇而不是气态的氢气。采用液态醇类作为燃料，可以解决氢气储存、运输等问题，直接醇燃料电池是理想的车载和便携式电源。由于其发展迅速且具有较大的商业潜力，现在很多时候已经将其归为单独的一类燃料电池。

2. 质子交换膜

质子交换膜是 PEMFC 的关键部件，它直接影响电池的性能与寿命。因此，用于 PEMFE 的质子交换膜必须满足以下条件：

①具有良好的质子电导率。质子膜主要承担质子传导的作用，良好的质子电导率有利于减少欧姆极化的影响，提高电池性能。为了满足使用需求通常膜电导率应达到 0.1S/cm 的数量级。

②具有良好的化学和电化学稳定性，不会在 PEMFC 运行过程中发生降解而使电池性能大幅度下降。

③应具备电子绝缘性，使得电子无法通过质子膜传导而只能由外电路导出。

④在干态或湿态下均应有低的气体渗透系数，以保证电池具有高的法拉第效率。

⑤具有一定的机械强度，适于承受膜电极组件的制备和电池运行过程中的气体背压等。

全氟型磺酸膜由碳氟主链和带有磺酸基团的醚支链构成，至今最成功的商业化全氟型磺酸膜仍是杜邦公司的 Nafion® 膜。Nafion® 膜的化学结构如图 6-22(a)所示，其中 $n=5\sim10$，m=1。

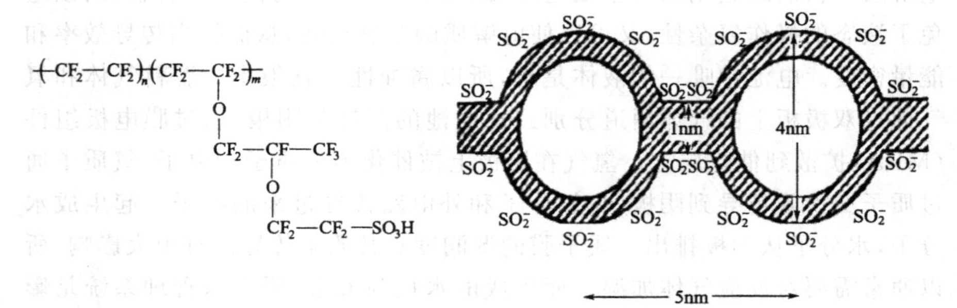

(a) Nafion®膜的化学结构　　(b)全氟磺酸膜传导质子的结构示意

图 6-22　Nafion® 膜的化学结构与全氟磺酸膜传导质子的结构

全氟磺酸膜可看成由结构稳定强韧的疏水性氟碳主链形成疏水相，部分氟碳链与醚支链构成中间相并与亲水的磺酸基团组成。当质子在膜内传导时，磺酸基团解离出的 H^+ 能与水形成水合质子，吸收了水的相邻的磺酸根之间能形成直径大小为 4nm 左右的离子簇，其间距约为 5nm，并由直径约为 1nm 的细管连接[图 6-22(b)]。水合质子能够迅速在这样的通道中进行传递。当 H^+ 离开后，磺酸根会吸引附近的 H^+ 填补空位，继续形成水合质子传递。电位差所造成的离子迁移力促使膜内的 H^+ 只能从阳极向阴极移动。这个机制使得全氟磺酸膜具有良好的质子电导率，但其传导质子必须有水的存在。根据试验证实，相对湿度小于 35%时，膜电导率显著下降。当相对湿度低于 15%时，Nafion® 膜几乎成为质子绝缘体。

因此为了提高 Nafion® 膜的质子电导率，除了可以在其中添加具有质子传导能力的无机酸或盐，如杂多酸、磷酸氢锆、硫酸氢铯等，还可以添加具有吸湿性能的氧化物如 SiO_2 等。除了杜邦公司的 Nafion® 膜之外，美国 Dow Chemical 公司的 Dow 膜，日本 Asahi Chemical 公司的 Aciplex-S® 膜，Asahi Glass 公司的 Flemion 膜等，都是以全氟磺酸为主要材料，结构上与 Nafion® 相似。尽管全氟磺酸膜基本满足了 PEMFC 对膜的要求，但是这种膜价格昂贵(每平方米 700 美元左右)，对水含量的要求使得运行温度通常只能低于 100℃，并且需要水管理系统，以及在低温下由于对 CO 毒性的耐受性较差等问题，近些年来，对低成本的部分氟化或非氟新型质子交换膜引起了广泛研究，如部分氟化的苯乙烯经过磺化所得膜以及磺化后含有磺酸基团的聚砜、磺化聚醚醚酮、磺化聚苯并咪唑等。

碱性聚合物与无机酸的络合反应也是开发质子交换膜的一种有效方法。碱性聚合物是指带有碱性基团，如醚、醇、酰胺等可以和磷酸等形成氢键的聚合物。所用无机酸通常是可同时作为质子给予体和接受体的酸(如磷酸)。其中最具代表的是聚苯并咪唑(PBI)与磷酸掺杂的膜。在不同的酸掺杂量的情况下，质子在 PBI 内部传导的机理不同，质子从咪唑环上的一个 N—H 位置上直接传递到另外一个位置所贡献的质子电导率非常小，而质子传导主要依靠质子从咪唑环上的 N—H 位置跳跃到通过氢键连接的磷酸阴离子上，再从磷酸阴离子跳跃到咪唑环上，如图 6-23 所示。PBI 具有良好的化学稳定性和热稳定性，而与磷酸掺杂之后的 PBI 具有良好的质子传导性和较好的机械强度，因其质子传导不依赖于水而磷酸使用温度高于 100℃，因此磷酸掺杂的 PBI 复合膜可以应用在 100～200℃的温度下，能有效地解决电池对加湿系统的需求和 CO 对催化剂毒性的问题。

在 PEMFC 中，为了减少膜和电极间的接触电阻，并且使质子导体能够进入多孔电极内部从而有效地传导质子，通常在扩散电极内部加入质子导体，如全氟磺酸树脂，对膜进行预处理以清除质子交换膜上的有机与无机杂质。通常是在 80℃下，3%～5%双氧水溶液中处理，用去离子水洗净后再

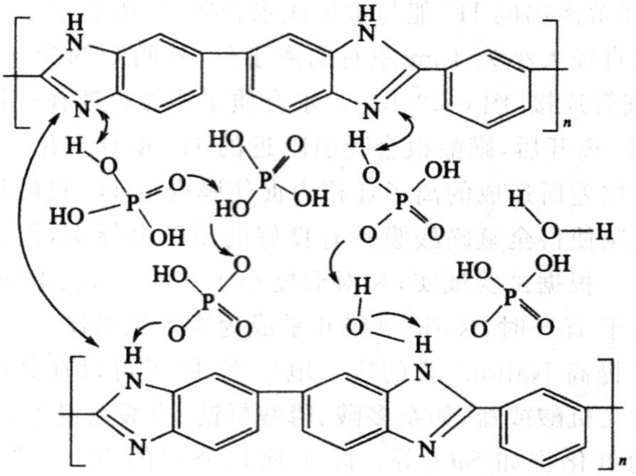

图 6-23 质子在磷酸掺杂的聚苯并咪唑中的传导机理

于稀硫酸溶液中处理。将处理好的质子膜和电极置于两块不锈钢平板中，在 130～150℃下，施加 6～9MPa 的压力于 1.5min 之后，冷却降温，得到膜和电极压合在一起形成的膜电极组合(MEA)。

3. 双极板材料与流场

PEMFC 的双极板两面分别贴附阴极与阳极的气体扩散层，其主要功能是：收集电流，因此必须是电的良导体，实现单电池间的良好连接；分隔燃料和氧化剂气体，因此双极板必须是无孔且具有阻气功能；双极板材料必须在 PEMFC 的运行条件下抗腐蚀，以达到电池组的寿命要求；反应气体通过由双极板上均匀分布的流道，应在电极各处均匀分布；双极板应是热的良导体，使温度均匀分布和利于废热排出；双极板的材料应易于加工(如刻画流场)，以降低成本。目前广泛用于 PEMFC 双极板的材料有无孔石墨板、表面改性金属板、复合型双极板等。

石墨具有优良的抗腐蚀和导电性能。无孔石墨板是由石墨粉与可以石墨化的树脂混合后经由 2500℃高温碳化处理，而得到无孔或者低孔隙率(小于 1%)仅含纳米级孔的石墨板。这种石墨板制备工艺复杂耗时，费用高，不宜批量生产。目前批量生产的带流场的石墨双极板大都采用模铸法制备。此法是将石墨粉与热塑性树脂(如乙烯基醚)均匀混合，在一定温度下冲压成型，此种方式可以将流场形状直接制作在模具上，可省去刻画流场的机械加工程序从而降低制作成本和时间。但加入的树脂未实现石墨化，因此双极板的内电阻较大，会影响燃料电池性能，需要对添加的树脂进行进一步改进。

金属双极板的最大优点是易于大量生产，而且厚度可以大幅降低（100～300gm），因此电池组的比功率可以大幅提高。但在PEMFC工作条件下，一般金属材料作为双极板时，阳极侧会发生腐蚀而导致电极催化剂的活性降低，而阴极侧会因为金属氧化膜增厚而增加接触电阻。因此，作为PEMFC的金属双极板都要经过表面改性处理。比如在金属板上电镀或化学镀贵金属或其具有良好导电性能的金属氧化物（如银、锡等），磁控溅射贵金属（如Pt、Ag等）或导电化合物（如TiN等）等。

以金属薄片作为双极板的中间分隔板，并以压模成型的方法制作多孔石墨板作为流场板，采用注塑成型的方法制作碳酸盐聚合物边框，然后将流场板与边框黏结于金属隔板从而形成的复合双极板。这种复合双极板也可以作为PEMFC的双极板。

流场的功能是引导反应气流动方向，确保反应气均匀分配到电极的各处，经电极扩散层到达催化层并参与电化学反应。PEMFC流场设计必须确保电极各处都能充分获得反应气体，特别是对大面积的电极尤为重要，因此，流场必须能够增强气体对流与扩散能力。另外，流场沟槽面积和电极总面积之比应该有一个最优选择，比率过高会造成电极与双极板的接触电阻过大而增加燃料电池的欧姆极化损失；而该比率过低时，会降低电极上电催化剂的利用率，也会增加反应气体的流动阻力，进而需要更多气体通入。一般而言，各种流场的开孔率在40%～50%，通常沟槽的宽度在1mm左右，脊的宽度在1～2mm。同时流场要控制气体阻力的下降，保证气体能够足够通入各个单电池中。通常沟槽的深度由沟槽总长度和反应气流经流场的总压降决定，一般控制在0.5～1mm。图6-24展示了几种常见PEMFC双极板流场设计。

由膜电极组合并与双极板、流场组合起来的单电池，可以用于考核各种关键材料的性能和寿命等，并测试各种动力学的参数。组装好的单电池按压滤机方式组装，经过多个单元的重复，采用共用管道形式，经过密封、增湿、散热等技术处理之后，再组装成电池组即可作为电源，提供所需要的电能。

4. PEMFC的应用

(1)PEMFC作为电力车动力源

目前作为电力车的可充电电源有铅酸蓄电池、镍氢电池和锂离子电池，但是各国政府和大公司普遍看好的是燃料电池作为电动车的动力源。

PEMFC为动力的电动车性能完全可以与内燃机汽车相媲美。当以纯氢为燃料时，它能达到真正的“零”排放；如果以甲醇重整制氢为燃料，车的

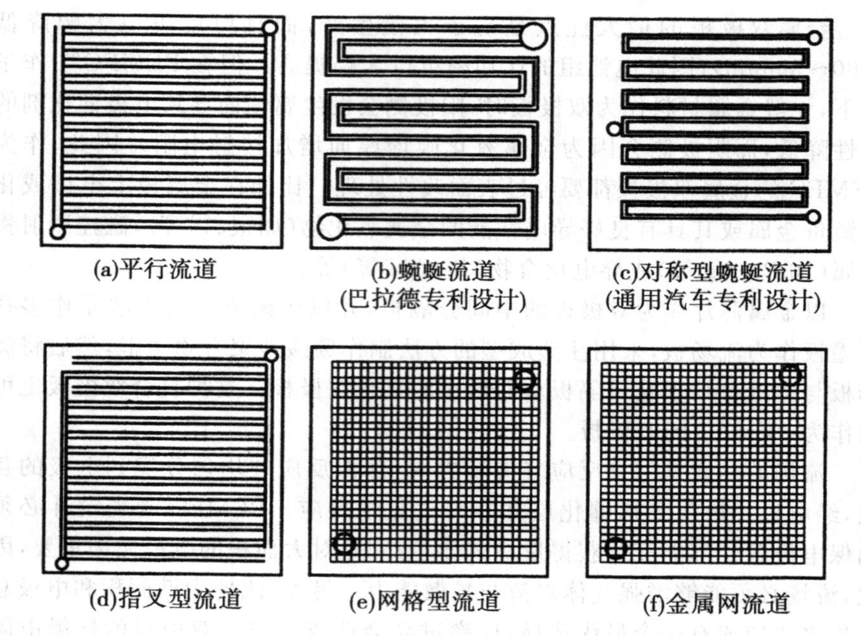

图 6-24 常见的 PEMFC 双极板流道设计

尾气排放也达到排放标准。美国福特公司推出的 P2000 电动轿车的 PEMFC 电力系统流程如图 6-25 所示。

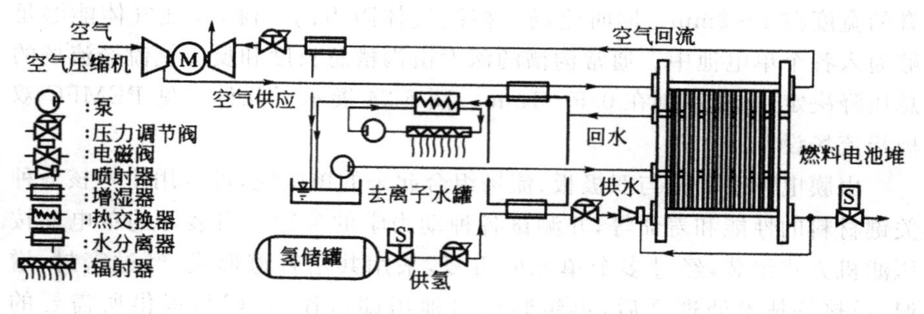

图 6-25 P2000 电动轿车的 PEMFC 电力系统流程

PEMFC 电力系统的原料为纯氢，由氢储罐提供；空气由空气压缩机提供。整个系统质量为 295kg。轿车采用前轮驱动，电机为 56kW 三相异步电机。电机最高转速可达 1500r/min，最大转矩可达 190N · m。同时配备的 DC/DC 变换器，将 PEMFC 提供的高直流电压转换为直流 12V，可以提供 1.5kW 的动力。

(2)PEMFC 用作可移动电源、家庭电源和分散电站电源

世界各燃料电池研究集团正在开发 PEMFC 作为可移动动力源，用于

部队、海岛、矿山的移动电源。燃料可使用储氢材料、储氢罐、氨分解制氢和重整天然气制氢等。各类 PEMFC 可用于笔记本电脑、摄像机和家用电池等。

(3)PEMFC 用作水下机器人和潜艇电源

PEMFC 作为水下机器人的动力源,可以实现无缆水下机器人。美国国际燃料电池公司(IFC)研制的 10kW PEMFC 系统用于海军不载人的水下车辆的动力源。作为潜艇的动力源,PEMFC 具备下列条件:工作温度和噪声低、能量转换效率高、不依赖空气推进、水下航行时间长且隐蔽性好。

6.4.2　碱燃料电池(AFC)

AFC 的电解质为氢氧化钾,导电离子是 OH,AFC 的工作原理如图 6-26 所示。

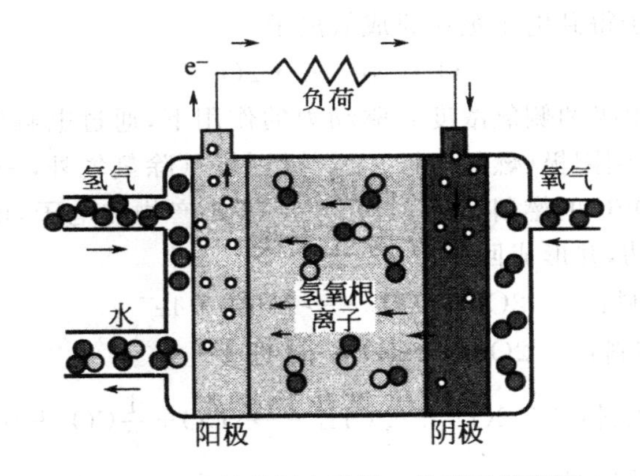

图 6-26　碱性燃料电池的工作原理示意图

燃料(H_2)在阳极上发生氧化反应:

$$H_2 + 2OH^- = 2H_2O + 2e^- \qquad \varphi^{\ominus} = 0.828V$$

氧化剂(O_2)在阴极发生还原反应:

$$\frac{1}{2}O_2 + H_2O + 2e^- \longrightarrow 2\,OH^- \qquad \varphi^{\ominus} = 0.401V$$

电池反应:

$$\frac{1}{2}O_2 + H_2 \longrightarrow H_2O \qquad E^{\ominus} = 1.229V$$

AFC 的燃料有纯氢(用碳纤维增强铝瓶储存)、储氢合金和金属氢化物。AFC 工作时会产生水和热量,采用蒸发和氢氧化钾的循环实现排除,以保障电池的正常工作。氢氧化钾电解质吸收 CO_2 生成的碳酸钾会堵塞电极的孔隙和通路，所以氧化剂要使用纯氧而不能用空气，同时电池的燃料和电解质也要求高纯化处理。

AFC的显著优点是高能量转换率(一般可达70%)、高比功率和高比能量。但是电解液容易与空气中的二氧化碳发生反应，从而堵塞电极的孔隙，所以其对燃料和氧化剂要求很高，必须用纯氢和纯氧。催化剂一般使用铂、金等贵金属或镍、钴等过渡金属，同时KOH的腐蚀性较强，电池寿命短。所以，AFC主要用于军事或航天领域，而不太适合民用。

6.4.3 固体氧化物燃料电池(SOFC)

SOFC适用于大型发电厂及工业应用，其工作温度为800～1100℃，在所有燃料电池中，其工作温度和转化效率最高。SOFC以固体氧化物为电解质，在高温下具有传递O^{2-}离子和分离空气、燃料的作用。在阴极(空气电极)上，氧分子得到电子被还原成氧离子：

$$O_2 + 4e^- \longrightarrow 2O^{2-}$$

氧离子在电极两侧氧浓度差驱动力的作用下，通过电解质中的氧空位定向跃迁，迁移到阳极(燃料电极)上，与燃料气(除氢气外，一氧化碳、甲烷等也可作为SOFC的燃料)进行氧化反应生成产物和电子，电子通过外电路的用电器做功，并形成回路。

H_2作为燃料： $2O^{2-} + 2H_2 \longrightarrow 2H_2O + 4e^-$

CO作为燃料： $2O^{2-} + 2CO \longrightarrow 2CO_2 + 4e^-$

CH_4作为燃料： $2O^{2-} + \frac{1}{2}CH_4 \longrightarrow H_2O + \frac{1}{2}CO_2 + 4e^-$

电池的总反应是：

$$O_2 + 2H_2 \longrightarrow 2H_2O$$

或 $$O_2 + 2CO \longrightarrow 2CO_2$$

或 $$2O_2 + CH_4 \longrightarrow 2H_2O + CO_2$$

SOFC使用固态非多孔金属氧化物作为电解质，最常用的是氧化钇或氧化钙掺杂的氧化锆，这样的电解质在高温(800～1000℃)下具有氧离子导电性。因为掺杂的复合氧化物中形成了氧离子晶格空位，在电位差和浓度差的驱动下，氧离子可以在陶瓷材料中迁移，且由于电解质是固体，所以避免了电解质蒸发和电池材料腐蚀的问题，电池寿命较长。但由于高温，其密封和材料的使用都存在一定问题，制约了SOFC的发展。SOFC适合用于固定电源。通过采用新材料，将其工作温度降低到400～600℃将是SOFC的发展重要方向。

6.4.4 固体高分子型燃料电池

1. 原理

固体高分子型燃料电池简称 PEMFC 或 PEFC，它不用酸与碱等的电解质，而采用以离子导电的固体高分子电解质膜（阳离子膜）。这种膜具有以氟的树脂为主链，能够负载质子（H^+）的磺酸基为支链的构造，其离子导电体为 H^+，与磷酸所不同的是，电解质是阳离子交换膜。固体高分子型燃料电池原理如图 6-27 所示。

固体高分子型燃料电池使用的是电气绝缘的无色透明的薄膜，因此没有电解质之类的麻烦，而且它不透气体，所以只要有 50μm 的厚度即可使用。

固体高分子膜在吸收水分子后，开始把磺酸基之间连接起来，显出质子导电性能。因此，有必要对反应燃料气进行加湿以维持其质子导电性，运行温度也因为要保持膜的湿度而在 100℃以下。

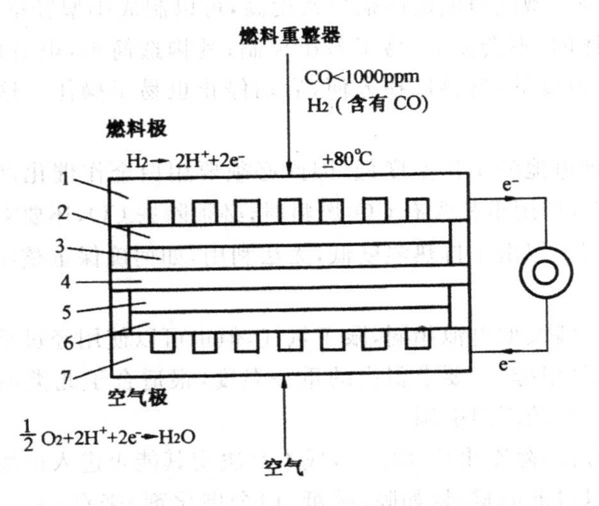

图 6-27 固体高分子型燃料电池原理图

1—隔板（C）；2—电极（负极）（C）；3—催化剂层（Pt）；4—电解质（固体高分子膜）；5—催化剂层（Pt）；6—电极（正极）（C）；7—隔板（C）

在室温条件下，可以保证膜的质子导电性能，这样，实现低温发电也是可能的。工作温度定在室温至 100℃之间。中间隔着固体高分子膜，两侧即为燃料极（负极）与空气极（正极），对燃料极供给氢气，对空气极供给空气或氧气，利用水电气分解的逆反应，每单体电池可得到1V左右的直流电压，这个反应可用以下一组反应式表示：

燃料极： $H_2 \longrightarrow 2H^+ + 2e^-$

空气极： $\frac{1}{2}O_2 + 2H^+ + 2e^- \longrightarrow H_2O$

全体： $H_2 + \frac{1}{2}O_2 \longrightarrow H_2O$

固体高分子电解质燃料电池的运行温度低，因此启动时间短，输出密度高（$3kW/m^2$），可以做成小型电池，适合用于移动电源。

但是，因为固体高分子型燃料电池以氢为燃料，在使用天然气和甲醇时，在高温中使之与水蒸气发生反应，必须要有制造的工程（重整）。这时，在这一过程中所生成的CO，使燃料电池的催化剂性能显著下降。因此，重整工程中，CO浓度的减低及不受CO影响的催化剂的开发就成为一个重要的项目。

2. 特征

固体高分子型燃料电池的输出密度高，可以制成小型轻量化的电池；其电解质是固体的，不会流失，易于差压控制；其构造简单，电解质不会腐蚀，寿命长，工作温度低，材料选择方便，启动停止也易于操作。这些都是这种电池的优点。

由于这种电池的工作温度低，因此必须要用白金作催化剂。为防止白金的CO中毒，使用重整含有CO_2燃料时，必须除去CO，还要对质子交换膜进行水分控制。但由于排热温度低，无法利用，如何确保重整用的蒸汽也是一个问题。

其燃料与磷酸型电池相同，限于氢气，但也可以使用经过重整的天然气和甲醇，特别是甲醇，它要求很高的重整温度，很适合于此类电池。被认为是应用于电动车的理想电源。

在成本方面，除军事应用之外，成本是决定其能否进入市场的最关键的因素之一。以目前的材料（如膜、碳纸、白金催化剂）来看，还不能达到市场化程度，为了实用化，交换膜的低成本及白金的减量是不可缺少的一个研究开发课题。

3. 结构

电解质使用的离子交换膜都是氟树脂交换膜，在湿润时具有良好的导电性，含水率低，阻抗增大，作为电解质则失去其工作机能，因此对其水分含量必须进行控制。一般要进行加湿控制。在工作温度 100℃附近，因饱和水蒸气压力高，为保持水分的水蒸气分压以及所需燃料气的比例，要进行加压。在常用的燃料电池中，一般加压至 $2kg/cm^2$ 左右。

电极一般由具有防水性和黏着性能的聚四氟乙烯等与白金或含有白金的碳纸等的催化剂粒子组成，通过与膜热压而组成一体。这样一对电极中间夹着离子交换膜，再在两侧装上集电板，即组成单体电池。

其周边装置由气泵、水分控制回收系统、冷却系统及电气系统构成。在使用重整气时，还要有重整器及除去 CO 的装置。

4. 适用范围

此类燃料电池的发展最初主要是由于军事上的应用。由于它输出密度高、启动时间短、噪声小、结构简单，可以考虑代替潜水艇、野战发动机等的蓄电池和柴油机。但是，它存在着一个纯氢难以确保的问题，而使用重整器的话，其优点又会丧失，所以燃料的供应是一个重大课题。

此类电池可以用于车辆上是它的一个优势，特别是在要求汽车零排放的情况下，看来只有这类电池能担当重任。近年来，世界上掀起了一个研究开发热潮，与它的优点有极大关系。近年来，国外开发了各种环保型车辆，有低公害车、电动汽车、甲醇汽车、天然气汽车等，燃料电池汽车是电动汽车的一种。燃料电池可以做成小型发动机，由于其启动迅速，很有希望成为新一代汽车发动机，引起人们的注意。美国还希望把燃料电池作为火车发动机。

此外，燃料电池还可考虑用于家庭。将其与电网相连，白天从电网买电，晚上卖电给电网。其排热还可加以综合利用，用于洗澡和洗涤等。据测算，功率达到 1kW，即可使用于家庭，具有广阔的前景。

6.4.5　直接甲醇型燃料电池

直接甲醇型燃料电池简称 DMFC，是一种不通过重整甲醇来生成氢，而是直接把蒸汽与甲醇变换成质子(氢离子)而发电的燃料电池。因为它不需要重整器，因此可以做得更小，更适合于汽车等应用。其作为重整的是只要 300℃即可的甲醇，所以有实现的可能，但也是一个相当难的问题。其关键是高分子膜，除了氟以外，是否还有什么更理想的材料，要进行研究探索。其主要难点在于氟膜有很好的质子导电性，也有很好的透水性，使甲醇也很容易通过膜,使得效率大大下降[①],这就成为致命的问题。氟膜还不耐高温。因而,开发大大减少甲醇透过的膜,使电解质寿命延长的材料,是决定其实用化的关键。

6.5 燃料电池的应用现状与前景

6.5.1 燃料电池的应用领域

1. 固定电站和分散式电站

燃料电池电站具有效率高、噪声小、污染少、占地面积小等优点,有可能是未来最主要的发电技术之一。从长远来看,有可能对改变现有的能源结构、能源的战略储备和国家安全等具有重要意义。

燃料电池既可用于大型集中式发电站,又可用于分布式电站。大型集中式电站,以高温燃料电池为主体,可建立煤炭汽化和燃料电池的大型复合能源系统,实现煤化工和热、电、冷联产。中小型分布式电站,可以灵活的布置在城市、农村、企事业单位甚至居民小区,也可以安装在缺乏电力供应的偏远地区和沙漠地区,磷酸盐型和高温型燃料电池都是可能的选择。

2. 交通运输上的应用

使用燃料电池的车辆不会或者极少排出污染物,解决了常规汽车的尾气污染问题,而且还没有机械噪声。只要燃料供应充足,车辆行驶的里程是可以不受限制的。所以燃料电池车的发展前途光明。

目前普遍认为,质子交换膜燃料电池(特别是直接甲醇燃料电池),由于具有优越的启动特性和环保特性,而且供料支持系统简单,作为车载燃料电池,最有希望在将来取代内燃机。

3. 仪器和通信设备电源

手机、数码相机和摄像机、笔记本电脑等电子产品的主要难题就是电源问题,电源寿命短,且电池供电的维持时间也短。燃料电池正好可以克服这一缺陷。

---

① 王长贵.新能源发电技术[M].北京:中国电力出版社,2003.

便携式燃料电池以碱性燃料电池和质子交换膜燃料电池为主，其关键技术是氢燃料的储存和携带。

4. 军事上的应用

军事应用也是燃料电池最为适合的主要市场。效率高、类型多、使用时间长、工作无噪声，这些特点都非常符合军事装备对电源的需求。从战场上移动手提装备的电源到海陆运输的动力，都可以由特定型号的燃料电池来提供。

自 20 世纪 80 年代以来，美国海军就使用燃料电池为其深海探索的船只和无人潜艇提供动力。

6.5.2　燃料电池的应用状况

据美国有关部门资料统计，当建设费用达到每瓦 3 美元时(1994 年已达到)，燃料电池便可进入市场；当降到 2 美元左右时，便能在边远地区作为独立发电的电力系统；当降到 1 美元左右时，市场将迅猛扩大。要达到 1 美元这一目标，就必须将燃料电池的使用寿命提高到 40000h。由于燃料电池成本过高，经济效益也不如其他发电方式，所以至少目前还未能得到大规模的推广。只有成本明显降低和使用寿命进一步提高，燃料电池才会增强竞争力。

由于燃料电池取代传统的发电机和内燃机，能大大降低空气污染，因而有望部分取代传统发电机及内燃机而广泛应用于发电及汽车上。值得注意的是，这种重要的新型发电方式实现电能的终点是生产与消费同步，可以大大提高燃料利用率、降低空气污染及解决电力供应、提高电网的安全性。

现在燃料电池的发展速度非常快。燃料电池这种新型能源，作为继火电、水电、核电之后的第四代发电方式，将在能源领域里占据举足轻重的地位，具有广阔的发展前景。

第7章　分布式发电技术

电力作为重要的二次能源，具有清洁、高效、方便使用的优点，是能源利用最有效的形式之一。通过电能的形式加以传输和利用是可再生能源开发的主要形式之一。当前，作为集中式发电的有效补充，分布式发电及其系统集成技术正日趋成熟，随着成本不断下降以及政策层面的有力支持，分布式发电技术正得到越来越广泛的应用。

7.1　分布式发电概述

分布式发电(Distributed Generation，DG)是指在一定的地域范围内，满足终端用户的特殊需求、接在用户侧附近的小型发电系统，是存在于传统公共电网以外，任何能发电的系统。DG包括内燃机、微型燃气轮机、燃料电池、小型水力发电系统、太阳能、风能、垃圾及生物能发电等的发电系统。

独自并网的分布式电源易影响周边用户的供电质量，分布式发电技术的多样性增加了并网运行的难度，同时实现能源的综合优化面临挑战，这些问题都制约着分布式发电技术的发展。阻碍分布式发电获得广泛应用的难点不仅仅是分布式发电本身的技术壁垒，现有的电网技术还不能完全适应高比例分布式发电系统的接入要求也是一大难点。

除了分布式发电，还有分布式电力和分布式能源的概念。分布式电力(DP)是位于用户附近的模块化的发电和能量储存技术。分布式能源(DER)包括用户侧分布式发电、分布式电力，以及地区性电力的有效控制和余热资源的充分利用，也包括冷热电联产等。

分布式发电、分布式电力和分布式能源的关系如图7-1所示①。三者的概念类似，发挥的作用也基本相同，为叙述方便，在后文均称为“分布式发电”。

---

①　朱永强．新能源与分布式发电技术[M].2版．北京:北京大学出版社,2016.

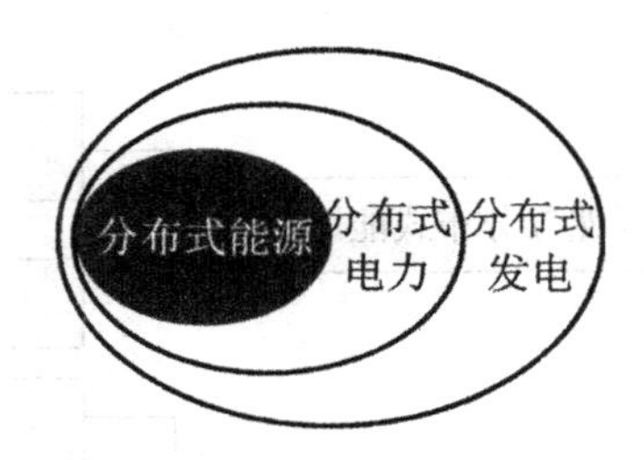

图7-1　分布式发电、分布式电力和分布式能源的关系

近年来,以可再生能源为主的分布式发电技术得到了快速发展,与传统电力系统相比克服了大系统的一些弱点,成为电能供应不可缺少的有益补充,二者的有机结合将是新世纪电力工业和能源产业的重要发展方向。分布式发电以其优良的环保性能和与大电网良好的互补性,成为世界能源系统发展的热点之一,也为可再生能源的利用开辟了新的方向。

7.2　分布式发电电源及储能单元

7.2.1　分布式发电电源

分布式电源是分散的小规模电源。分布式发电系统广泛利用各种可用的资源进行小规模分散式发电,因资源条件和用能需求而异,发电方式如图7-2所示。

此外,一些储能装置,如蓄电池、飞轮、超级电容器等,具有容量小及安装在负荷当地的特点,因此也作为分布式发电装置的一种。

1. 新能源分布式电源

(1)太阳能光伏电池

太阳能光伏电池发电技术利用半导体材料的光电效应直接将太阳能转换为电能,基本不受地域限制。

(2)风力发电机组

风力发电技术资源分布广泛,技术成熟,是近年来发展应用最广的发电技术。

(3)海洋能发电站

海洋能包括潮汐能、波浪能、海流能、温差能和盐差能等多种能源形态,均可用于发电。相对而言,其中最成熟、应用规模最大的是潮汐发电。

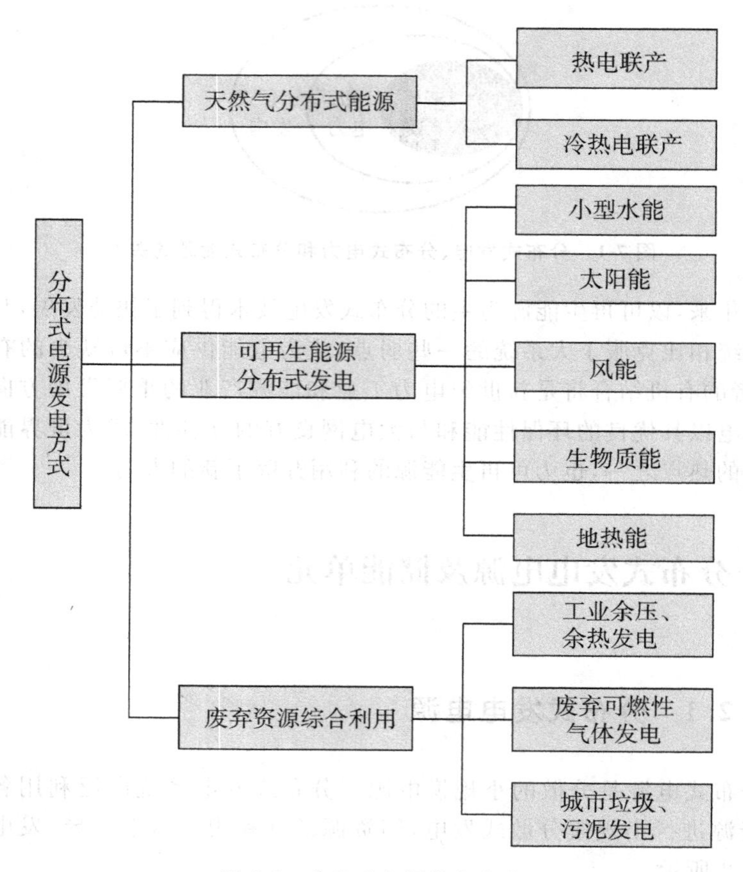

图 7-2　分布式电源发电方式

(4)地热发电站

地热发电以地下热水和蒸汽为动力源，其原理和火力发电类似，相对于太阳能和风能的不稳定，地热能发电的输出功率就显得较为稳定可靠。

(5)生物质能发电机组

生物质能发电是将生物质能转化为可驱动发电机的能量形式，再按照常规发电技术发电。

(6)燃料电池

燃料电池通过氢和氧的化合释放出电能，其排放物是水蒸气，燃料不经过燃烧，因而对环境无任何污染，不占空间且无噪声。

2. 微型燃气轮机

微型燃气轮机(Micro Turbine)是一类新近发展起来的小型热力发动

机，以天然气、丙烷、汽油、柴油等为燃料。微型燃气轮机的发电原理如图 7-3 所示。

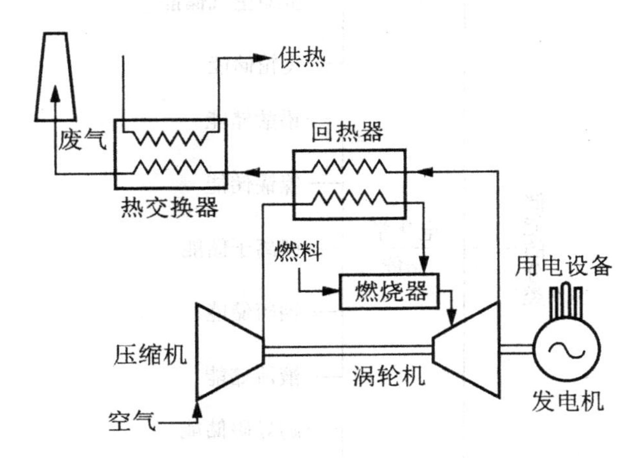

图 7-3 微型燃气轮机发电的工作原理

微型燃气轮机应用很广，最具代表性的是热电联产机组，是目前最成熟、最具有商业竞争力的分布式电源之一。

7.2.2 分布式发电的储能单元

在分布式发电技术中，储能技术可以很好地解决电能供需不平衡问题，实现分布式发电系统的电能质量调节、系统稳定性以及电能质量控制等。

1. 储能的分类

储能技术按照其具体方式可分为物理、电化学、电磁和相变储能四大类型，如图 7-4 所示。

2. 储能的性能比较

表 7-1[①] 列出了超级电容器与蓄电池、超导储能以及飞轮储能的性能比较。

---

① 张建华，黄伟．微电网运行、控制与保护技术[M]. 北京：中国电力出版社，2010.

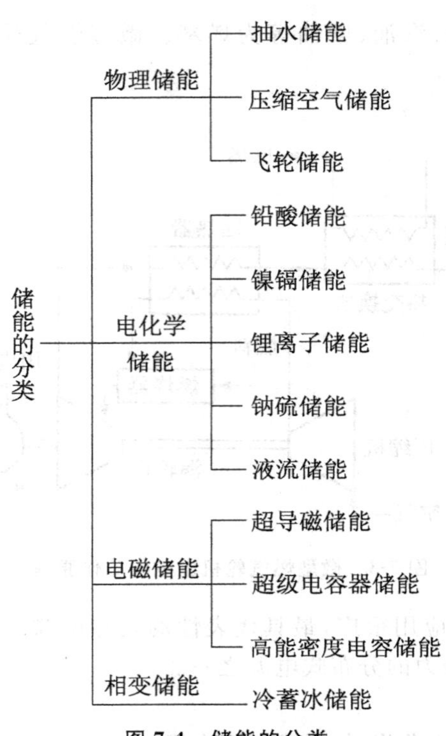

图 7-4　储能的分类

表 7-1　各储能系统的性能比较

元件名称	蓄电池	超级电容器	超导储能	飞轮储能
能量密度(Wh/kg)	20～100	1～10	＜1	5～50
功率密度(W/kg)	50～200	7000～18 000	1000	180～1800
循环寿命(次)	100	＞100	106	100
效率 η(%)	80～85	＞95	90	90～95
安全性	高	高	低	不高
维护量	小	很小	大	较大
对环境影响	污染	无污染	无污染	无污染
成本(p. u.)	1	8	20	4
特点	技术成熟、价格低,但污染环境	功率密度高,但价格昂贵	可用于快速补偿,但效果较差,且飞轮储能受转速及机械强度限制	

在分布式发电系统中,由负荷或者微型电源导致的电能质量问题往往

具有持续时间短、出现频繁的特点。相比较而言，作为短期储能装置，超级电容器更为高效、实用、环保，必然会成为理想的选择。

7.2.3　分布式发电的负荷

1. 运行模式下的负荷

(1)并网运行模式下的负荷

并网运行模式下，电力配电系统通常被认为是平衡节点，用于供应/吸收发电机产生的不平衡功率，达到维持净功率平衡的目的。但是，如果基于运行策略，净输入/净输出已经达到硬性限制时，在发电机内部也可以采取切负荷或者是切电源方案。

(2)孤网运行模式下的负荷

孤网运行模式下，配电系统经常会采用切负荷/切电源方案以维持功率平衡，从而稳定电压。此时就需要运行策略，必须保证发电机对关键负荷的服务优先。

发电机的运行应该满足以下两个条件：

①实行负荷控制，通过减少峰荷和负荷变动的范围，优化可调度 DG 单元的额定容量。

②用户服务分化，改善特殊负荷的电能质量以及提高特殊类别负荷的可靠性。

2. 负荷的分类

负荷分为电力负荷和热(冷)负荷，如图 7-5 所示。

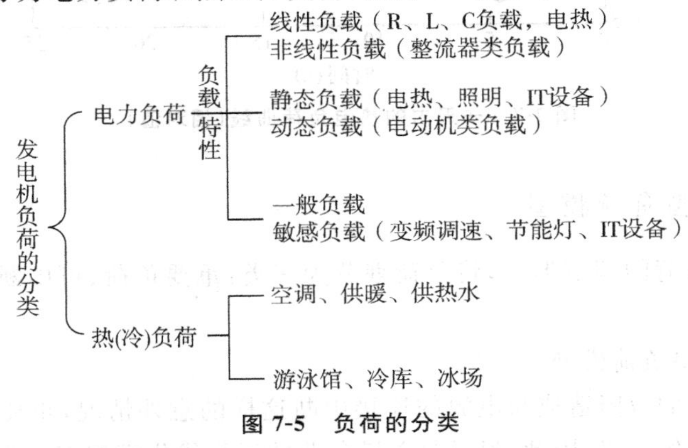

图 7-5　负荷的分类

电力系统综合负荷模型反映实际电力系统负荷的频率、电压、时间特性，其分类如图 7-6 所示。

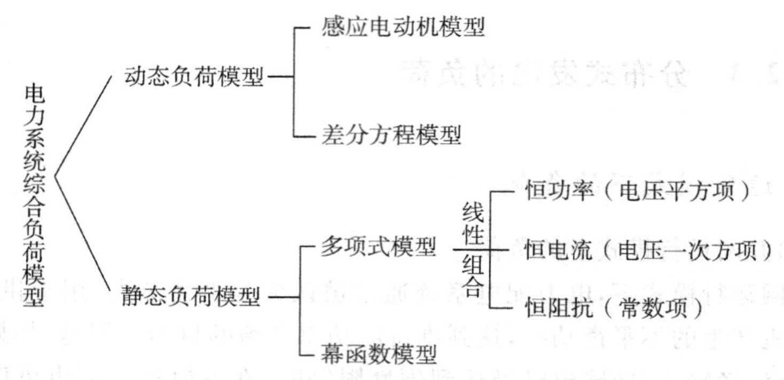

图 7-6　电力系统综合负荷模型分类

在稳定计算中综合负荷模型的选择原则是：在没有精确综合负荷模型的情况下，一般按 40%恒功率，60%恒阻抗计算。

3. 负荷的描述

负荷通常用负荷曲线来描述，即热(冷)负荷曲线以及供电负荷曲线，如图 7-7 所示。

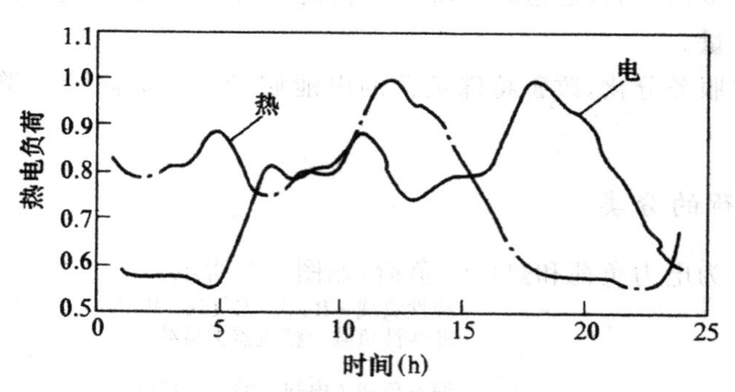

图 7-7　一天内的热电负荷曲线(相对值)

4. 典型负荷模型

根据负荷的调节形式，将负荷划分为三类：重要负荷、可中断负荷和可转移负荷。

(1)重要负荷模型

除系统的故障造成与电源的连接中断这样的意外情况，重要负荷具有最高的供电优先级，因此，通常将关键负荷的运行优化模型表示为

$$P_{im}(t)=\begin{cases}P_{im}^{r}(t) & \text{负荷可以得到供电}\\ 0 & \text{负荷不能得到供电}\end{cases}$$

式中，$P_{im}(t)$为关键负荷 t 时刻的实际用电功率；$P_{im}^{r}(t)$为关键负荷 t 时刻的额定功率。

由优化模型可知，关键负荷的功率具有不可控性，条件允许时必须保证其供电。

(2)可中断负荷模型

可中断负荷是基于激励的需求侧响应的一种，指那些以合约等方式允许有条件停电的负荷。市场引导可中断负荷的方式有折扣电价的补偿和实际停电后的高赔偿两种。

①可中断负荷电力模型。

正常情况下，可中断负荷的供电不会被中断，并以额定功率工作；当接到中断信号后，在规定时间内不工作，负荷为 0。其运行优化模型为

$$P_{IL.i}(t)=\begin{cases}P_{IL.i}^{r}(t) & \text{负荷供电}\\ 0 & \text{负荷中断}\end{cases}$$

式中，$P_{IL.i}(t)$为可中断负荷 i 在 t 时刻的实际用电功率；$P_{IL.i}^{r}(t)$为可中断负荷 i 在 t 时刻的额定功率。

②可中断负荷经济模型。

图 7-8 所示[①]为低电价可中断负荷电费损失模型，正常售电价为 p_0；用户 i 在 ILL 市场所申报的电价平均减少率 $d_{ILL.i}(Q_{ILL.i})$可表示为成交的可中断容量 $Q_{ILL.i}$的非下降函数。如直线 $u_i+v_iQ_{ILL.i}$，其具有正截距和正斜率的，其中的参数 u_i 和 v_i 反映用户 i 在 ILL 市场上的竞标策略。$d_{ILL.i}(Q_{ILL.i})$是 $Q_{ILL.i}$的单调上升函数，可中断容量 $Q_{ILL.i}$越大，售电电价折扣越高。

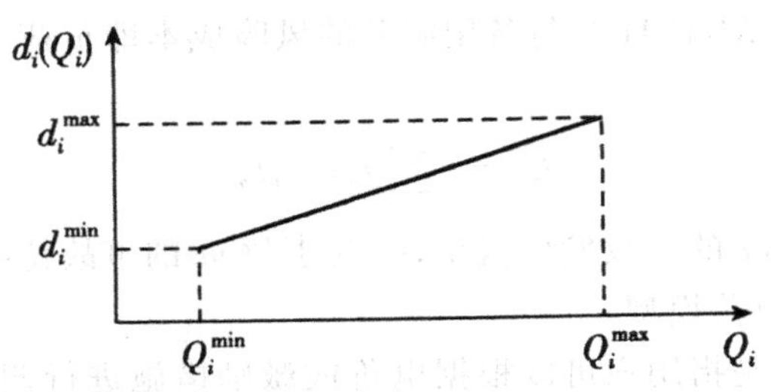

图 7-8　用户 i 在 ILL 市场申报的电价减少率曲线

电网公司损失电费为

$$C_{ILL}(Q_{ILL.i})=\sum_i p_0 d_i(Q_{ILL.i})Q_{ILL.i}$$

---

① 赵波．微电网优化配置关键技术及应用[M]．北京：科学出版社，2015.

可中断容量 Q_i 的约束条件为

$$Q_{\mathrm{ILL.min.}i} \leqslant Q_{\mathrm{ILL.}i} \leqslant Q_{\mathrm{ILL.max.}i}, \quad \forall i$$

式中，$C_{\mathrm{ILL}}(Q_{\mathrm{ILL.}i})$是总电费损失费用；$Q_{\mathrm{ILL.max.}i}$ Q 和 $Q_{\mathrm{ILL.min.}i}$是用户 i 可中断容量上下限。

图 7-9 所示为高电价赔偿可中断负荷电费模型，用户 i 在 ILH 市场所申报的高赔偿倍数，即单位负荷的停电代价与 p_0 的比值 $d_{\mathrm{ILH.}i}(Q_{\mathrm{ILH.}i})$是成交的可中断容量 $Q_{\mathrm{ILH.}i}$的非下降函数。$d_{\mathrm{ILH.}i}(Q_{\mathrm{ILH.}i})$是 $Q_{\mathrm{ILH.}i}$的单调上升函数，可中断容量 $Q_{\mathrm{ILH.}i}$越大赔偿电价越高。

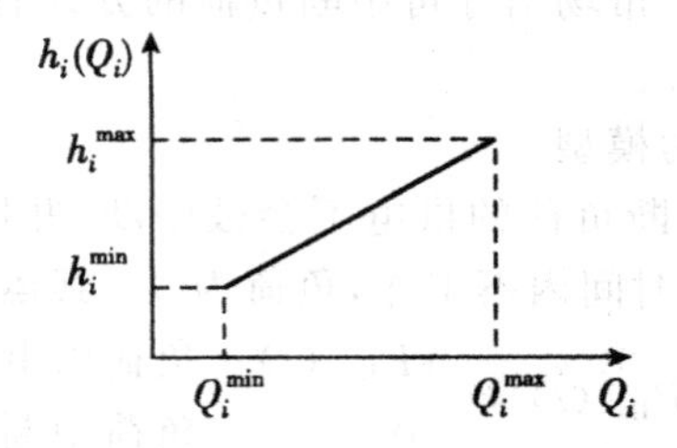

图 7-9　用户 i 在 ILH 市场申报的高赔偿倍数曲线

电网公司支付给用户的赔偿费用为

$$C_{\mathrm{ILH}}(Q_{\mathrm{ILH.}i}) = \sum_i p_0 d_i(Q_{\mathrm{ILH.}i}) Q_{\mathrm{ILH.}i}$$

可中断容量 $Q_{\mathrm{ILH.}i}$约束条件为

$$Q_{\mathrm{ILH.min.}i} \leqslant Q_{\mathrm{ILH.}i} \leqslant Q_{\mathrm{ILH.max.}i}, \quad \forall i$$

式中，$C_{\mathrm{ILH}}(Q_{\mathrm{ILH.}i})$是总赔偿费用；$Q_{\mathrm{ILH.max.}i}$ Q 和 $Q_{\mathrm{ILLH.min.}i}$是用户 i 可中断容量上下限。

针对事故集 M，ILH 参与备用服务的风险成本即负荷中断赔偿风险可表示为

$$C_h = \sum_{m \in M} q_m L_{\mathrm{d.}m} t_m$$

式中，q_m 为事故 m 的事故发生概率；t_m 为事故 m 的事故持续时间。

(3)可转移负荷模型

可转移负荷是指用户可以根据电价或激励措施进行调整的负荷类型，能够实现需求量在各时段间的转移。常见的可转移负荷有淡化水、电动汽车、冰箱和空调等负荷。

淡化水针对距离大陆较远的岛屿，一般采用海水淡化技术解决其缺水问题。目前，海水淡化技术都是通过消耗电能的方式实现的。海水淡化设备装有蓄水池，可储存不需要供需实时平衡，属于可转移负荷。海水淡化时需要考虑单位时间制水约束和蓄水池上下限约束

$$P_{des}(t) \leqslant P_{desmax}$$

$$W_{poolmin} \leqslant W_{pool}(t) \leqslant W_{poolmax}$$

式中，$P_{des}(t)$为淡化水实际工作功率；P_{desmax}为淡化水工作功率上限；$W_{pool}(t)$为蓄水池水量；$W_{poolmax}$和$W_{poolmin}$为蓄水池水量上下限。

电动汽车主要有以下特性：

①电动汽车的可移动性。它可以将其他地方多余或者便宜的电能转运给需求量较大或电价较高处使用。

②电动汽车的所属性。通常是个人所有，车主支付购车费用，因此减小系统中储能设备的投资。

③电动汽车在不同时段的聚集和分散性。电动汽车白天相对集中，夜晚相对分散。白天将其集中接入微电网，通过一定的策略控制其运行进行削峰填谷。

电动汽车充放电模型：

当电动汽车处于充电状态时，其在t时刻的荷电量可表示为

$$SOC_{EV}(t) = SOC_{EV}(t-1) + P_{EVchr}(t)$$

当电动汽车处于放电状态时，其在t时刻的荷电量可表示为

$$SOC_{EV}(t) = SOC_{EV}(t-1) + P_{EVdis}(t)$$

电动汽车荷电量SOC_{EV}约束为

$$SOC_{EVmin} \leqslant SOC_{EV} \leqslant SOC_{EVmax}$$

式中，$SOC_{EV}(t)$和$SOC_{EV}(t-1)$分别表示t和$t-1$时刻电动汽车的荷电量；$P_{EVchr}(t)$和$P_{EVdis}(t)$表示t时段电动汽车的充放电功率；SOC_{EVmax}和SOC_{EVmin}为电动汽车荷电量上下限。

电动汽车负荷功率模型为

$$P_{EV}(t) = \sum_{i} P_{EVchr.i}(t) + \sum_{j} P_{EVdis.j}(t)$$

式中，$P_{EV}(t)$为t时段电动汽车的总负荷；$P_{EVchr.i}(t)$为t时段电动汽车i的充电电量；$P_{EVdis.j}(t)$为t时段电动汽车i的放电电量。

5. 其他负荷

(1)可转移负荷转入和转出功率约束

可转移负荷的转入和转出功率应满足一定条件的约束，约束可表示为

$$\begin{cases} f_{i,t}D_{min,t}^{i} \leqslant D_{il,t} \leqslant f_{i,t}D_{max,t}^{i} \\ f_{o,t}D_{min,t}^{o} \leqslant D_{ol,t} \leqslant f_{o,t}D_{max,t}^{o} \\ f_{i,t} + f_{o,t} \leqslant 1 \end{cases}$$

式中，$D_{il,t}$和$D_{ol,t}$分别为t时刻转入和转出负荷功率；$D_{max,t}^{i}$和$D_{min,t}^{i}$分别为t

时刻可转入的最大和最小负荷功率；$D^{o}_{max,t}$和$D^{o}_{min,t}$分别为t时刻可转出的最大和最小负荷功率；$f_{i,t}$和$f_{o,t}$分别为t时刻转入和转出可转移负荷标志位，为0～1变量。

其中，转入负荷为从其他时刻转移至t时刻的负荷，转出负荷为从t时刻转出至其他时刻的负荷。

（2）可转移负荷运行功率约束

可转移负荷转入和转出完成后，由于可转移负荷运行功率限制，任意时刻可转移负荷功率应满足一定的约束

$$f_{l,t}D_{l,\min} \leqslant D_{l,t} + D_{il,t} - D_{ol,t} \leqslant f_{l,t}D_{l,\max}$$

式中，$D_{l,t}$为t时刻原始可转移负荷功率；$D_{l,\min}$和$D_{l,\max}$分别为可转移负荷工作的最小和最大功率；$f_{l,t}$为t时刻可转移负荷标志位，为0～1变量，当标志位为0时，表示可转移负荷转入和转出完成后该时刻无可转移负荷。

（3）可转移负荷总量约束

一定周期内，可转移负荷的转入量和转出量应保持平衡。由于可转移负荷的总需求量是一定的（如蓄冰空调一天的总蓄冰量是一定的），可转移负荷总量应不大于其总需求量，可表示为

$$\sum_{t=1}^{n_T} D_{il,t}\Delta t = \sum_{t=1}^{n_T} D_{ol,t}\Delta t \leqslant D_{\text{total}}$$

式中，Δt为时间步长，时间周期T内含有n_T个Δt；D_{total}为可转移负荷总需求量。

（4）可转移负荷最小运行时间约束

由于可转移负荷应满足最小连续运行时间要求，可设定最小运行时间约束

$$-f_{l,t-1} + f_{l,t} - f_{l,k} \leqslant 0$$

$$\forall k: 1 \leqslant k - (t-1) \leqslant n_{T_{\min}}$$

式中，可转移负荷最小运行时间$T_{\min}$含有$n_{T_{\min}}$个Δt；k为整数。

（5）可转移负荷转入和转出时间约束

对不允许和允许可转移负荷转入时间区间进行设定，约束可表示为

$$\begin{cases} D_{il,t} = 0, & t \in n_{T_{i1}} \\ D_{il,t} \geqslant 0, & t \in n_{T_{i2}} \end{cases}$$

式中，$n_{T_{i1}}$和$n_{T_{i2}}$分别为不允许和允许转入可转移负荷时间集合。其中，$n_{T_{i1}}$可根据不允许转入负荷时间段T_{i1}与Δt得到，$n_{T_{i2}}$可根据允许转入负荷时间段T_{i2}与Δt得到。

同时，也可对不允许和允许可转移负荷转出时间区间进行设定，约束为

$$\begin{cases} D_{ol,t} = 0, & t \in n_{T_{o1}} \\ D_{ol,t} \geqslant 0, & t \in n_{T_{o2}} \end{cases}$$

式中，$n_{T_{o1}}$ 和 $n_{T_{o2}}$ 分别为不允许和允许转出可转移负荷时间集合。其中，$n_{T_{o1}}$ 可根据不允许转出负荷时间段 T_{o1} 与 Δt 得到，$n_{T_{o2}}$ 可根据允许转出负荷时间段 T_{o2} 与 Δt 得到。

在可转移负荷完成其转入和转出后，改变之后的负荷需求可表示为

$$P'_{\mathrm{load},t} = P_{\mathrm{load},t} + D_{\mathrm{il},t} - D_{\mathrm{ol},t}$$

式中，$P'_{\mathrm{load},t}$ 为 t 时刻可转移负荷转入和转出完成后的负荷；$P_{\mathrm{load},t}$ 为 t 时刻原始负荷需求。

7.3　分布式发电系统

7.3.1　概述

图 7-10 所示为基于可再生能源的分布式发电系统结构图。该系统是一套多电源独立的发电系统，采用直流总线，由发电单元、储能单元、控制单元和模拟负荷单元组成。

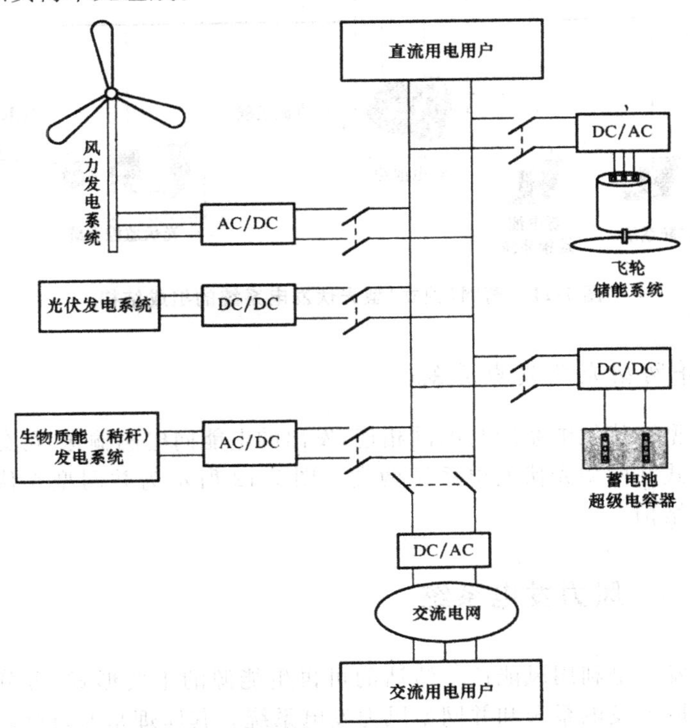

图 7-10　基于可再生能源的分布式发电系统结构图

7.3.2 光伏发电系统

光伏发电是将太阳能直接转换为电能的一种发电形式,通常可分为离网(独立)型光伏发电系统和并网型光伏发电系统。

1. 离网(独立)型光伏发电系统

离网(独立)型光伏发电系统是为解决边远地区的无电问题建设的,其不与常规电力系统相连,且必须配备储能装置以满足负荷用电的全天候特性。该系统的组成结构如图 7-11 所示。

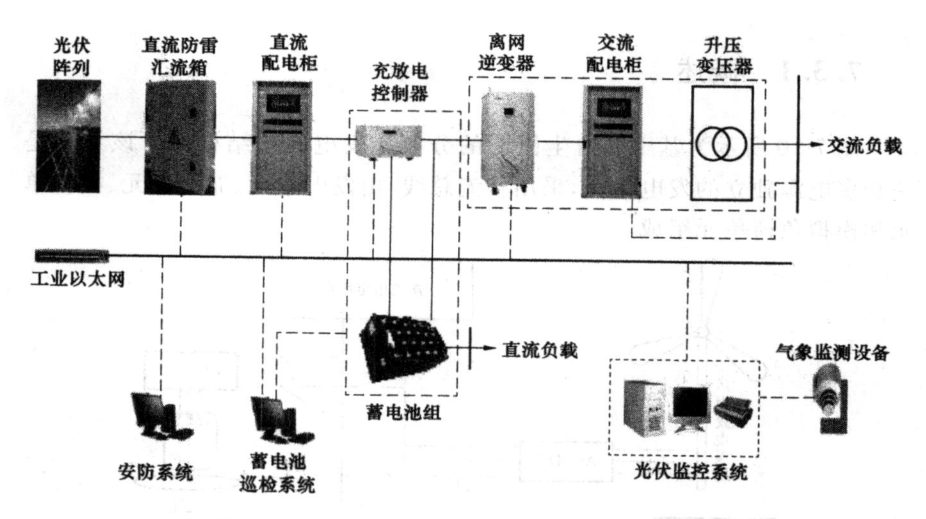

图 7-11 离网(独立)型光伏发电系统的组成结构

2. 并网型光伏发电系统

并网型光伏发电系统与电网相连,发出的电能向电网输送,可分为分布式和集中式并网型光伏发电系统两类。图 7-12 所示为并网型光伏发电系统的组成结构。

7.3.3 风力发电系统

风力发电是利用风能这一清洁的可再生能源的主要形式,可分为离网(独立)型风力发电系统和并网型风力发电系统。其原理是通过叶轮将空气流动的动能转化为机械能,再通过发电机将叶轮机械能转化为电能。

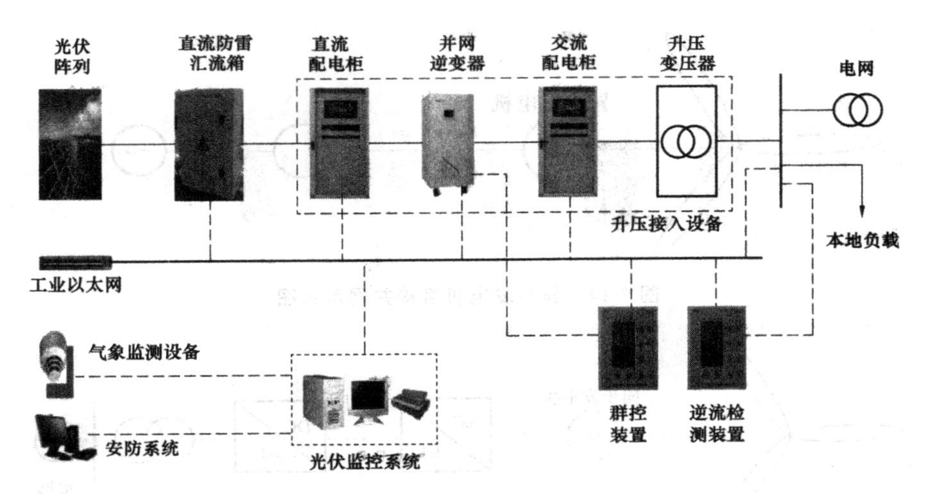

图 7-12　并网型光伏发电系统的组成结构

1. 离网(独立)型风力发电系统

如图 7-13 所示为离网(独立)型风力发电系统的组成结构。

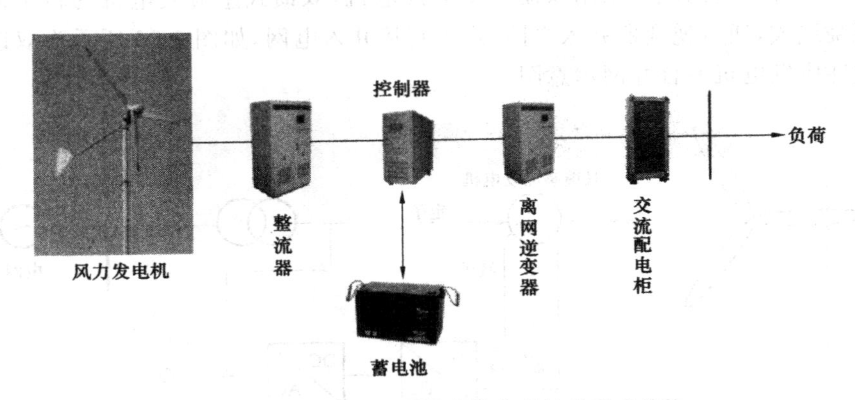

图 7-13　离网(独立)型风力发电系统的组成结构

2. 并网型风力发电系统

(1)直接并网

直接并网的风机采用异步发电机,风机发出的交流电直接并入电网,如图 7-14 所示为异步发电机直接并网示意图。

(2)逆变器并网

逆变器并网的风机采用同步发电机,风机发出的交流电变成交流电并入电网,如图 7-15 所示为同步发电机逆变器并网示意图。

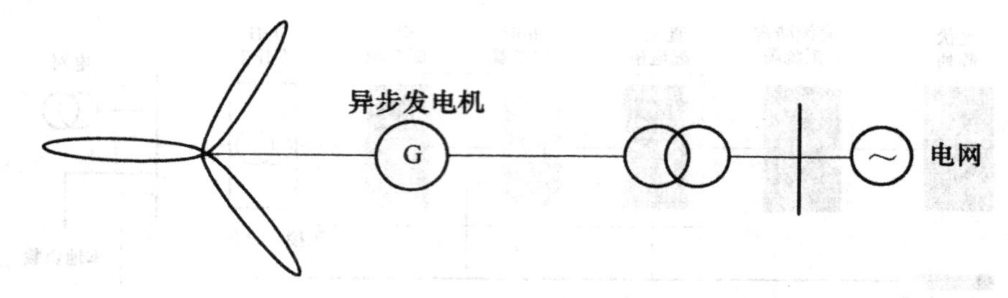

图 7-14 异步发电机直接并网示意图

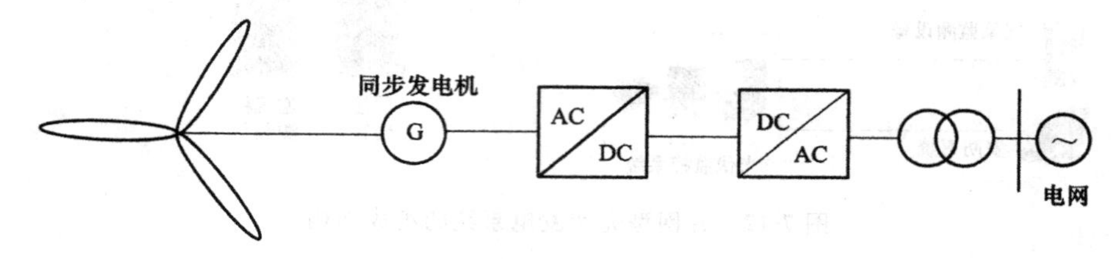

图 7-15 同步发电机逆变器并网示意图

(3)混合并网

混合并网的风机采用双馈式感应发电机，双馈式感应发电机的转子采用绕线式，通过逆变器并入电网，定子直接并入电网，如图 7-16 所示为双馈式感应发电机混合并网示意图。

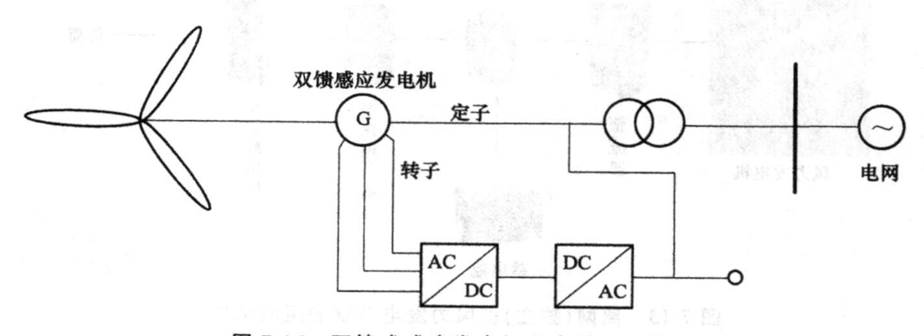

图 7-16 双馈式感应发电机混合并网示意图

7.4 分布式发电系统孤岛检测

DG 的存在对电力系统的故障行为和保护功能都会产生一定的影响，主要有以下几个方面。

①DG本身的故障行为也会对系统运行和保护产生影响；

②DG的出现会改变故障电流大小、持续时间及其方向；

③机组对故障电流的影响可能会影响配电网的可靠性和安全性。

当DG并网运行时，需要提供有效的接地，以防止单向接地短路时非故障相出现过电压。

当包含DG的电网与主电网分离后，仍继续向所在的独立电网输电，这就是所谓的孤岛。

7.4.1　孤岛效应

国际能源机构(IEA)认为，孤岛效应是指当电网的部分线路因故障或维修而停电时，停电线路由所连的并网发电装置继续供电，并连同周围负荷构成一个自给供电的孤岛的现象。

孤岛效应分为两种情况：反孤岛效应和利用孤岛效应。

1. 反孤岛效应

反孤岛效应是指禁止非计划孤岛效应的发生。由于这种供电状态是未知的，将造成一系列的不利影响，并且随着电网中分布式发电装置数量的增多，其造成危险的可能性增大，而传统的过/欠压、过/欠频保护已经不再满足安全供电的要求，因此，分布式发电装置必须采用反孤岛方案来禁止非计划孤岛效应的发生。

2. 利用孤岛效应

利用孤岛效应则是指按预先配置的控制策略，有计划地发生孤岛效应，具体是指在因电网故障或维修而造成供电中断时，由分布式发电装置继续向周围负载供电，从而减少因停电而带来的损失，提高供电质量和可靠性的情况。

孤岛效应通常发生在低压电网，当电网中分布式发电装置的数量很多时，也可能发生在较高电压的配电网和输电网中，使得孤岛被局部化且主变压器不包含在局部孤岛以内。

3. 孤岛效应的形成

①电网维修造成的主网供电中断；

②由于电网设备故障而导致正常供电的主网意外中断；

③自然灾害、工作人员的误操作或人为蓄意破坏；

④电网检测到故障，导致网侧隔离开关跳开，但是分布式发电装置没有检测到故障而继续运行。

7.4.2 孤岛效应的危害

无意中形成的孤岛，可能会对系统、用户设备、维修职员等造成危害，同时低劣的电能质量会损害孤岛中的负荷。

①断路器的复位及自动重合闸会使主系统与孤岛失步；

②当主电网无法甩开被孤立的负荷时，会对公共安全生产一定的影响；

③主电网断开后，DG向系统单独供电会对线路维修者的人身安全造成威胁；

④孤岛产生后，孤岛系统的电压和频率脱离了主电网的控制，会产生很大的变化，对电气设备损害很大。

为了避免不同步状态下的重合，需要DG在很短的时间内检测出孤岛状态，常用的方法有：①增加重合闸操作的时间；②为自动重合闸增加电压检测系统。

如果DG为旋转式的发电机，这种失步下的重合闸由于电流相位不同步，会使发电机产生很大的机械力矩和电流，这种大电流下的力矩会造成发电机的机械损伤。

不同步下的重合闸也会对用户的电气设备造成损害，如果重合闸在电压过峰值时重合，会产生很大的操作过电压。另外，它会产生很大的暂态电流，损坏变压器，使线路上电流保护误动，并使电动机内部产生强大的电磁力矩。所以有必要对孤岛现象进行研究，以消除DG并网对系统的潜在威胁。

7.4.3 孤岛检测技术

1. 本地检测方法

(1)主动法

主动法通过监测系统中所注入的特定扰动信号发生扰动引起的某些电气量的变化来判断孤岛是否产生。

①无功输出检测法。

无功输出检测法通过控制分布式发电机的励磁电流，使之产生一种特定大小的无功电流来进行孤岛检测。无功输出检测法就是靠检测该电流的存在与否进行孤岛判断，生成的无功电流只在分布式电源与主系统相连时才能产生。

虽然无功输出检测法对孤岛状态的检测十分可靠,但其动作时间长,超过很多自动重合闸的重合时间。因此,只有在做后备用途时才考虑采用这种方法。

②系统故障等级监测法。

在电压过零点时触发晶闸管开关,用一个并联的电感测量电流,来计算系统阻抗和系统故障等级。虽然这种方法可以在半个周期内做出孤岛判断,但会在电压过零点时产生小的电压扰动,进而影响系统运行。

(2)被动法

被动法通过监测不同的系统参数来判断孤岛是否产生,无须对系统运行施加影响,其检测有以下几种。

- 以频率变化率为依据的频率变化率法;
- 以相位变化为依据的相位变化法;
- 有功输出变化率监测法;
- 谐波电压监测法;
- 过/欠电压和过/低频监测法;
- 不平衡电压和电流的总谐波畸变监测法;
- 电压的模值、相角、频率和电流的总谐波畸变监测法。

①ROCOF方法。

ROCOF是目前孤岛检测中最常用的一种方法,其理论基础是在孤岛形成瞬间,分布式电源提供的功率和负荷消耗的功率之间存在不平衡功率。

图7-17所示为安装有ROCOF继电器的分布式发电系统并网运行等值电路图。图中,分布式发电机SG向负荷L提供的功率P_{SG}与L消耗的电功率P_L之间的差额由主系统提供,即

$$P_{sys} = P_L - P_{SG}$$

正常运行时,系统频率不变。假定CB跳开,此时由SG和L组成的部分从主系统中分离形成孤岛,$P_{sys}=0$。使得P_{SG}发生变化,用来检测孤岛的产生。

如果孤岛系统的不平衡功率较小,孤岛产生后频率的变化就小,此时用df/dt作判据,就可以更好地检测出孤岛的产生。这就是ROCOF方法的基本原理。

频率的变化与负荷所需功率和分布式电源提供的功率之间的差异有关,即

$$df/dt = -\frac{(P_L - P_{SG})f_r}{2HP_{GN}}$$

H越大,df/dt就越小。

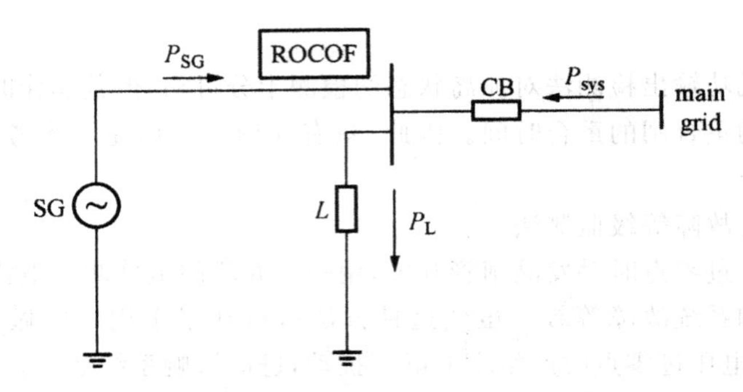

图 7-17　安装有 ROCOF 继电器的分布式发电系统并网运行等值电路图

除了对 df/dt 数值的设定外，ROCOF 继电器的启动还需 $U>U_{limit}$，以防止在发电机启动或短路等情况下 ROCOF 产生误判。

ROCOF 继电器的模型如图 7-18 所示。

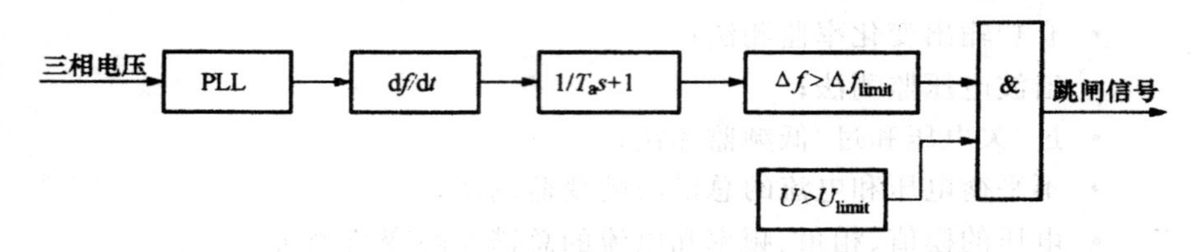

图 7-18　ROCOF 继电器的模型

影响不平衡功率的因素有负荷类型、负荷的功率因数、形成的孤岛中馈线的长度及 X/R 的大小等。

负荷有三种类型：恒定阻抗负荷、恒流负荷和恒功率负荷。由于三种负荷按恒定阻抗负荷、恒流负荷、恒定功率负荷的顺序，受电压变化的影响依次减小。因此，在 df/dt 一定的情况下，恒定阻抗负荷需要最大的不平衡功率来激发 ROCOF 继电器。

负荷的功率因数可以改变电压的幅值，负荷功率因数越小，孤岛发生时，电压减小越大，ROCOF 越难进行判断。

孤岛中馈线的长度及 X/R 的大小也会影响电压的幅值，馈线越长，X/R 越小，孤岛发生时，ROCOF 越难进行判断。

②VS 方法。

图 7-19 所示为装有 VS 继电器的 DG 并网运行等值电路图。由于发电机内阻抗 X_d 的影响，端电压 $\dot{U}_T$ 和发电机电动势 $\dot{E}_r$ 之间存在相位差 θ，如图 7-20(a)所示。

如果 CB 断开，分布式发电机和负荷 L 与主系统分离，形成孤岛。由于

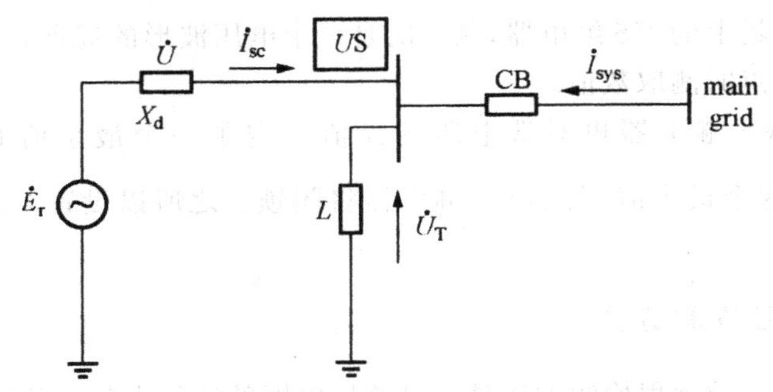

图 7-19 装有 VS 继电器的 DG 并网运行等值电路图

I_{sys}减小为 0，负荷增加（或减小）。$\dot{U}_T$ 和 $\dot{E}_r$ 的相位差 θ 瞬间增大（或减小），$\dot{U}_T$ 的相角变化如图 7-20(b) 所示。

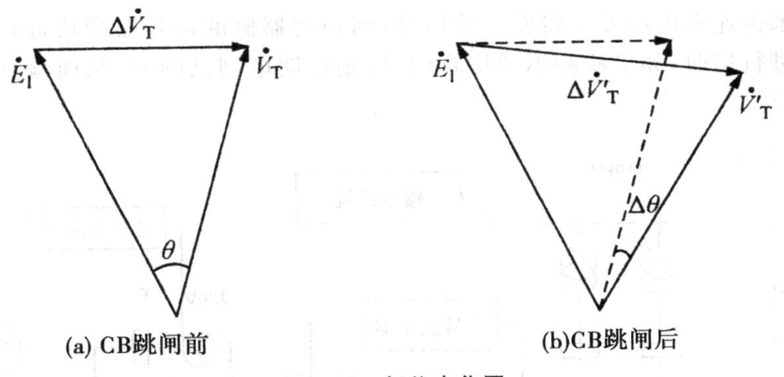

图 7-20 相位变化图

将上述情况进行时域分析，如图 7-21 所示。

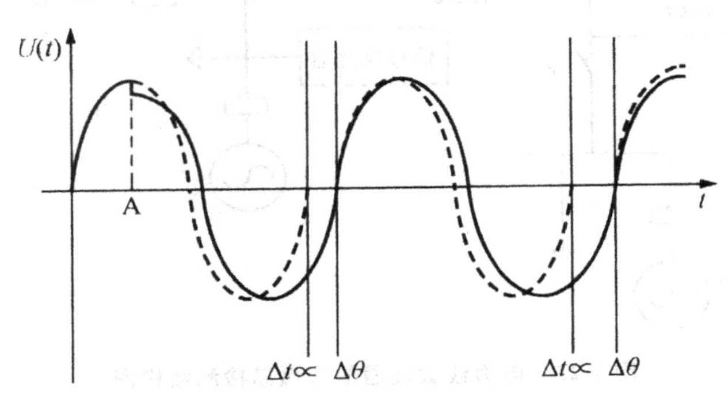

图 7-21 VS 继电器工作原理图

-----孤岛前波形 ——孤岛后波形

目前市场上的VS继电器，测量的是一个电压波形的周期长度，并在每次电压过零点时测取数值。

此外，VS继电器也对端电压的模值设定了一个最小值 U_{limit}，如果 $|\dot{U}_T|$ 低于这个最小值 U_{limit}，VS继电器将闭锁。之所以设置 U_{limit}，是为了避免误判。

2. 远程检测方法

基于通信的远程检测方法是通过监控电网的运行来判断并网系统中是否发生了孤岛效应。比较常见的远程检测方法主要有电力线载波通信方法和断路器联锁跳闸方案。

(1)电力线载波通信方法

电力线载波通信方法(PLCC)的系统结构图如图7-22所示。通过电力线路来传递由电网发生器发生的信号，而逆变器侧的接收器则负责对发送信号进行接收，如果检测不到接收信号，则说明电网已断开，从而检测出孤岛效应。

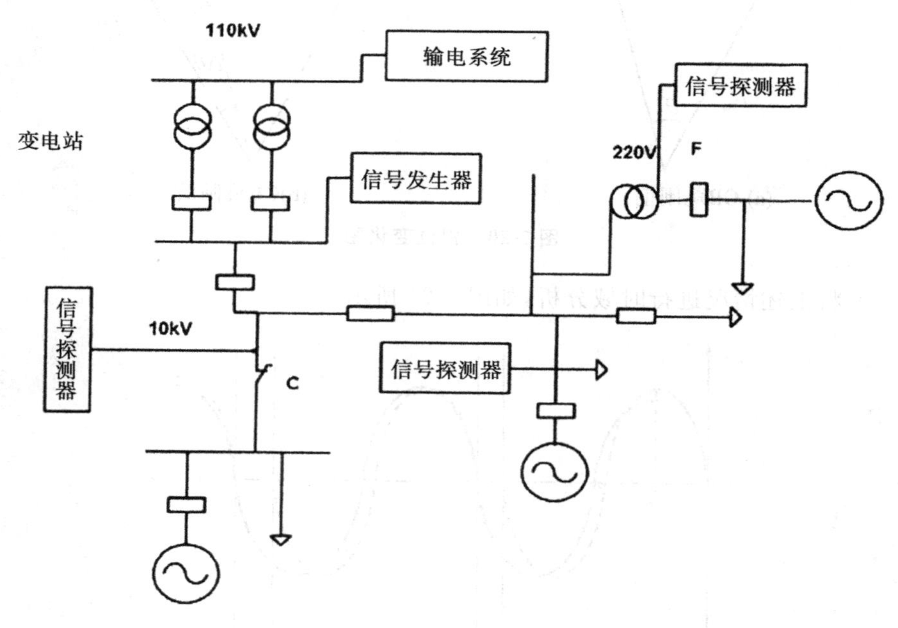

图7-22 电力线载波通信法孤岛检测结构图

为了有效地实现孤岛检测，电网发送器必须满足以下三个特点：

①电网端发送，用户端接收；

②采用连续信号，避免接收器将信号的正常断续当做是由孤岛效应引起而引发误动作；

③发送的信号务必在分布网络中传送畅通，因此必须选择低频信号，因为高频信号可能会被变压器中的串联电感所阻碍。PLCC 没有检测盲区，无视配电网络拓扑结构变化，检测速度快，但是由于该方法设备较昂贵所以在较大范围应用中受到了很大的限制。

(2)断路器联锁跳闸方案

联锁跳闸方案的原理是对所有可能发生孤岛效应的断路器以及自动重合闸的状态进行检测。当监测到非计划孤岛效应的发生后，中央处理器可以确定孤岛的范围，继而向分布式发电系统发送断路信号，使其停止工作。

此方法概念简单，对于拓扑结构固定、断路器有限的变电站，可以通过监控器直接将状态信号发送给分布式发电系统。然后，由于电网拓扑结构并非固定，一旦发生变化就需要实时监控生成新的算法结构；另外。该方法需要通信线路的极大支持，以网络与无线电为主，对于这些通信手段无法覆盖的偏远地区，该方法很难实施。

3. 孤岛的检测标准

随着分布式发电技术的快速发展以及反孤岛策略的深入研究，一系列有关于孤岛检测及其并网要求的标准陆续出台，其中国际上最主要的标准包括以下几种：

①IEEE Std. 929－2000：与电网连接的光伏系统推荐实施标准。

②IEEE Std. 1547－2003：首个将分布式发电装置、燃料电池及其他储能设备规范化的标准。

③UL 1741 标准：光伏发电系统中静止逆变器和充电控制器的安全标准。

④美国国家电气设计规范 2002。

表 7-2 中给出了孤岛检测的时间标准，表 7-3 为孤岛检测的电压标准，表 7-4 为孤岛检测的频率标准。

表 7-2　孤岛检测的时间标准

PCC 点电压范围	PCC 点频率范围	最大跳闸时间
$U=0.5V_{nom}$	f_{norm}	6 周期
$0.5V_{nom}<U<0.88V_{nom}$	f_{norm}	120 周期
$0.88V_{nom}<U<1.10V_{nom}$	f_{norm}	正常运行

（续）

PCC点电压范围	PCC点频率范围	最大跳闸时间
$1.10V_{nom}<U<1.37V_{nom}$	f_{norm}	120周期
$1.37V_{nom}<U$	f_{norm}	2周期
$U=V_{nom}$	$f<f_{norm}-0.7\text{Hz}$	6周期
$U=V_{nom}$	$f<f_{norm}+0.7\text{Hz}$	6周期

表7-3　孤岛检测的电压标准

状态	电网跳闸后的电压幅值	电网跳闸后的电压频率/Hz	允许的检测时间/s
A	$0.5V_s$	f_0	0.16
B	$0.5V_s<V<0.88V_s$	f_0	2
C	$1.10V_s<V<1.2V_s$	f_0	1
D	$1.2V_s<V$	f_0	0.16
E	V_s	$f<f_0-0.7$	0.16
F	V_s	$f>f_0+0.5$	0.16

表7-4　孤岛检测的频率标准

PV系统容量/kW	公共耦合点频率范围/Hz	响应时间/s
≤30	<49.3	0.16
	49.3～50.5	正常运行
	>50.5	0.16
>30	<47.0	0.16
	47.0～49.3	0.16～300
	49.3～50.5	正常运行
	>50.5	0.16

针对我国国情和实际情况，我国也给出了相应的孤岛检测标准，要求为：在过/欠压、过/欠频检测之外，也应设置主动式和被动式检测方案各一种。我国关于孤岛检测的时间标准如表7-5所示。

表7-5　我国采用的孤岛检测时间标准

电压幅值	最大检测时间/s
$V<0.5V_n$	0.1
$0.5V_n<V<0.85V_n$	2

（续）

电压幅值	最大检测时间/s
$0.85V_n < V < 1.10V_n$	正常运行
$1.10V_n < V < 1.35V_n$	2
$1.35V_n < V$	0.05

7.5　基于分布式发电的微电网

为了有效解决电网与分布式电源之间的问题和矛盾，充分发挥分布式电源的优势，进一步提升电力系统的运行性能，微电网（Micro-Grid，MG）应运而生。

7.5.1　微电网的概念

微电网是由分布式发电（Distributed Generation，DG）、负荷、储能装置及控制装置构成的一个单一可控的独立发电系统。微电网中DG和储能装置并在一起，直接接在用户侧。对大电网来说，微电网可视为大电网中的一个可控单元；对用户侧来说，微电网可满足用户侧的特定需求，如降低线损、增加本地供电可靠性。微电网是一个能够实现自我控制、保护和管理的自治系统，既可以与外部电网并网运行，也可以孤立运行。典型微电网示意如图7-23所示。

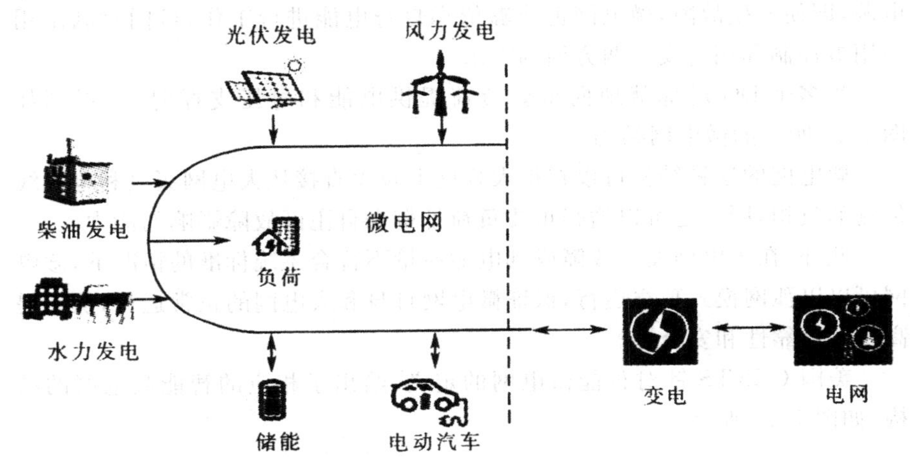

图7-23　微电网示意图

在图 7-24 中，微电网的概念将通过示例进一步澄清，它明显包括三个基本特征：就地负荷、就地微源和智能控制。许多国家还规定了应用可再生能源(RES)和小型的 kW 级的热电联产(CHP)技术的碳排放信用约束来激励环境保护，因此碳排放信用也应成为微电网的一个特征。如果缺乏一个或几个特征，那么不再是微电网的概念，而更适宜描述为分布式电网(DG)并网或者需求侧集成(DSI)。

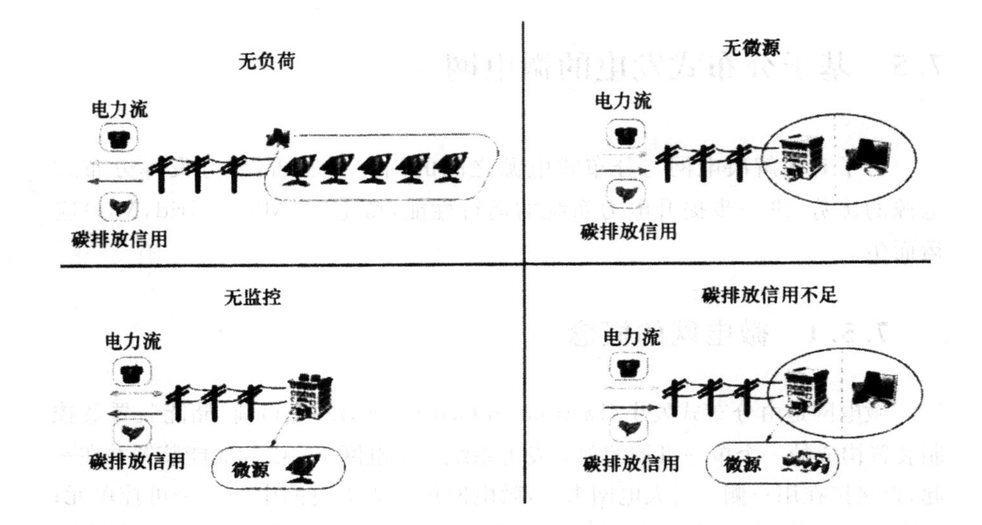

图 7-24　非微电网示例

美国电力可靠性技术解决方案协会认为微电网组成一定包含负荷和微电源，即使发生故障，微电网也能够依靠自身电能进行工作，可同时满足用户用电控制和用电安全两方面的需求。

当多个 DG 局部就地向重要负荷提供电能和电压支撑时，可得到如图 7-25 所示的微电网结构。

微电网的这种结构可以在很大程度上减少直接从大电网买电和电力线传输的负担，同时也可以增强重要负荷抵御来自主网故障影响的能力。

此外，在大电网发生故障或其电能质量不符合系统标准的情况下，微电网可以以孤网模式独立运行，保证微电网自身和大电网的正常运行，从而提高供电可靠性和安全性。

美国 CERTS 针对智能微电网的定义，给出了相应的智能微电网的结构，如图 7-26 所示。

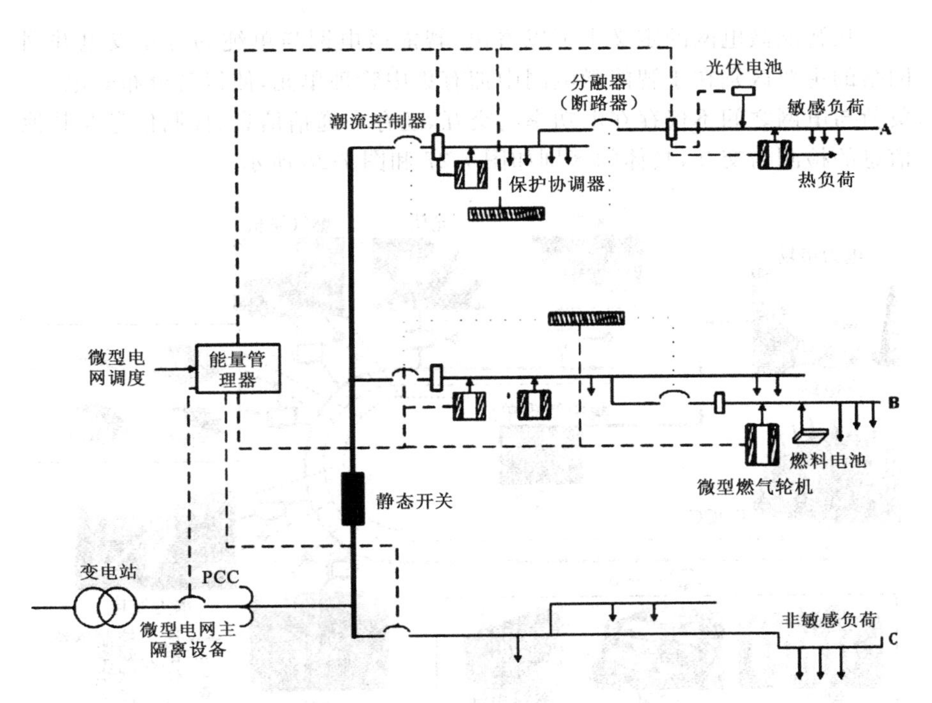

图 7-25　多个 DG 的微电网基本结构

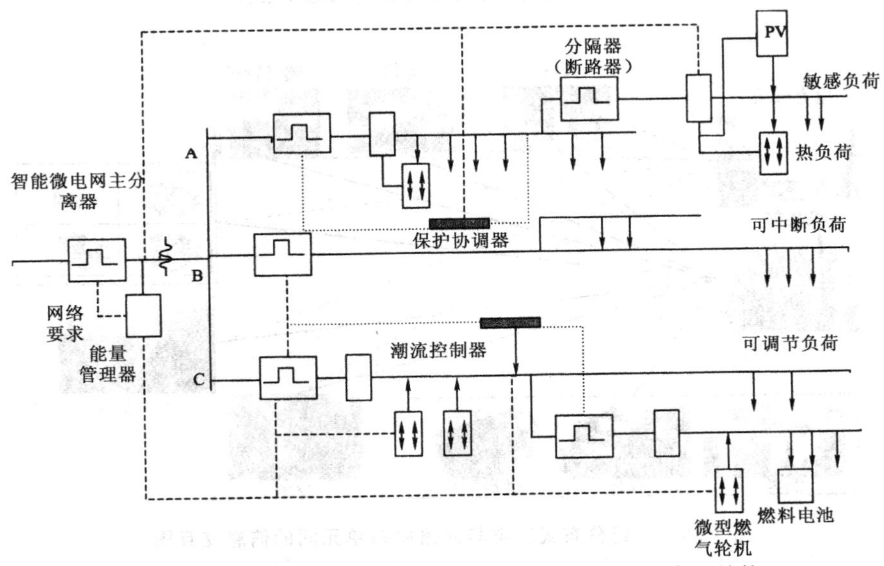

图 7-26　美国电力可靠性技术解决方案协会智能微电网结构

——电力传输线　-----信息流线　┈┈保护信息传输线

从智能微电网的定义中可以看出，智能微电网与单纯的分布发电并网网络的主要区别在于智能微电网中拥有集中管理单元，使得各分布式电元、负荷与电网之间不仅存在电功率的交互，还存在通信信息、控制信息及其他信息的检测与交互，具体的区别如图 7-27 和图 7-28 所示。

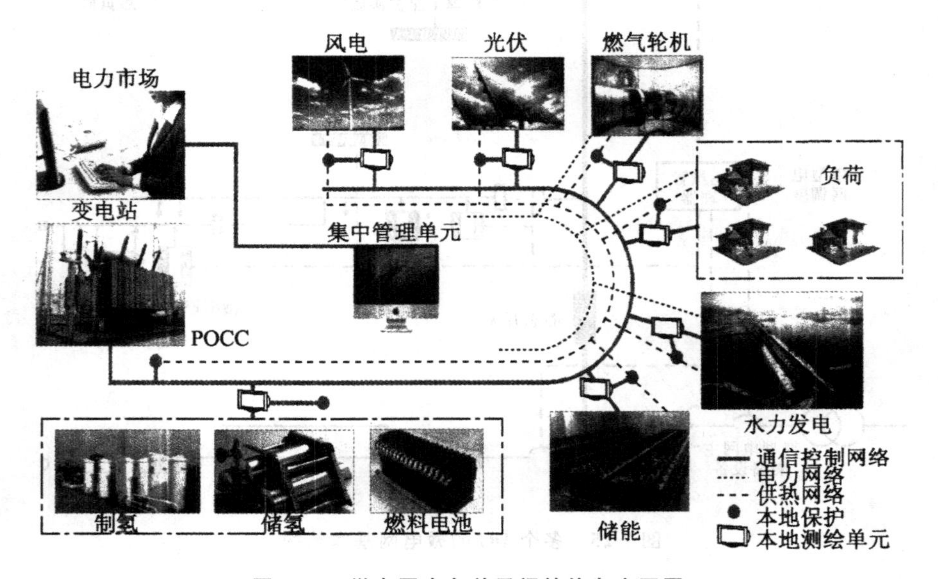

图 7-27 微电网中各单元间的信息交互图

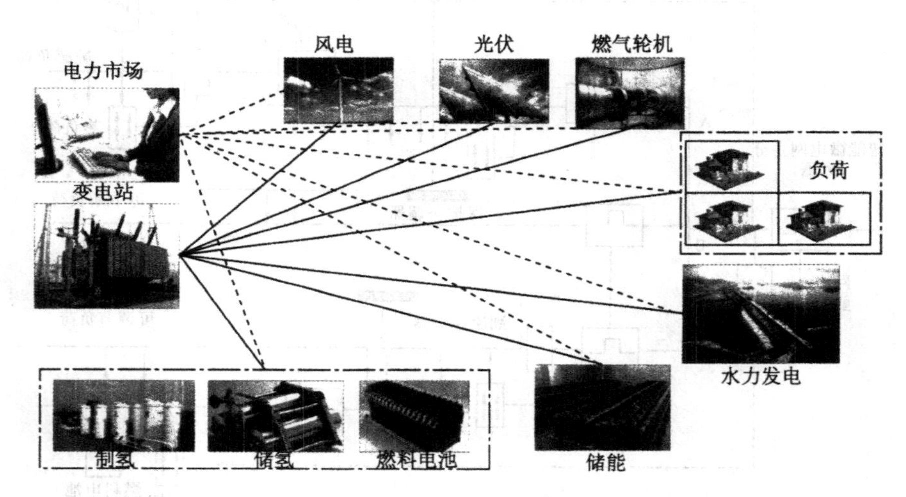

图 7-28 传统分布式发电与网络中各单元间的信息交互图

微电网可以存在不同的规模：可以定义为一个低压电网、一条低压馈线或者是一栋低压配电的房子，如图 7-29 给出的一些案例所示。

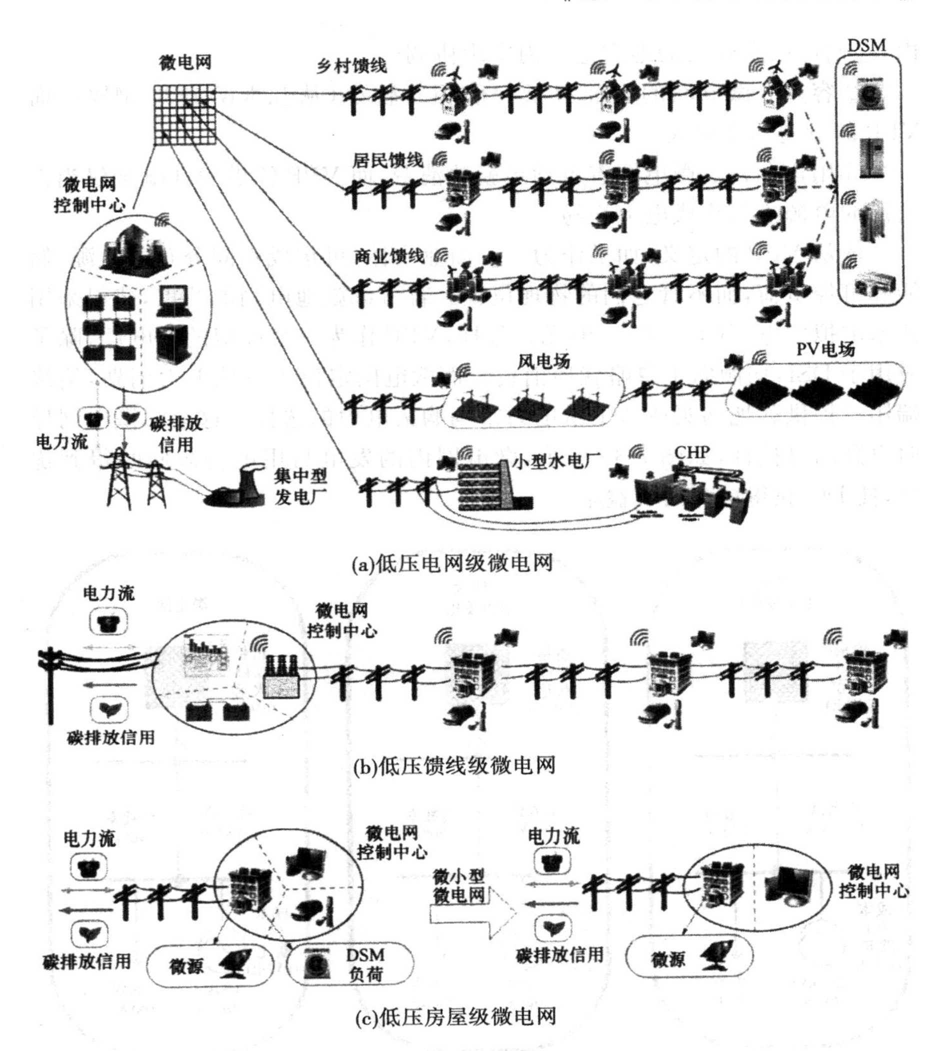

(a)低压电网级微电网

(b)低压馈线级微电网

(c)低压房屋级微电网

图 7-29　微电网示例

微电网可以看作是小型的电力系统，它具备完整的发、输、配电功能，可以实现局部的功率平衡与能量优化，又可以认为是配电网中的一个“虚拟”的电源或负荷。

虚拟发电厂是由一个主体集中控制的共同运行的一组分布式电源。VPP 可代替传统的发电厂，并且可提高效率和灵活性。尽管微电网和 VPP 在概念上有些近似，但也存在一些显著的区别：

①就地性。微电网内的 DER 位于当地同一个配电网内，它们的目标是基本上满足就地负荷的需求；而 VPP 的 DER 不要求在当地同一个配电网

内,它们可以在较大的地理范围内实现协调。

②容量。微电网的安装容量一般相对较小(从几 kW 到几 MW),而 VPP 的额定功率更大。

③用户利益。微电网着重满足就地消费,而 VPP 凭借 DSI 酬金仅当作灵活的电源参与集成电力交易。

依从 VPP 的定义,如果作为一个商业实体,可集成不同分布式电源、储能和可控负荷,而不管它们的物理位置。若考虑就地电网的约束,建议采用技术虚拟发电厂(TVPP)。但无论怎样,VPP 作为一个虚拟的发电厂,除了应用于 DSI,均倾向于忽略就地消费。而微电网定位于就地电力消费,给终端用户提供就地购买或从上游电力市场购买电力的选择。这会将微电网导向更高的可控性,如图 7-30 所示,微电网内的发电与用电资源同时得到优化,使 DG 获得更高的收益率。

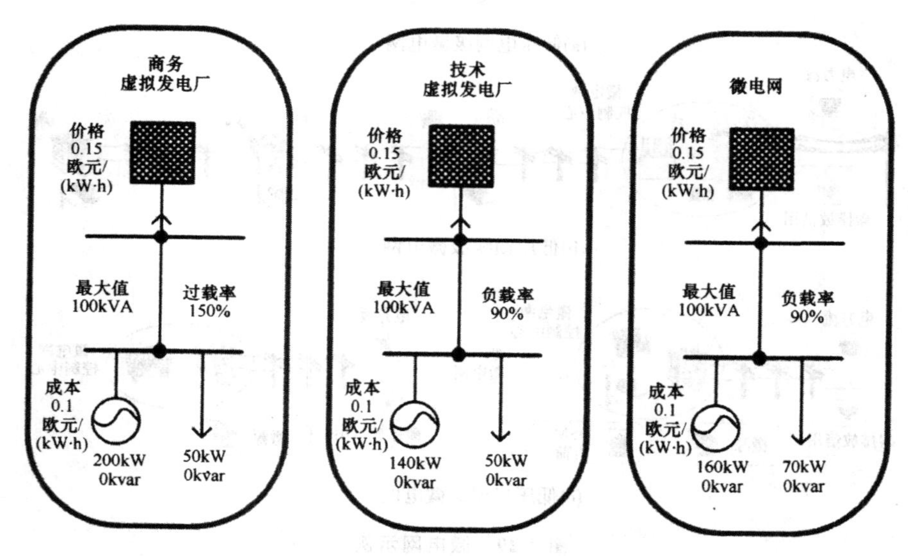

图 7-30 微电网与发电集成的 CVPP 和 TVPP 的优势对比

微电网的出现改变了配电系统的结构和运行特性。许多与输电系统安全性、保护与控制等相类似的问题也同样需要关注,但由于二者在功能、结构和运行方式上的不同,关注的重点与研究方法也不同。微电网的理想化目标是实现各种分布式电源的方便接入和高效利用,尽可能使用户感受不到网络中分布式电源运行状态改变及出力的变化而引起的波动,表现为用户侧的电能质量完全满足用户要求。实现这一目标关系到微电网运行时的一系列复杂问题,包括:①微电网的规划设计;②微电网的保护与控制;③微电网能量优化管理;④微电网仿真分析等。这些技术问题目前大多处于研究示范阶段，也是当前能源领域的研究热点。

7.5.2　微电网的分类

应根据不同的建设容量、建设地点、分布式电源的种类，建设适合当地具体情况的微电网，建设的微电网按照不同分类方法可作如图7-31所示的分类。

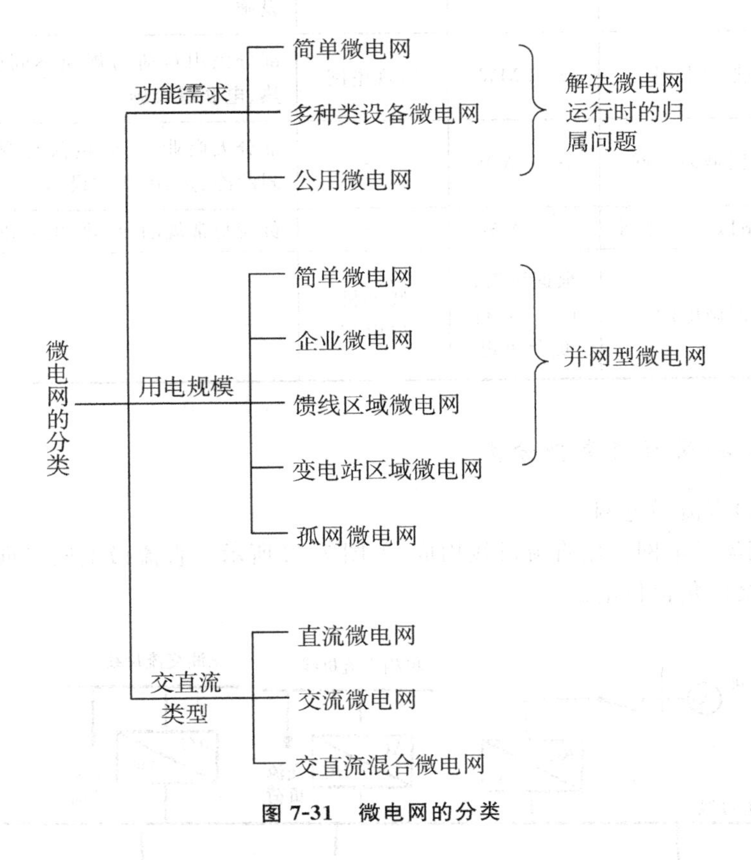

图7-31　微电网的分类

1. 按功能需求分类

简单微电网仅含有一类分布式发电，可以由用户所有并管理；公用微电网根据用户对可靠性的要求进行负荷分级，可由供电公司运营；多种类设备微电网含有不止一类分布式发电，由多个不同的简单微电网组成或者由多种性质互补协调运行的分布式发电构成，既可属于供电公司，也可属于用户。

2. 按用电规模分类

按用电规模划分的微电网见表 7-6。

表 7-6 按用电规模划分的微电网

类型	发电量	主网连接	结构
简单微电网	＜2MW	—	多种负荷与规模较小的独立性设施
企业微电网	2～5MW	常规电网	部分民用负荷与规模不同的冷、热、电联供设施
馈线区域微电网	5～20MW	—	部分大商业、工业负荷与规模不同的冷、热、电联供设施
变电站区域微电网	＞20MW	—	负荷与常规的冷、热、电联供设施
孤网微电网	根据海岛、山区、农村负荷决定	柴油机发电等	—

3. 按交直流类型分类

(1)直流微电网

直流微电网采用直流母线构成,如图 7-32 所示。直流微电网可向直流负荷、交流负荷供电。

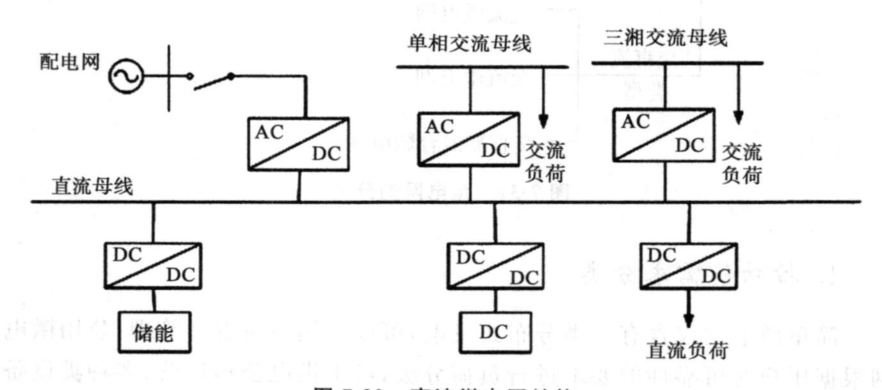

图 7-32 直流微电网结构

直流微电网拥有独特的直流输电线路,相对于传统交流系统不会产生大型故障。

(2)交流微电网

交流微电网采用交流母线构成,如图 7-33 所示。交流微电网是微电网的主要形式,采用交流母线与电网相连,可实现微电网并网运行与离网运行。

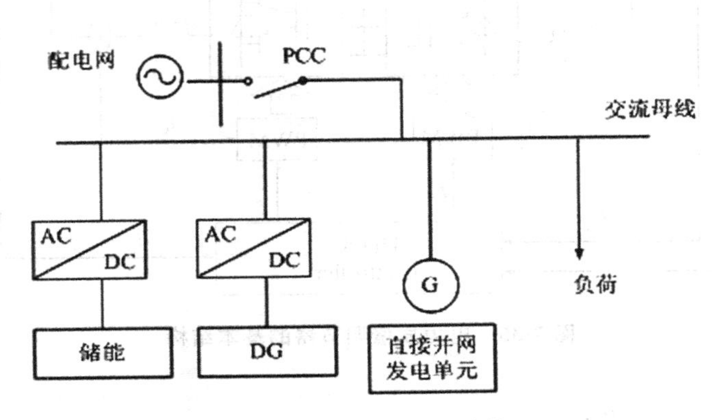

图 7-33　交流微电网结构

高频交流微电网系统的接入方式如图 7-34 所示。由于其运行在较高频率,故具有改善电能质量、减小谐波影响、方便交流储能设备接入等优点。

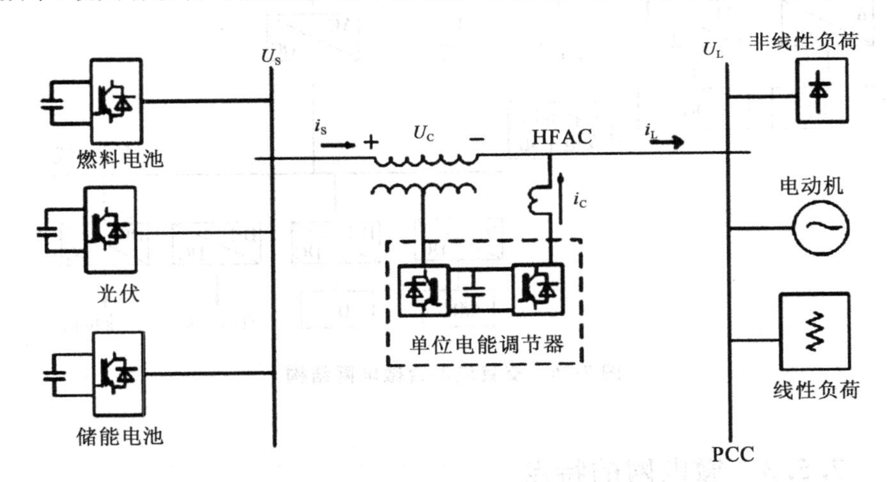

图 7-34　高频交流微电网系统接入方式

高频交流微电网的成功依赖于对能源和高频母线的优化利用,这一功能可利用标准的电力质量调节器实现,其基本结构如图 7-35 所示。电力质量调节器可以通过补偿电流和电压的谐波影响,达到改善电能质量的目的。

(3)交直流混合微电网

交直流混合微电网采用交流母线和直流母线共同构成,图 7-36 所示为交直流混合微电网结构。

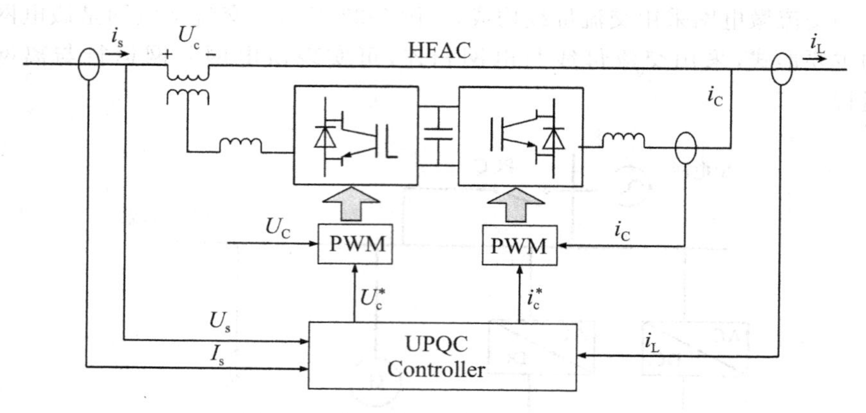

图 7-35　电力质量调节器的基本结构

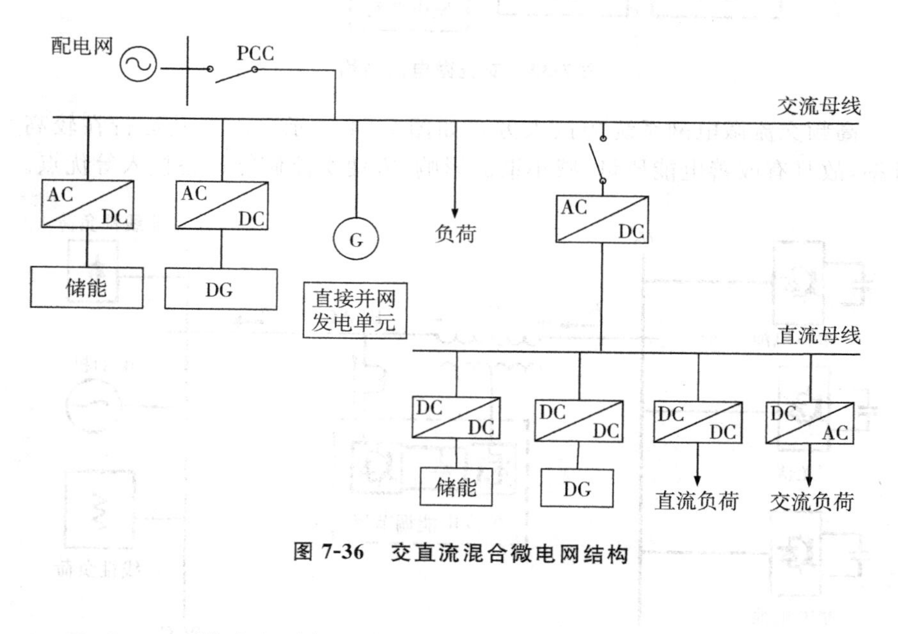

图 7-36　交直流混合微电网结构

7.5.3　微电网的特点

通过微电网的定义可知，微电网技术是新型电力电子技术与分布式发电、可再生能源发电技术和储能技术的有机结合，其主要特点如图 7-37 所示。

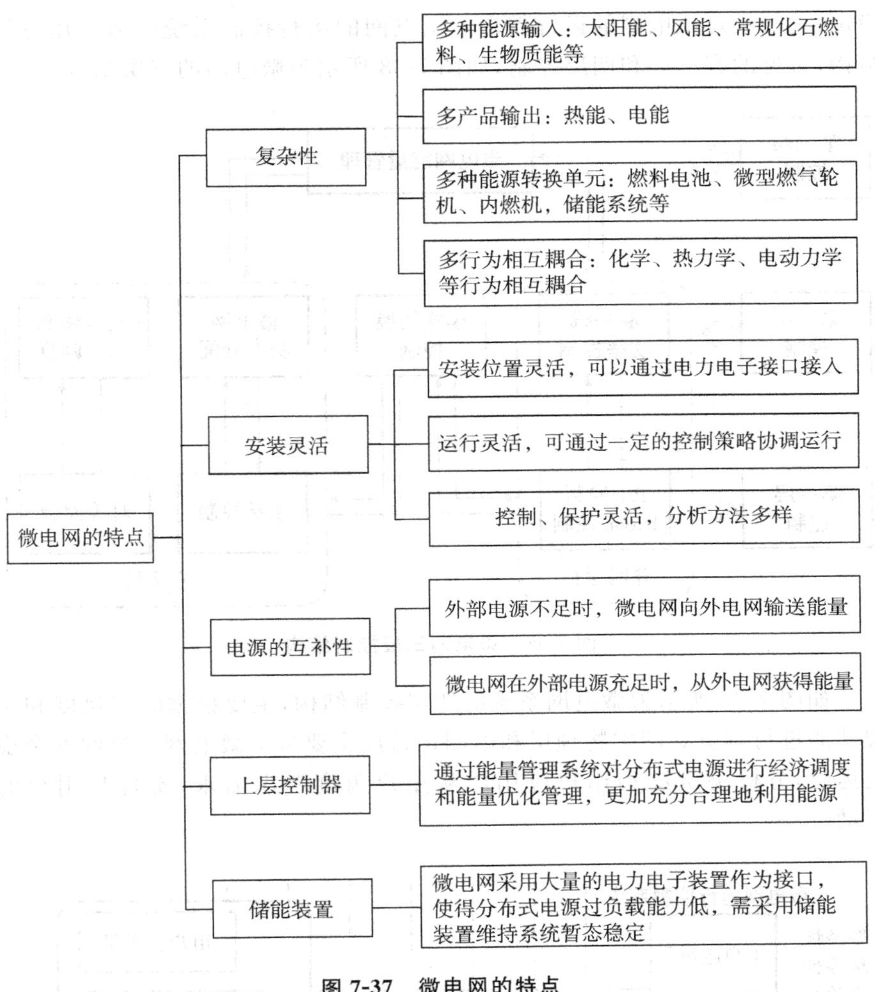

图 7-37　微电网的特点

7.5.4　微电网中的关键技术研究

1. 运行控制

运行控制是微电网稳定运行的关键。微电网中的分布式电源和储能设备按照并网方式可以分为逆变器型电源、同步电机型电源和异步电机型电源，其中大部分为基于电力电子技术的逆变器型电源。对于逆变器型分布式电源，并网逆变器控制是微电网控制的关键。微电网系统中一旦出现多个逆变器型电源且不加以电源间的协调控制时，就会导致微电网系统的不稳定,无法满足微电网的运行需求。微电网的运行控制系统一般采用分层结构,常见的有三层和四层控制,如图 7-38 所示为微电网的三层结构。

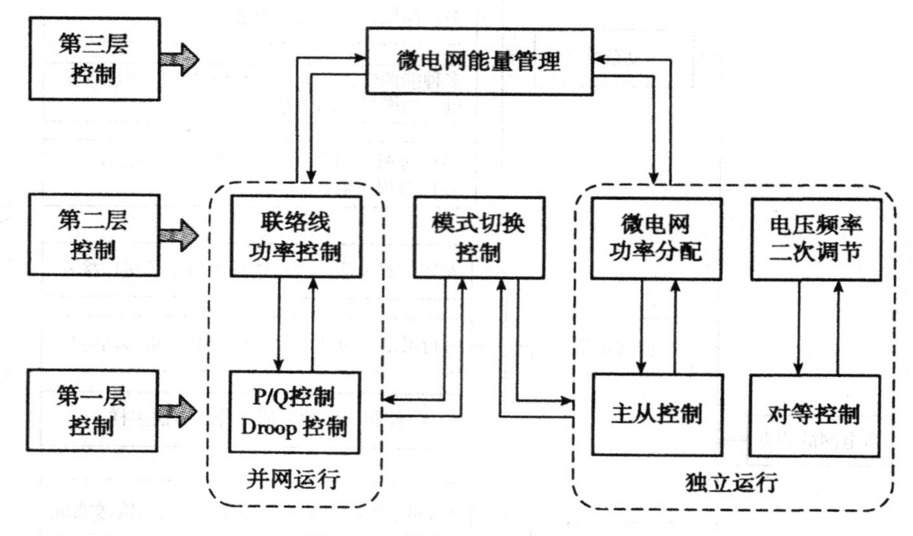

图 7-38 微电网三层控制结构

如图 7-39 所示为微电网系统的四层控制结构,主要根据时间尺度和实现功能进行划分。图中物理层和电网运行层主要负责微电网系统的安全稳定运行,分析决策层和用户应用层从用户角度考虑需求,实现与用户的互动。

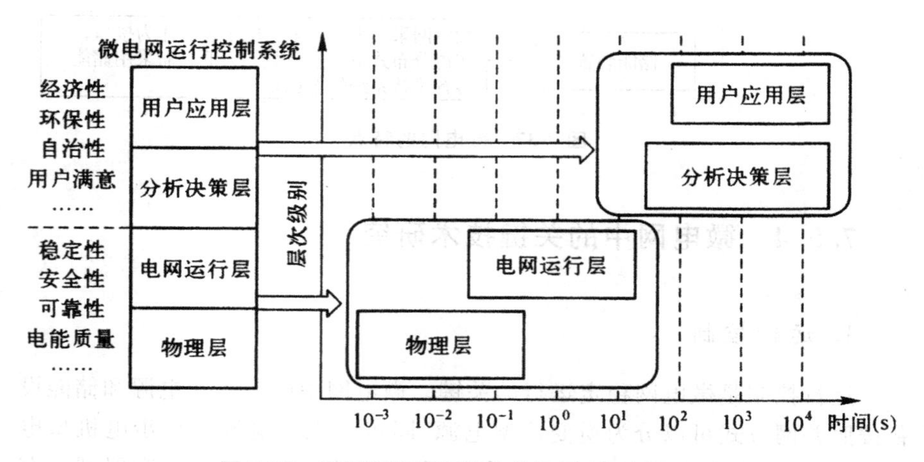

图 7-39 四层架构模型的总体框图和时间尺度

微电网运行控制系统四层架构模型中的各层功能如图 7-40 所示。

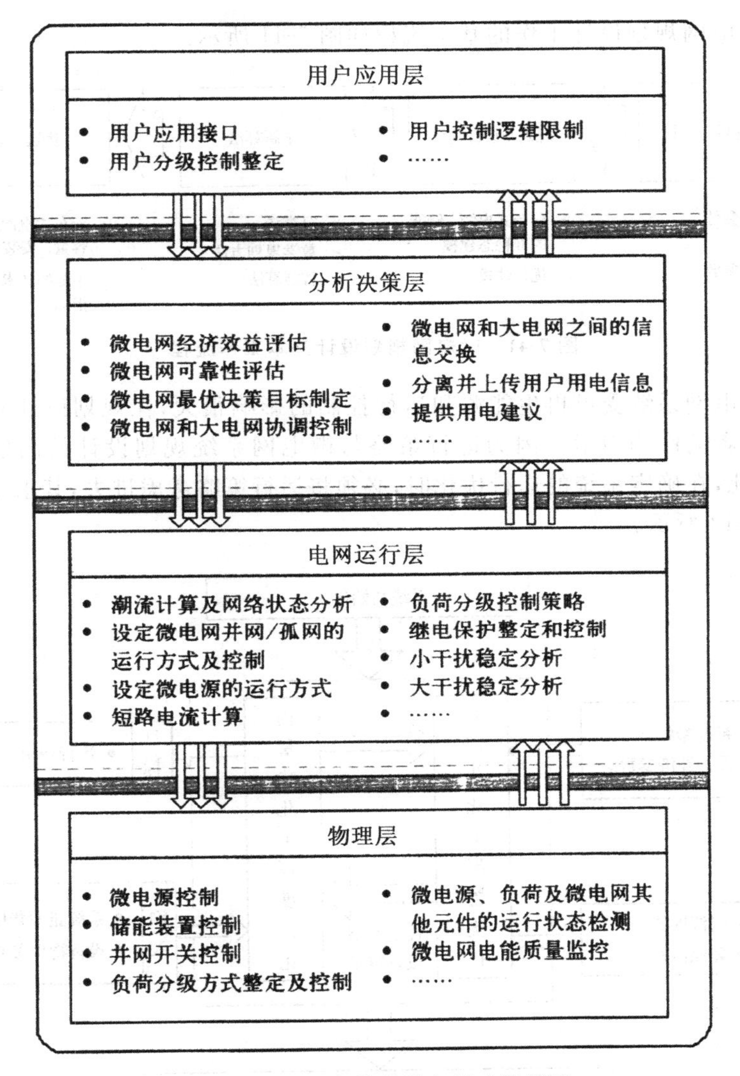

图7-40　四层架构模型各层功能详图

微电网四层控制结构中,上下层之间相互独立,通过接口实现功能和指令的传递,上层看不到下层的具体实现过程。

2. 规划设计

微电网系统的规划设计力求能够实现系统的最优配置,根据微电网自身的资源和基本情况确定最优的系统建设方案,使得建设系统时的花费最少,性能最佳。

微电网规划设计工作的基本流程如图 7-41 所示。

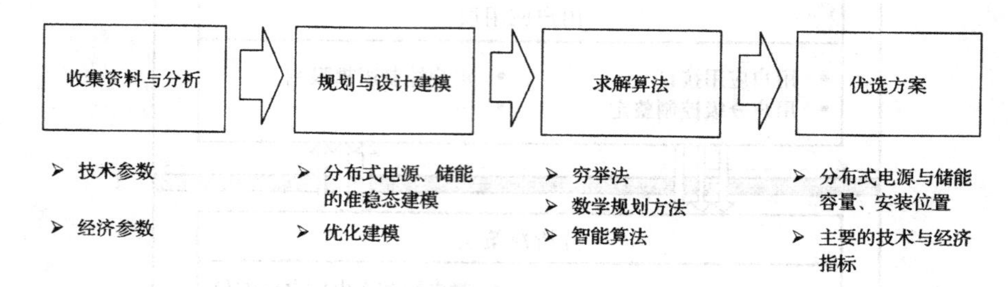

图 7-41　微电网规划设计基本工作流程

微电网系统受可再生能源和运行控制的影响很大,在规划设计时必须考虑二者的影响因素。因为运行策略与微电网系统规划设计的高度耦合性,因此,在确定系统的运行优化时,必须将运行策略考虑进去,其求解过程如图 7-42 所示。

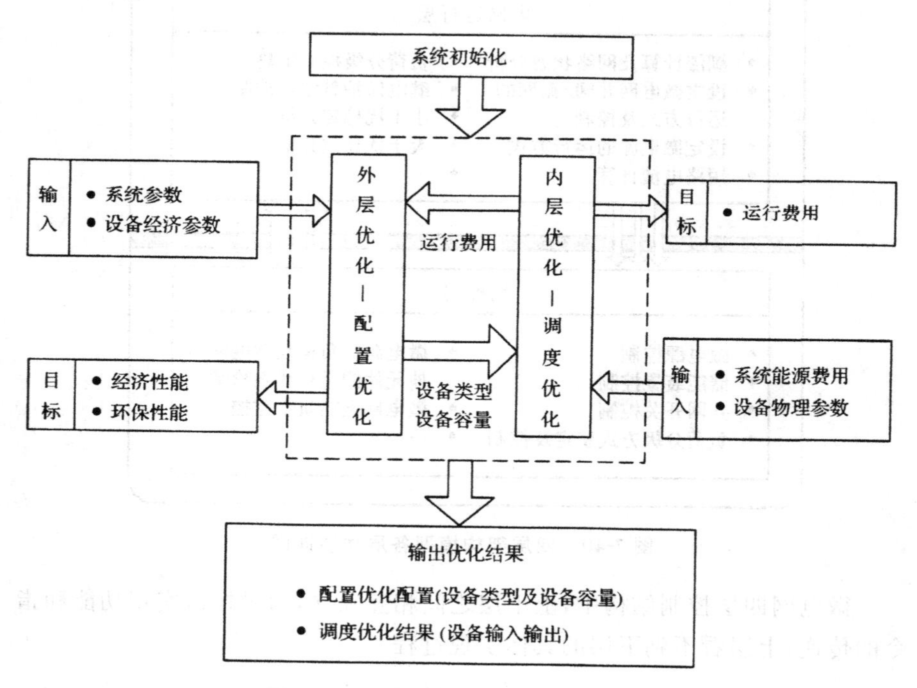

图 7-42　微电网运行策略的求解过程

3. 能量管理系统

微电网运行系统与传统的电力系统有很大不同,微电网能量管理系统

(Micro-grid Energy Management System,MEMS)是微电网系统管理的有效手段,它能够根据微电网自身特点、相关外部条件,准确地对微电网的设备进行协调优化。

如图7-43所示为MEMS的功能示意图。其中,数据预测、数据分析、优化调度以及运行控制都属于能量管理。

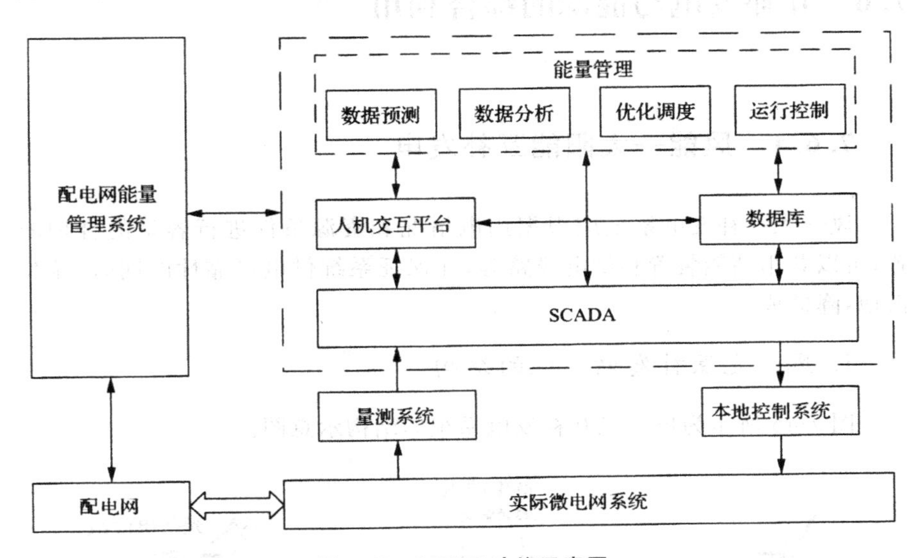

图7-43　MEMS功能示意图

此外,根据时间尺度还可对MEMS的功能划分长期能量管理和短期功率平衡,如图7-44所示。

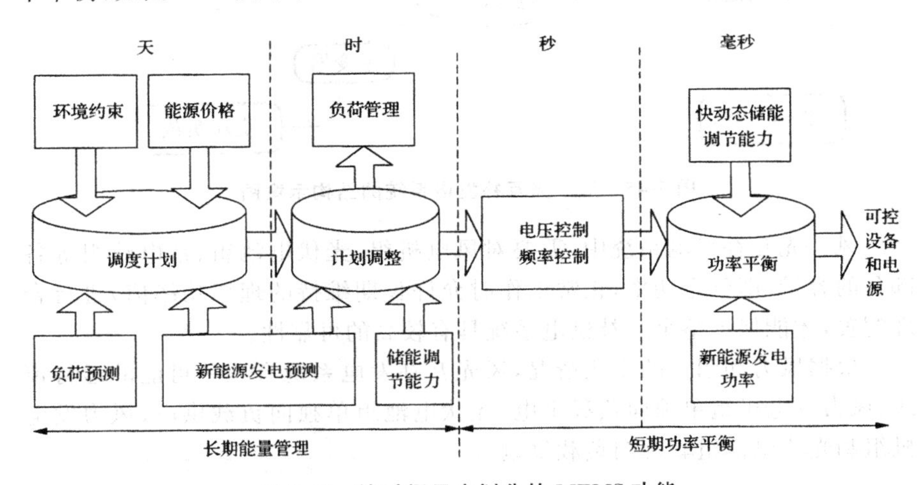

图7-44　按时间尺度划分的MEMS功能

长期能量管理包括天级能量管理和小时级能量管理，主要对调度计划作出规划优化，短期功率平衡包括秒级和毫秒级的实时控制，主要针对系统的实时运行情况做出控制。

7.6 互补发电与能源的综合利用

7.6.1 风能—太阳能互补发电

风—光互补发电系统应根据用电情况和资源条件进行容量的合理配置，可以共用储能装置和供电线路等，在保证系统供电可靠性的同时，减少占地，降低成本。

1. 风—光互补发电系统的结构

图 7-45 所示为风—光互补发电系统的结构示意图。

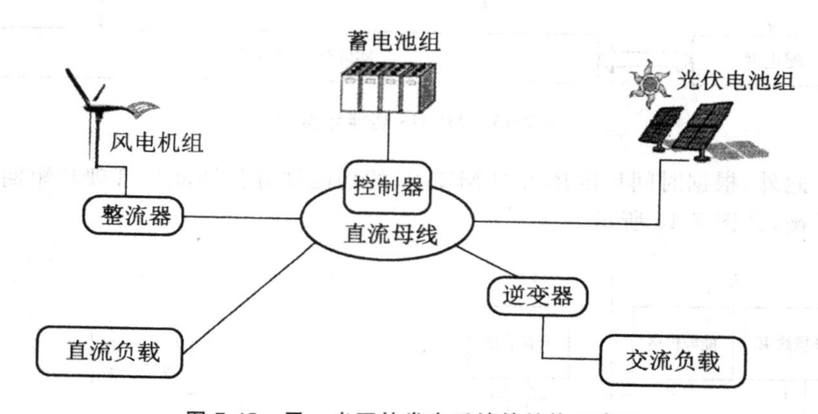

图 7-45 风—光互补发电系统的结构示意图

风—光互补发电系统中，需要对风电机组、光伏电池组、蓄电池组等各部分的容量（即额定功率，正常工作时允许长期维持的理想功率值）进行合理配置，才能保证整个互补供电系统具有较高的可靠性。

根据风力和阳光的变化情况，风光互补发电系统有三种可能的运行模式：风力发电机组单独向负载供电；光伏电池组单独向负载供电；风力发电机组和光伏电池组联合向负载供电。

2. 风—光互补发电系统的配置

(1)负荷的用电量及其变化规律

作为独立运行的系统，发电量和用电量平衡才能保持整个供电系统的持续稳定。为了使发电系统能够以尽量低的成本很好地满足用户的用电需求，应该合理地估计用户负荷的用电量及其变化规律，并以此为依据对发电容量和储能容量进行合理的配置。一般需要了解用户的最大用电负荷和平均日用电量。逆变器的容量不能小于最大交流用电负荷；平均日发电量可作为选择风电机组、光伏电池组和蓄电池组容量的重要依据。

(2)蓄电池的能量损失和使用寿命

蓄电池等储能装置具有一定范围的功率调节作用。任何类型的储能装置，都存在能量的流失，也就是说释放出来的能量会明显小于原来储存进去的能量。很多储能装置的能量利用率都在70%以下。而且，储能装置频繁地经历充电、放电过程，尤其是长期处于亏电状态，使用寿命一般都不会太长。所以，在系统设计时，应该根据用电负荷的变化规律，尽量充分利用风能和太阳能资源的互补特性，不要过分依赖储能装置的调节能力。

(3)太阳能和风能的资源情况

虽然对于任何适用的应用场合，风—光互补发电系统中的风电、光电、储能容量之间，都可能存在性价比较高的最优配置方案，但实际的资源情况不一定都能支持这种人为“优化”出来的配置方案。风能和太阳能资源的实际状况，也应作为确定风电机组、光伏电池板容量配比的重要依据。针对用电负荷确定了容量范围之后，要根据风、光资源情况，对风电机组和光伏电池组进行合理的配置。

3. 风—光互补发电系统的应用

风—光互补发电系统是一种相当合理的独立电源系统。其合理性表现在资源配置和性能、价格等多方面，具有很高的可靠性，在资源条件允许的地区，发展应用的前景非常好。

实际上，风—光互补发电系统是对风力发电和太阳能发电的综合利用，对风力资源和太阳能资源的各自要求都要低一些，因而受自然条件的限制较少，应用的地域范围比单独的风力发电和太阳能发电还要广。尤其在远离大电网而风能和太阳能资源充足的地方，更可以考虑发展风—光互补发电系统。

利用风能、太阳能的互补特性，可以获得比较稳定可靠的功率输出，在保证同样供应的情况下，可大大减少储能蓄电池的容量。风力发电、光伏发电在近几年发展迅速，也带动了风—光互补发电的发展应用，在未来有着巨大的商业开发前景。

7.6.2 其他互补发电

1. 风能—水力互补发电

风能具有明显的波动特性。在一天甚至一个小时内都可能有很大的差异,如果发电规模较小,这种短时间内的能量波动可以用太阳能光伏发电进行一定程度的弥补,就是风—光互补发电。如果风力发电的规模较大,在现有的经济技术条件下,用光伏发电进行互补的效果就十分有限。

风能资源的季节性变化也很明显。若考虑风能变化的季节性,在某些地区可以用水力发电进行互补。经过详细的调研,进行合理的发电容量配置,可以充分发挥风能和水力资源的各自优势,通过两种可再生能源的互补,在一定程度上解决新能源发电的间歇性和波动性问题。

2. 风电或光伏—柴油机互补发电

风电或光伏发电与柴油发电机组并联运行,一方面可以节省燃料柴油,降低发电成本;另一方面,还可以充分利用可再生能源,减轻发电可能造成的环境污染,并保证供电的连续性和可靠性。

光伏—柴油混合型发电系统同风力—柴油联合发电系统的设计思想和基本特点类似。光伏发电系统的逆变器既要有较高的效率和可靠性,又要适应因光照变化造成的直流电压变化。

当然也可以采用风—光—柴联合发电运行的方式,其发电系统结构图如图 7-46 所示。

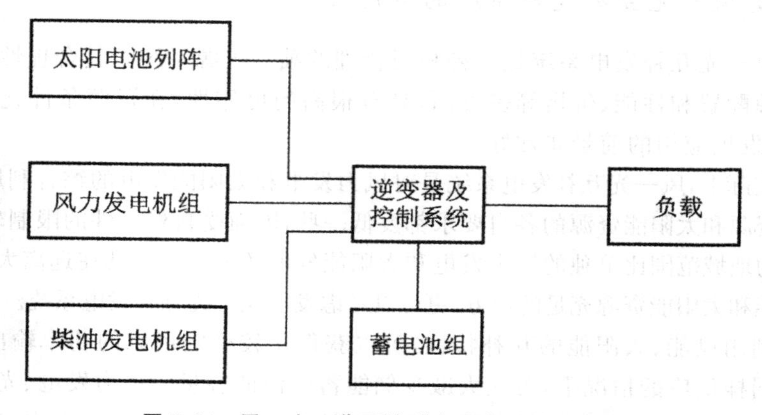

图 7-46 风—光—柴互补联合发电系统结构图

这种多能源互补系统与风—柴联合发电系统相比，更能减少发电的柴油用量和环境污染。此外，还可以使用沼气发电等代替柴油发电机组。

新能源与柴油发电机组联合发电，已经成为世界各国在风能和太阳能利用方面颇受瞩目的方向之一，其优点如下。

①联合运行，互补发电，供电的连续性和可靠性好，具有较好的电能质量；

②节省燃料能源，环境污染少，普通的风—柴互补系统可以节省30%～100%的柴油用量；

③功率变动范围小，所需的储能设备容量小；

④投资少，见效快；

⑤对燃料的依赖程度低，对新能源可综合开发利用，适用范围很广。

3. 微型燃气轮机—燃料电池互补发电

除了风能、太阳能等可再生能源外，燃料电池也可以用于互补联合发电系统。燃料电池发电是目前世界上最先进的高效洁净发电方式之一，技术已经渐趋成熟。

属于常规发电方式的燃气轮机发电，技术已经比较完善，效率较高，而且污染物的排放量也很少。

燃料电池与微型燃气轮机联合发电系统，有着非常好的发展前景。尤其是高温燃料电池的工作温度与燃气轮机的工作温度相匹配，两者组成联合发电系统具有更高的效率。

7.6.3　能源的综合利用

1. 冷热电联产

热电联产或冷热电联产是最常见的能源综合利用方式之一。

热电联产是热和电两种形式的能量联合生产，一般是在发电的同时将剩余的热量回收，用于供热、供暖等，以便提高能源的综合利用率。

冷热电三联产是热、电、冷三种不同形式能量的联合生产，如图7-47所示为典型的冷热电三联产系统。

2. 地热能的综合利用

不同温度的地热流体可以有不同的利用方式，如图7-48所示。

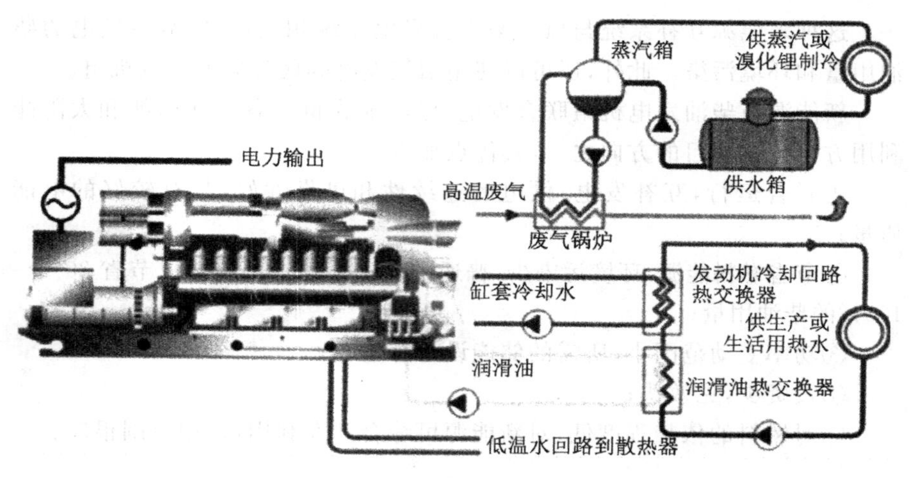

图 7-47　冷热电三联产示意图

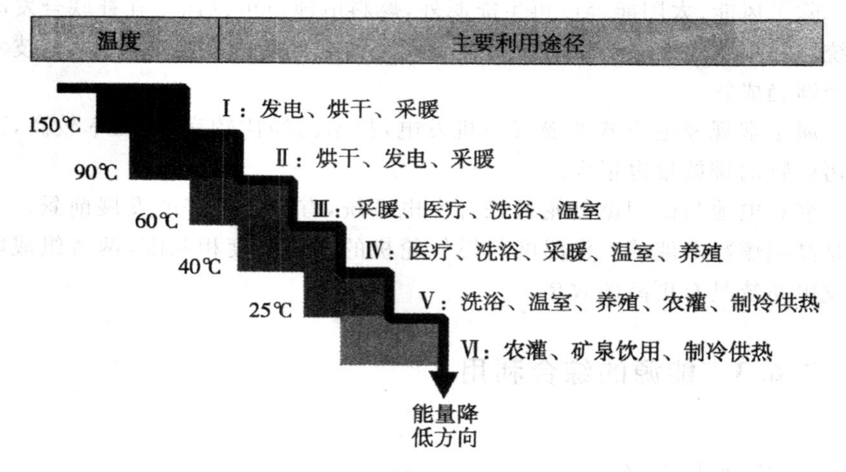

图 7-48　不同温度地热流体的不同利用方式

高温地热蒸汽应首先用于发电，并可实现综合利用，如进行冷热电三联产。用于发电后温度有所降低的地热流体可用于采暖、供热或提供热水，都是很常见的地热应用方式。

温度较低的地热水，可以用于温室种植、水产养殖、土壤加温、农田灌溉等，在农业和养殖业中的应用范围十分广阔。含有较多有益矿物质的中低温热水，可以用于温泉洗浴和保健医疗，甚至可以围绕这一特色开发旅游事业。

7.7　分布式发电技术的应用与前景

7.7.1　分布式发电技术的应用

1．解决能源与环保问题

分布式发电是大量利用可再生能源进行发电的重要手段，不但能实现能源利用的可持续发展，而且可以解决环境污染和温室气体排放问题。

2．提高能源利用效率

分布式发电系统，通过就近供能、冷热电联产等方式，可以减少利用过程的能量损耗，提高能源的利用效率。

3．为大电网提供补充和支撑

分布式发电中的水轮发电机和燃气轮机等容易自行启动、恢复速度很快，可作为恢复供电的启动电源，进而提高对重要用户的供电可靠性。

尽管合理的分布式发电可以给系统带来许多效益，但随着分布式发电在配电网的容量和渗透率不断提高，电能质量问题日渐突出，对继电保护产生影响。此外，分布式发电还存在自身限制，需要先保证居民的生活用气，因此用于分布式发电的天然气资源有限，使得燃料和价格问题在一定程度上也制约了分布式发电的发展。同时我国对发展可再生能源的激励机制还不完善，在城市建设分布式发电存在占地问题、能源的双向计量问题等，这些都是我们发展分布式发电需要考虑的问题。

7.7.2　基于分布式发电的微电网参与市场竞价

微电网需要在电力市场中发挥作用。目前电力市场从完全管制模式到完全开放模式的程度参差不齐。垂直一体化的公共事业被拆分为全面的所有制关系，从而建立市场框架。

1．微电网的市场模型简介

在全面所有制的市场框架下，需要考虑的首要问题是竞争（发电与零售电)与管制(输电与配电)之间的内在相依性关系。因此,在电力市场中所定义的不同参与角色,尤其是配电网层面,一般情况下很难达成一致。此时,定义一个“通用”的市场模型是非常困难的,现只给出微电网可能的市场模型的概述。

根据市场的运作模型,趸售和零售这两个主要市场是可以明显区分的,并可以通过“电力池”和/或双边交易而相互影响。

传统情况下,许多国家已经将输电过程向发电商和能源进口商开放,从而建立了颇富竞争性的趸售市场。而在零售电方面,由于一些国家引入了竞争,因此给电力用户在供电与定价上提供了多方面的选择。

2. 微电网的内部市场与商务模型

微电网的内部市场主要与所有权结构相关,也关系到与微电网运行息息相关的主要利益体,即就地消费者、微源、DSO 和能源供应商之间建立起来的商务模型。

微电网的结构依据 DER 的集成程度不同而存在差异。与大型发电厂从输电网独立出来类似,微电网的运行结构主要由微源的所有者决定,即 DSO、终端用户或能源供应商,或由作为独立发电商的微源运营商直接决定,如图 7-49 所示。

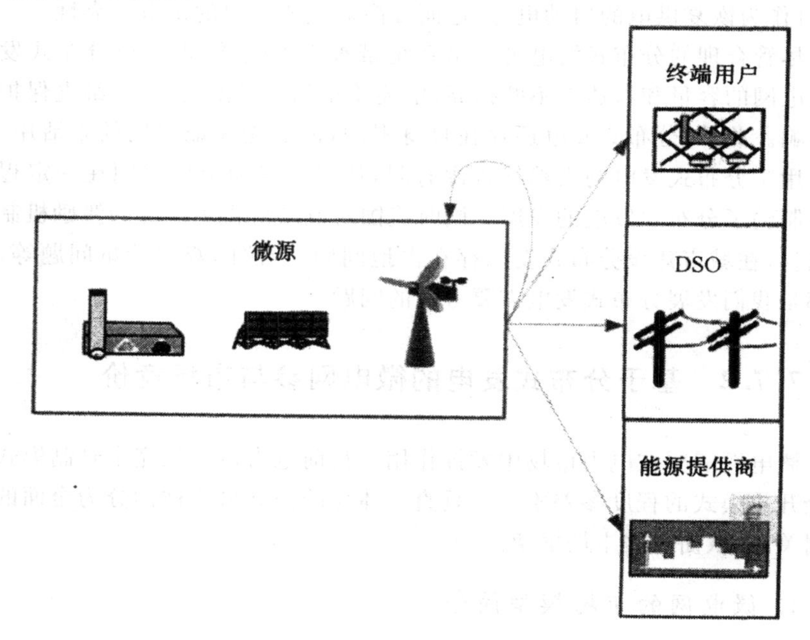

图 7-49　微电网中微源所有权可选择的方法示例

从理论上来说微电网的形式很多，但是仍可将不同形式的微电网分为三种典型的组织模型，即 DSO 垄断型、自由市场型和产销联盟型，且在所有模型中，均需假设微电网已经具备所要求的测量、监视和控制功能。

(1)DSO 垄断型

如图 7-50 所示为 DSO 垄断模型，DSO 是垂直一体化公用电力公司的一部分，它不仅是配电网的所有者和运营者，而且充当零售供应商向终端用户售电。

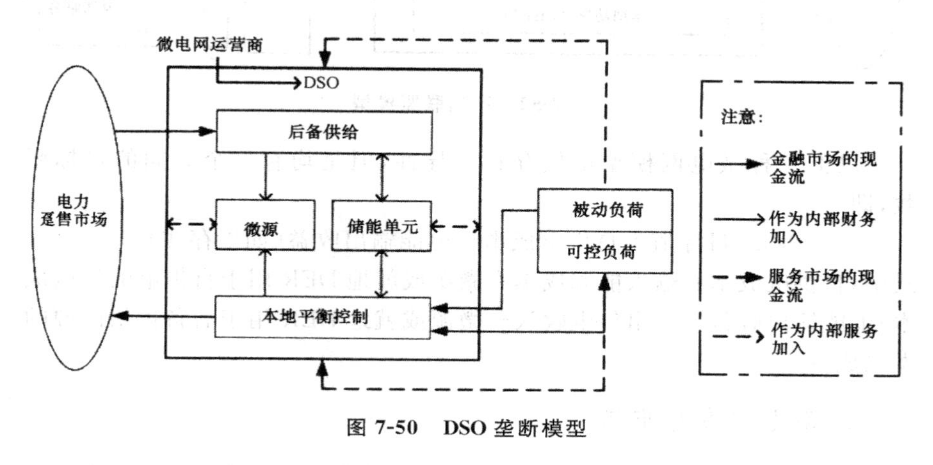

图 7-50　DSO 垄断模型

(2)自由市场型

在自由市场中，来自各个不同利益体，如供应商、DSO 和消费者的多种动机，如经济、技术和环境等均可以驱动微电网的建设，如图 7-51 所示。

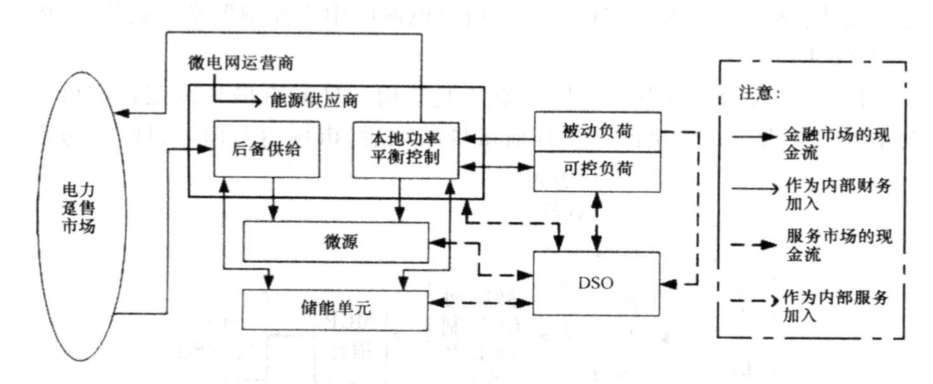

图 7-51　自由市场模型

(3)产销联盟型

产销联盟模型的微电网最可能在零售电价较高和/或对微源金融支持程度较高的区域内出现，如图 7-52 所示。

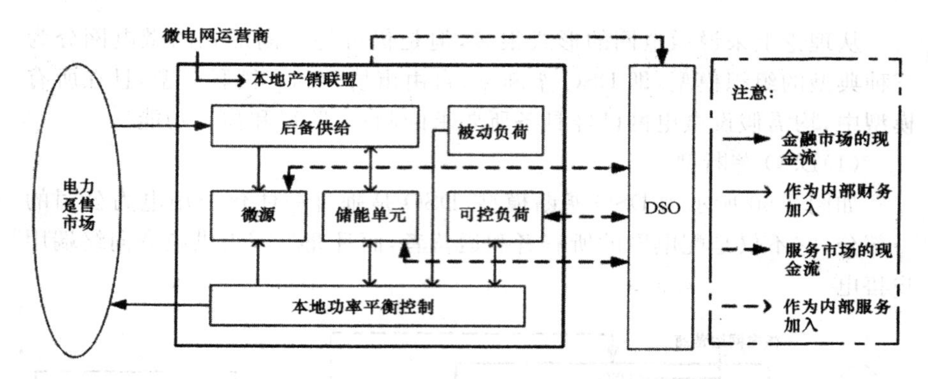

图 7-52　产销联盟模型

以上三种微电网模型虽然存在差异性,但是均有一个共同的目标函数,即

Min:目标值=自供电成本−电能输出收益(如果存在)

式中,自供电成本=输入能源成本+微源或就地 DER 用于自供电的发电成本;电能输出收益=输出售电收入−微源或就地 DER 用于后备供给能源的发电成本。

3. 微电网参与市场

目前,重要的市场结算技术包括两种,即日前市场和实时市场。市场清算机制的主要思想是确定市场清算价格,并将不同类型的 DG 分配给不同类型的用户。这些用户分为可中断负荷和不可中断负荷。在竞争激烈的电力市场中,微电网电能的定价主要是由微电网的中央控制器参与竞价,以此决定 MCP。

图 7-53 所示为微电网市场模型商业结构。日前市场是按照日前价格为市场参与者设计价格的。当日前市场结束后,市场运营商经过综合考虑

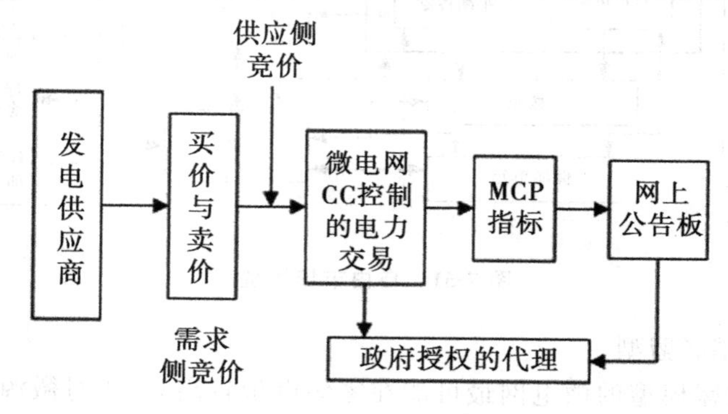

图 7-53　微电网市场模型商业结构

最少成本、安全约束条件和机组组合等因素，基于各种报价计算日前MCP，然后为下一个操作日的每个小时制定日前计划。而实时市场为那些未能参与日前市场，却又可用的发电机机组提供了竞价机会。在实时市场中，它们原来的报价可能会改变，否则，原来的日前市场价格仍然有效。

4．竞价流程与MCP规则

（1）竞价流程

市场正常运作的基本要求是完善的交易机制，然而电力市场的垄断性质在很大程度上降低了市场的效率。在垄断市场里，只有几个供应商争夺市场份额，互相竞价向用户售电。

发电竞价有两种竞价模式：

①分段竞价，即供应商能赢得多少市场份额，取决于生产成本估计、需求变化、机组组合成本和其他一些商业因素；

②密封报价拍卖，供应商向发电公司提交有竞争性的报价。

每个供应商的目的都是使利益最大化，而发电公司的目的则是使用合理的调度策略最大限度地减轻用户的负担。

（2）MCP规则

在电力交易中，有三种重要的定价规则，但是在实时市场中应用较多的是以下两种规则：

①统一或单一市场清算价格机制。该机制在电力市场中的应用比较普遍。在该规则中，即使卖方的要价高于统一市场清算价格，也将以MCP出售，同样地，即使用户出价高于统一市场清算价格，也将以MCP支付。

②按实际投标价格结算的拍卖机制。在这种规则中，每位竞价成功者都以自己的定价出售或支付电能。该系统中，竞价是通过估计截止价格来完成的，而不是基于边际成本。

按实际投标价格支付的系统可能会增加发电市场的总成本，因此其效率低于统一市场清算系统。随着电力管制的放松，统一市场价格体系成为一种自然的选择，因为它能促使竞价方按照各自的真实成本竞价。

5．MCP理论

MCP是指由供求曲线的交点得到的最低价格，该价格同时满足发电供应商和用户的需求，保证了市场上电力供应的充足。在MCP的交点上，售价与购价相等。

（1）单边竞价市场

在单边竞价市场中，供应商参与竞价，不管市场价格如何，用户的需求是恒定的。在该市场中有 CHP 发电机、可再生能源设备及柴油备用发电机。一般把柴油发电机作为备用,但为了比较,将其作为主要发电机。

如果供应商 1 以 p \$/kW·h 的价格发出 $Q_1(p)$kW,则供给曲线可表示为:

$$Q_1(p)=\frac{p}{m_{s1}}=Q_{1elec}+Q_{1Th}$$

式中,Q_{1elec}是微型燃气轮机发出的功率(kW);Q_{1Th}是微型燃气轮机发出的热能,可以使用焦耳常数将其转化为电力负荷;m_{s1}是供应商 1 的线性供给曲线的斜率。

类似地,如果供应商 2 以 p \$/kW·h 的价格发出 $Q_2(p)$kW,则供给曲线可表示为:

$$Q_2(p)=\frac{p}{m_{s2}}=Q_{2elec}+Q_{2Th}$$

式中,Q_{2elec}是微型燃气轮机发出的功率(kW);Q_{2Th}是微型燃气轮机发出的热能,可以使用焦耳常数将其转化为电力负荷;m_{s2}是供应商 2 的线性供给曲线的斜率。

同理,N 个供应商的综合供给曲线为:

$$\begin{aligned}Q(p)&=Q_1(p)+Q_2(p)+\cdots+Q_N(p)\\&=\frac{p}{m_{s1}}+\frac{p}{m_{s2}}+\cdots+\frac{p}{m_{sN}}=p\sum_{j=1}^{N}\frac{1}{m_{sj}}\end{aligned}$$

假设需求量为 D,设 MCP 值为($p*$),$Q(p*)=D$ 或 $p*\sum_{j=1}^{N}\frac{1}{m_{sj}}=D$,因此:

$$p*=\frac{D}{\sum_{j=1}^{N}\frac{1}{m_{sj}}}$$

式中,假定供应商的发电能力充足。如果指定了发电能力的限值,即最小发电能力(Q_{min})和最大发电能力(Q_{max}),则综合供给曲线可以表示为:

$$Q(p)=p\sum_{j=1}^{N}\frac{1}{m_{sj}}[U(Q-Q_{min})-U(Q-Q_{max})]$$

其中

$$U(Q-Q_{min})=\begin{cases}1,Q\geqslant Q_{min}\\0,Q<Q_{min}\end{cases}$$

$$U(Q-Q_{max})=\begin{cases}1,Q\geqslant Q_{max}\\0,Q<Q_{max}\end{cases}$$

由此可确定 MCP($p*$)。

(2)双边竞价市场

双边竞价市场考虑需求曲线的弹性。其在确定 MCP($p*$)时,供给方和需求方的竞价都考虑在内,竞价分析中同时考虑了价格改变时供给和需求的线性变化。

现用$D(p)$表示当价格为p＄/kW·h时,参与市场的N个用户的综合需求。则$D(p)$可表示为:

$$D(p)=\sum_{j=1}^{N}\frac{p_0}{m_{dj}}-\sum_{j=1}^{N}\frac{p}{m_{dj}}$$

如图7-54所示为线性需求和供给竞价曲线。其中,p_0是需求曲线在y轴上的截距,取决于用户的类型。在一个特定的价格(p)处,$D(p)$表示所有用户的总需求量,即

$$D(p)=\sum_{j=1}^{N}\frac{p_0}{m_{dj}}-p\sum_{j=1}^{N}\frac{1}{m_{dj}}$$

在 MCP($p*$)处,有

$$p*\sum_{j=1}^{N}\frac{1}{m_{sj}}=\sum_{j=1}^{N}\frac{p_0}{m_{dj}}-p*\sum_{j=1}^{N}\frac{1}{m_{dj}}$$

因此,MCP的计算式可表示为

$$p*=\frac{\sum_{j=1}^{N}\frac{p_0}{m_{dj}}}{\sum_{j=1}^{N}\left(\frac{1}{m_{sj}}+\frac{1}{m_{dj}}\right)}$$

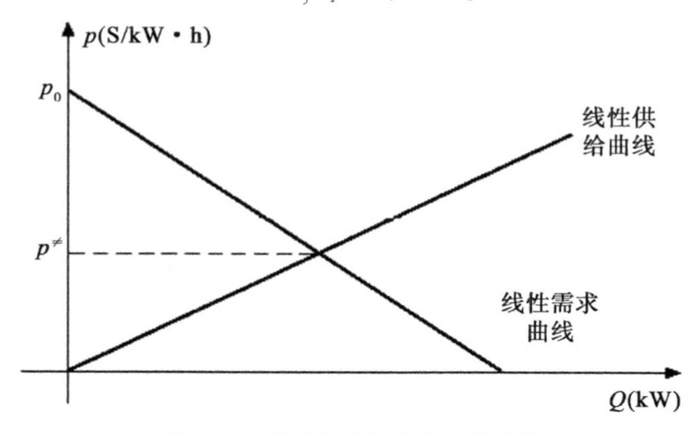

图7-54　线性需求和供给竞价曲线

7.7.3　分布式发电技术的前景

分布式发电技术是几种供电模式之外的重要补充,将成为我国未来能

源领域的一个重要发展方向。储能技术的发展为分布式发电注入了新的活力。使分布式发电在技术上更进一步。

随着分布式发电技术的不断提高和分布式发电的成本不断下降，分布式电源的应用范围不断扩大，因此，分布式发现系统具有广泛的应用前景，它将是21世纪电力发展的主要方向。可以展望，分布式发电技术将会带给用户一个更加可靠、安全、经济的新电力系统。

参考文献

[1] 黄素逸，龙妍，林一歆．新能源发电技术[M]．北京：中国电力出版社，2017.

[2] 黄素逸，林一歆．能源与节能技术[M]．3版．北京：中国电力出版社，2016.

[3] 杨圣春，李庆．新能源与可再生能源利用技术[M]．北京：中国电力出版社，2016.

[4] 姚兴佳．风力发电机组原理与应用[M]．北京：机械工业出版社，2016.

[5] 黄素逸．能源科学导论[M]．北京：中国电力出版社，2012.

[6] 黄素逸，高伟．能源概论[M]．2版．北京：高等教育出版社，2013.

[7] 黄素逸，黄树红．太阳能热发电原理与技术[M]．北京：中国电力出版社，2012.

[8] 王子琦，张水喜．可再生能源发电技术与应用瓶颈[M]．北京：中国水利水电出版社，2013.

[9] 朱永强．新能源与分布式发电技术[M]．2版．北京：北京大学出版社，2016.

[10] 莫松平，陈颖．新能源技术现状与应用前景[M]．广州：广东经济出版社，2015.

[11] 张晓东，杜云贵，郑永刚．核能及新能源发电技术[M]．北京：中国电力出版社，2008.

[12] 周锦，李倩．新能源技术[M]．北京：中国石化出版社，2011.

[13] 冯飞．新能源技术与应用概论[M]．2版．北京：化学工业出版社，2016.

[14] 孙云莲，杨成月，胡雯．新能源及分布式发电技术[M]．2版．北京：中国电力出版社，2015.

[15] 刘洪恩，刘晓艳．新能源概论[M]．北京：化学工业出版社，2013.

[16] 杨天华．新能源概论[M]．北京：化学工业出版社，2013.

[17] 钱显毅，钱显忠．新能源与发电技术[M]．西安：西安电子科技大学出

版社,2015.

[18] 任小勇.新能源概论[M].北京:中国水利水电出版社,2016.

[19] 邢运民,陶永红.现代能源与发电技术[M].西安:西安电子科技大学出版社,2007.

[20] 吴涛.风电并网及运行技术[M].北京:中国电力出版社,2013.

[21] 田宜水.生物质发电[M].北京:化学工业出版社,2010.

[22] 张建安,刘德华.生物质能源利用技术[M].北京:化学工业出版社,2009.

[23] 余英,田国政,王志凯,等.生物质能及其发电技术[M].北京:中国电力出版社,2008.

[24] 汪光裕.光伏发电与并网技术[M].北京:中国电力出版社,2010.

[25] 王长贵.太阳能光伏发电实用技术[M].北京:化学工业出版社,2009.

[26] 赵书安.太阳能光伏发电及应用技术[M].南京:东南大学出版社,2011.

[27] 张兴,曹仁贤.太阳能光伏并网发电及其逆变控制[M].北京:机械工业出版社,2011.

[28] 梁柏强.生物质能产业与生物质能源发展战略[M].北京:北京工业大学出版社,2013.

[29] 王传昆,卢苇.海洋能资源分析方法及储量评估[M].北京:海洋出版社,2009.

[30] 肖钢.低碳经济与氢能开发[M].武汉:武汉理工大学出版社,2011.

[31] 张军.地热能、余热能与热泵技术[M].北京:化学工业出版社,2014.

[32] 于永合.生物质能电厂开发、建设及运营[M].武汉:武汉大学出版社,2012.

[33] 王志娟.太阳能光伏技术[M].杭州:浙江科学技术出版社,2009.

[34] 吴占松,马润田,赵满成.生物质能利用技术[M].北京:化学工业出版社,2010.

[35] 王革华.新能源概论[M].北京:化学工业出版社,2012.

[36] 左然,施明恒,王希麟.可再生能源概论[M].北京:中国机械工业出版社,2007.

[37] 褚同金.海洋能资源开发利用[M].北京:中国化学工业出版社,2005.

[38] 李允武.海洋能源开发[M].北京:海洋出版社,2008.

[39] 周双喜.风力发电与电力系统[M].北京:中国电力出版社,2011.

[40] 沈剑山．生物质能源沼气发电[M]. 北京：中国轻工业出版社，2009.
[41] 谢建，李永泉．太阳能热利用工程技术[M]. 北京：化学工业出版社，2011.
[42] 施玉川．太阳能原理与技术[M]. 西安：西安交通大学出版社，2009.
[43] 赵波．微电网优化配置关键技术及应用[M]. 北京：科学出版社，2015.
[44] 张建华，黄伟．微电网运行、控制与保护技术[M]. 北京：中国电力出版社，2010.
[45] 魏高升，邢丽婧，杜小泽，等．太阳能热发电系统相变储热材料选择及研发现状[J]. 中国电机工程学报，2014，34(3)：325－335.
[46] 赵明智，张晓明，张旭．储热系统对槽式太阳能热发电系统的影响研究[J]. 能源工程，2016(3)：23－26.
[47] 蒋浩，冯云岗．太阳能储热系统容量配置优化设计[J]. 电力与能源，2015，36(5)：660－665.
[48] 徐二树，余强，杨志平，等．塔式太阳能热发电腔式吸热器动态仿真模型[J]. 中国电机工程学报，2010，30(32)：115－121.
[49] 徐明，祝雪妹．聚光式太阳能热发电技术的现状及发展趋势[J]. 南京师范大学学报(工程技术版)，2011，11(1)：27－32.
[50] 王志峰，原郭丰．分布式太阳能热发电技术与产业发展分析[J]. 中国科学院院刊，2016，31(2)：182－190.
[51] 刘静静，杨帆，金以明．太阳能热发电系统的研究开发现状[J]. 电力与能源，2012，33(6)：573－576＋586.
[52] 任碧莹，同向前，孙向东．具有限定功率运行的永磁直驱风力发电并网控制设计[J]. 电力系统保护与控制，2014，42(2)：87－92.
[53] 刘吉臻，胡阳，林忠伟．风力发电系统大范围功率可调控制研究[J]. 动力工程学报，2014，34(10)：778－783.
[54] 王金良．风能、光伏发电与储能[J]. 电源技术，2009，33(7)：628－632.
[55] 王莹．大规模风能并网发电的可靠性和经济性研究[D]. 华北电力大学，2013.
[56] 孙光政．风电产业发展环境影响因素评价及对策研究[D]. 华北电力大学，2014.
[57] 刘吉成，王素花．风能并网发电经济性研究[J]. 中国电力，2011，44(6)：63－66.
[58] 华文，徐政，李慧杰，等．大容量风电远距离送出的经济性研究[J]. 电气技术，2010(8)：33－37.

[59] 蒋婷婷．定桨距风力发电机组最大风能追踪优化控制研究[J]．贵州电力技术，2013，16(7)：21－23.
[60] 王浩，韩秋喜，贺悦科，等．生物质能源及发电技术研究[J]．环境工程，2012，30(S2)：461－464＋469.
[61] 朱润潮．我国生物质发电产业的发展现状与对策分析[J]．科技创新导报，2010(6)：1－2.
[62] 朱丹，朱芷萱．我国生物质发电的现状及发展前景预测[J]．科学咨询(科技·管理)，2012(6)：9－10.
[63] 田晓东，张典，陆军．浅论生物质能源和生物质能发电[J]．长春工业大学学报(自然科学版)，2007(S1)：8－11.
[64] 黄剑光．浅谈生物质汽化在发电技术应用[J]．应用能源技术，2009(4)：25－29.
[65] 潘诚成．生物质能发电技术综述[J]．技术与市场，2014，21(5)：115.
[66] 汪琼，姚美香．浅谈我国生物质能发电的现状及其产生的环境问题[J]．环境科学导刊，2011，30(2)：30－32.
[67] 吴刚．生物质能发电技术探讨[J]．城市建设理论研究(电子版)，2017(15)：35－36.
[68] 舒珺．生物质能发电技术应用现状及发展前景[J]．山东工业技术，2017(22)：167.
[69] 游亚戈，李伟，刘伟民，等．海洋能发电技术的发展现状与前景[J]．电力系统自动化，2010，34(14)：1－12.
[70] 张兴玲．浅析我国潮汐电站的开发与利用[J]．江西能源，2009(3)：9－11.
[71] 陈明义．开发利用海洋能前景广阔[J]．政协天地，2016(10)：22－23.
[72] 古云蛟．海洋能发电技术的比较与分析[J]．装备机械，2015(4)：69－74.
[73] 张斌．潮汐能发电技术与前景[J]．科技资讯，2014，12(9)：3－4.
[74] 张宪平．海洋潮汐能发电技术[J]．电气时代，2011(10)：30－32.
[75] 李晨晨．潮汐能发电技术与前景研究[J]．科技创新与应用，2015(2)：128.
[76] 邹舒然．浅析潮汐能的利用[J]．中国高新区，2017(15)：44.
[77] 戴宪滨．燃料电池发电技术的特点及发展现状[J]．科技咨询导报，2007(20)：98.
[78] 万铭成．分布式发电技术在电网中的应用[J]．技术与市场，2017，24(12)：202.

[79] 孙慧丽,张中宽. 分布式发电技术及对电力系统影响[J]. 通讯世界,2016(19):236-237.

[80] 李黎. 分布式发电技术及其并网后的问题研究[J]. 电网与清洁能源,2010,26(2):55-59.

[81] 彭科. 分布式发电技术现状与研究方向分析[J]. 科技资讯,2010(8):127-128.

[82] 谭宗云. 生物质能分布式发电技术及意义[J]. 农村电汽化,2010(7):52-53.

[83] 魏立明,吕雪莹. 燃料电池发电系统问题研究综述[J]. 吉林建筑大学学报,2016,33(5):91-93.

[84] 张安超. 固体氧化物燃料电池本体及联合发电系统性能研究[D]. 武汉:华中科技大学,2007.